U0177570

PLC与变频器应用技术项目教程（西门子）

主编 段 刚

参编 马 兰 杨 鹤

机 械 工 业 出 版 社

本书以S7—200系列PLC为对象，根据以实践教学为先导、项目教学为主体、实际操作为根本的教学思路，着眼于培养学生实际应用能力，在做中学习，在做中解决实际问题。将理论和实践有机结合，由浅入深、循序渐进，注重新知识、新工艺的融入及使用。主要内容包括PLC控制的红外线报警装置、三相异步电动机正反转控制、单按钮起停控制、信号灯闪烁控制、交通信号灯控制系统、旋转工作台的自动控制、运输带自动控制系统、多种液体自动混合装置、全自动洗衣机控制系统、电镀生产线控制系统、天塔之光控制系统、电梯控制系统、S7—200与变频器的通信、气动系统的PLC自动控制等。每个项目都来自于生产实际，并根据中职学生的认知规律设计了学习目标、项目分析、必要知识讲解、操作指导、考核评价、知识拓展、习题等栏目；同时还配有原理图、接线图、元器件布局及配线图等，可操作性强，便于实现。项目中对程序设计进行了细致的指导，有些重难点程序还辅以说明。在拓展内容中，对PLC软硬件的使用及有难度的指令作了详细的分析与讲解。

本书可供中等职业学校机电类专业及技校相关专业的师生作为教材使用，也可以供相关专业工程技术人员作为参考书使用。

图书在版编目（CIP）数据

PLC与变频器应用技术项目教程：西门子/段刚主编．—北京：机械工业出版社，2009.10（2019.1重印）

ISBN 978-7-111-28259-4

Ⅰ．P… Ⅱ．段… Ⅲ．①可编程序控制器-教材②变频器-教材 Ⅳ．TM571.6 TN773

中国版本图书馆CIP数据核字（2009）第160612号

机械工业出版社（北京市百万庄大街22号 邮政编码100037）
策划编辑：高 倩 责任编辑：王 娟 版式设计：霍永明
责任校对：李 婷 封面设计：路恩中 责任印制：常天培
涿州市京南印刷厂印刷
2019年1月第1版・第5次印刷
184mm×260mm・14.5印张・354千字
标准书号：ISBN 978-7-111-28259-4
定价：34.80元

凡购本书，如有缺页、倒页、脱页，由本社发行部调换

电话服务	网络服务
服务咨询热线：010-88379833	机 工 官 网：www.cmpbook.com
读者购书热线：010-88379649	机 工 官 博：weibo.com/cmp1952
	教育服务网：www.cmpedu.com
封面无防伪标均为盗版	金 书 网：www.golden-book.com

前　言

本书是根据中等职业学校机电类专业“PLC 与变频器”课程要求编写的教材。

可编程序逻辑控制器(Programmable Logical Controller,PLC)，PLC 是以计算机技术、自动控制技术和通信技术为一体的工业控制装置。在设计中充分的考虑了工业控制的各种要求、特点及环境等情况，有很强的控制能力和抗干扰能力。除此而外，它工作可靠、使用灵活方便，还可以根据不同复杂控制场合进行模块的更换和扩展。尤其是采用梯形图程序时，设计思路与工业电气控制图很接近，易于学习和掌握，编程也简便，因而 PLC 被广泛地应用在工业控制中。

S7—200 系列 PLC 是德国西门子公司生产的小型可编程序控制器。它具有设计紧凑、扩展能力强、界面友好的编程软件、高速处理能力及强大的指令集等特点。在市场上占有较高的分额，使用十分广泛。

本书以 S7—200 系列 PLC 为对象，以项目教学的形式讲述 PLC 的基本原理、软硬件资源及指令的应用。每个项目都来自生产实际，同时又是教学典范。在做项目中学习知识、提高操作技能、学习 PLC 的具体应用。

同时注重新知识、新工艺的融入，扩大知识面、拓宽专业领域，涉及了红外传感器、变频器、气动系统、电梯等领域。

本书共计 15 个项目，主编段刚编写了项目一～四、项目十三及附录；马兰编写了项目五～九；杨鹤编写了项目十～十二、项目十四～十五。

本书在编写过程中，得到了沈阳市装备制造工程学校郑志勇老师的大力支持，所有各项目中电器元件实际布局及配线由该老师制作，并协助拍成照片，同时也得到了沈阳市装备制造工程学校孙建维老师大力支持和帮助。特别是在编写过程中参阅了很多优秀专家的大量资料，受益匪浅，在此一并表示衷心的感谢。

由于编者学识和水平有限，书中难免有错误和疏漏，恳请读者提出宝贵意见。

编　者

目　录

项目一 PLC 控制的红外线报警装置

一、学习目标

1. 知识目标

1）了解与掌握 PLC 的组成与硬件结构。

2）了解 CPU 的工作模式。

3）掌握 PLC 的工作方式。

4）了解 S7—200 系列 PLC 的功能扩展模块。

2. 技能目标

1）认识 S7—200 系列 PLC，了解面板上的标志。

2）掌握输入/输出端子的形状、标号、分组及公共端。

4）掌握 PLC 外接交流（AC 220V）电源与直流（DC 24V）电源的方法。

5）能够正确使用按钮、红外传感器和蜂鸣器。

6）会读电路图，能够对照电路图、接线图进行电路检查。

7）会读接线图，能够按接线图进行元器件布局和配线。

8）培养动手能力及分析、解决实际问题的能力。

二、项目分析

本项目中，PLC 控制的红外线报警电路可实现以下功能：

当红外线传感器检测到有人（人体辐射 10μm 红外线波）通过禁区时，把检测到的信号传输到由 PLC 组成的红外报警电路，电路发出报警信号。

1. 项目要求

1）当红外报警系统检测到有人通过禁区时，能及时报警，警灯闪烁，警铃响。灯每次点亮 1s，熄灭 1s，不断闪烁。只有监控人员关闭报警电路后，系统才停止工作。

2）执勤人员也可以人工报警，警灯常亮，蜂鸣器发出报警音。

3）警报解除时，报警信号消失。

2. 任务流程

本项目的任务流程如图 1-1 所示。

3. 知识点链接

本项目相关的知识点链接如图 1-2 所示。

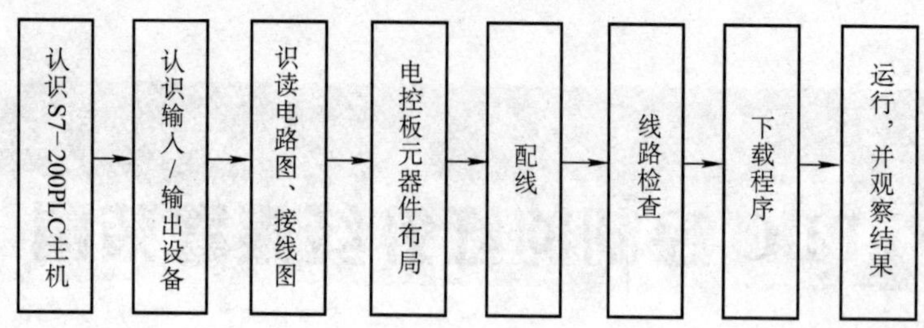

图1-1　任务流程图

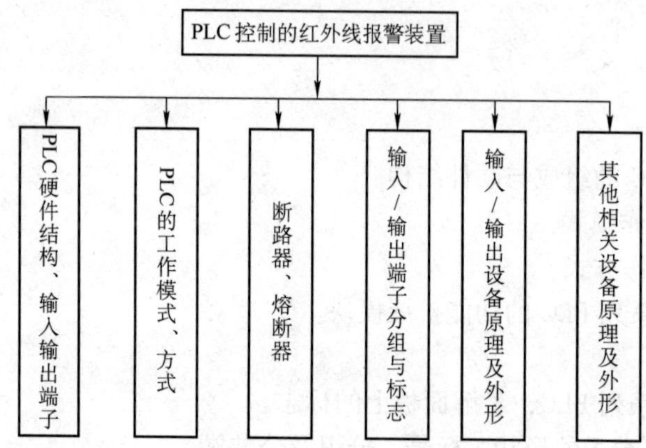

图1-2　知识点链接

4. 环境设备

项目运行所需的工具、设备见表1-1。

表1-1　工具、设备清单

序　号	分　类	名　称	型号规格	数　量	单　位	备　注
1	工具	常用电工工具		1	套	所有元器件选择都可以根据学校实际情况变化
2		万用表	MF47型或其他	1	块	
3	设备	PLC	S7—200　CPU 226	1	台	
4		熔断器	RT18—32	1	只	
5		熔体	2A	1	只	
6		按钮	LA4	2	只	
7		红外传感器	TDL—2100BR	1	只	
8		灯座	普通螺口	1	只	
9		灯泡	普通螺口	1	个	
10		蜂鸣器	HYT3015A	1	个	
11		断路器	DZ47系列	1	只	
12		接线端子	TD—1520	1	块	
13	消耗材料	导线	BVR 1.5mm^2	若干	m	
14		导线	BVR 1.0mm^2	若干	m	

5. 电路图、I/O 点分配、电路组成及各元器件功能

（1）电路图　电路图是用图形符号详细表示电路、设备或成套装置的组成和连接关系，而不考虑其实际位置的一种连接图。PLC 控制红外报警电路图如图 1-3 所示。

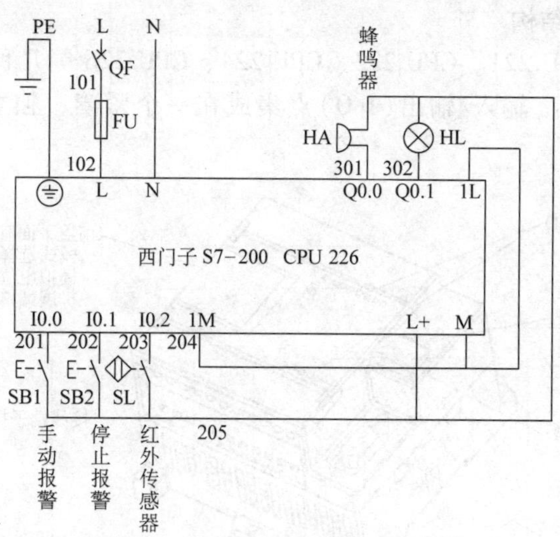

图 1-3　PLC 控制红外报警电路图

（2）I/O 点分配　I/O 点分配见表 1-2。

表 1-2　I/O 点分配

输入			输出		
元器件代号	功能	输入点	元器件代号	功能	输出点
SB1	手动报警	I0. 0	HA	声音报警	Q0. 0
SB2	停止报警	I0. 1	HL	闪光报警	Q0. 1
SL（红外传感器）	自动报警	I0. 2			

（3）电路组成及各元器件的功能　电路组成及各元器件的功能见表 1-3。

表 1-3　电路组成及各元器件的功能

序　号	电 路 名 称		电 路 组 成	元器件功能	备　注
1	电源电路		QF	电源开关	
2			FU	PLC 电源电路短路保护	
3	控制电路	PLC 输入电路	SB1	手动报警	
4			SB2	停止报警	
5			SL	红外传感器自动报警	
6		PLC 输出电路	HL	闪光报警	
7			HA	蜂鸣器声音报警	
8		主机	S7—200 系列 CPU 226	主要控制部件（主控）	

三、必要知识讲解

1. S7—200 的硬件结构

S7—200 系列有 CPU 221、CPU 222、CPU 224、CPU 226 等几种机型，它们都为整体结构，即把 CPU、电源、输入/输出(I/O)点集成在一个紧凑、独立的设备中，如图 1-4 所示。

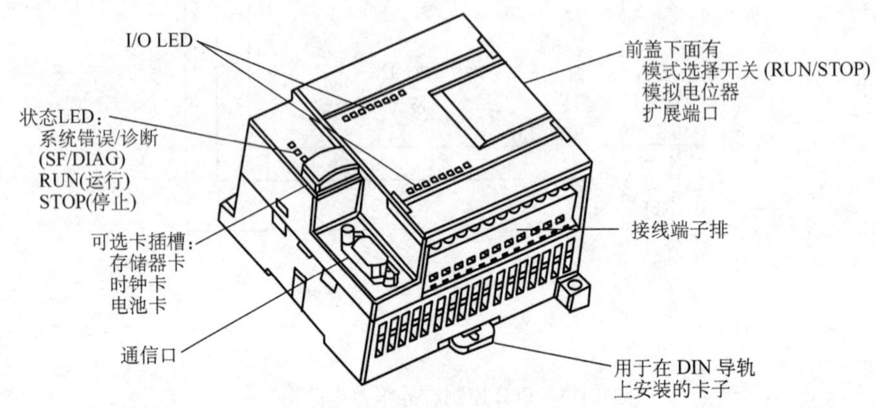

图 1-4 S7—200 系列 PLC 的结构与面板示意图

S7—200 系列 PLC 各主要部分功能介绍如下。

1）CPU：中央处理器，执行程序和存储数据。

2）输入/输出：输入部分从现场设备采集信息，输出部分则对现场设备进行控制，驱动外部负载，输入与输出通过接线端子连接外部信号。

3）电源：向 CPU 及其所连接的模块提供电能。

4）通信端口：与编程设备或外部设备进行通信。

5）状态灯指示：显示 CPU 的工作模式(运转或停止)、本机 I/O 的当前状态以及出错的系统状态。

6）模式选择开关：将之打至“RUN”位置时，PLC 运行；打至“STOP”位置时，PLC 停止运行。

7）外插卡插槽：可以根据需要插入存储器卡，时钟卡、电池卡等。存储器卡可以用来存储程序。

2. S7—200 系列 CPU 226 端子介绍

（1）输入端子　CPU 226 基本单元提供 24 个[(I0.0 ~ I0.7)、(I1.0 ~ I1.7)、(I2.0 ~ I2.7)]输入点供用户使用。当系统扩展时，输入点随着扩展模块的增多还可以增加。

CPU 226 的输入电路采用双向光电耦合器，24V 直流电源极性可任意选择。1M、2M 分别为各段的公共端，如图 1-5 所示。

（2）输出端子　CPU 226 基本单元提供 16 个输出端子，输出电路有晶体管输出和继电器输出两种形式供用户选择。晶体管输出电路中(型号为 CPU 226 DC/DC/DC)，采用 MOSFET 功率驱动器，由 24V 直流电源供电，输出分为两组(Q0.0 ~ Q0.7、Q1.0 ~ Q1.7)，每组

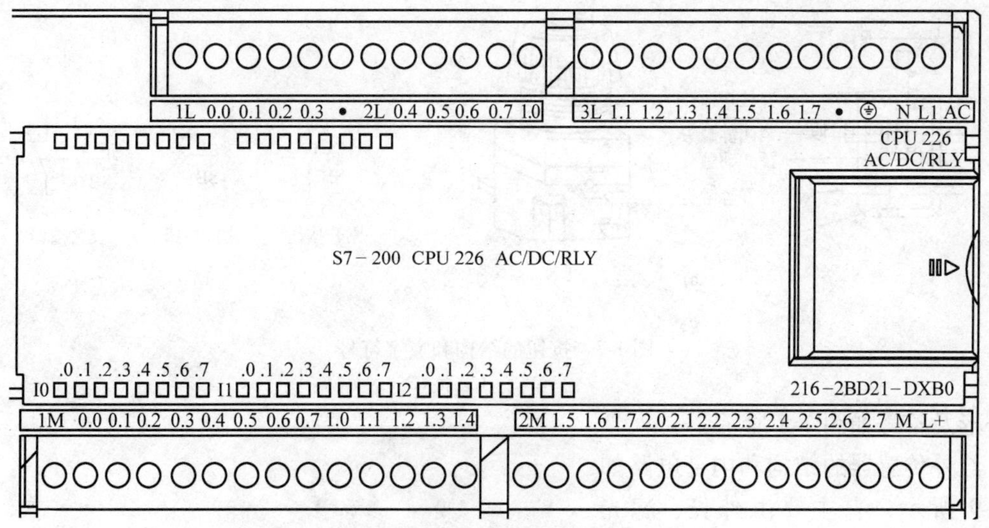

图 1-5　CPU 226 输入/输出端子

有一个公共端，分别为 1L 和 2L，可接不同的负载电源。

继电器输出(型号为 CPU 226 AC/DC/RLY)电路中，由 220V 交流或 24V 直流电源供电，输出分为 3 组(Q0.0～Q0.3、Q0.4～Q1.0、Q1.1～Q1.7)，每组的公共端分别是 1L、2L 和 3L，如图 1-5 所示。

3. 认识输入设备

(1) 按钮

1) 外形　按钮是常见的开关电器之一，主要起到接通和断开电路的作用，在控制电路中用手动发出控制信号。LA 系列按钮的外形如图 1-6 所示。

图 1-6　LA 系列按钮的外形

2) 结构与符号　按钮的结构和文字符号如图 1-7 所示。通常由钮帽、动触头、静触头、复位弹簧及外壳等组成，其中动触头与静触头可以组成常闭触头和常开触头。当按下钮帽时，常闭触头断开、常开触头闭合；当松开钮帽后按钮在复位弹簧的作用下返回，常闭触头和常开触头恢复常态。

(2) 红外传感器　红外传感器是利用热释电元件的热效应探测物体用的传感器。它适用于防盗、报警、来客告知及非接触式开关等红外探测领域。TDL—2100BR 型红外传感器

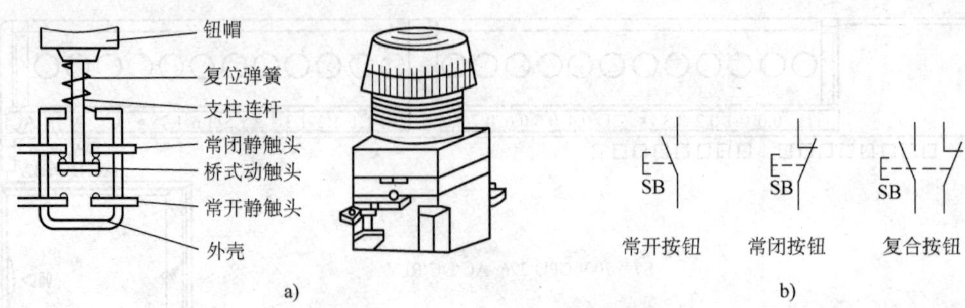

图 1-7 按钮的结构和文字符号
a）结构 b）符号

的外形及符号如图 1-8 所示。

红外传感器的结构和内部电路如图 1-9 所示，它主要由外壳、滤光片、热释电元件 PZT、结型场效应晶体管 VF、电阻 *R* 和二极管 VD 等电子元器件构成。其中滤光片设置在窗口处，为 6μm 多层膜干涉滤光片，它对于太阳光和荧光灯光的短波(波长 5μm 及以下)具有很高的反射率，而对 6μm 以上从人体发出来的红外线(波长约为 10μm)具有高的穿透性。TDL—2100BR 红外传感器就是由热释电元件、放大、信号处理、延时和驱动等电路组成的。

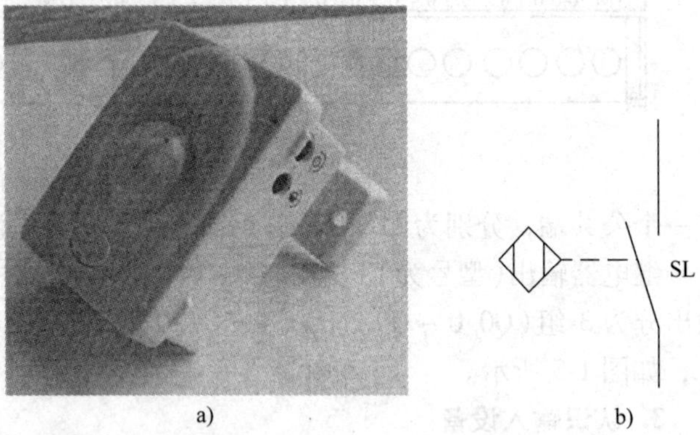

a) b) SL

图 1-8 TDL—2100BR 型红外传感器的外形及符号
a）外形 b）符号

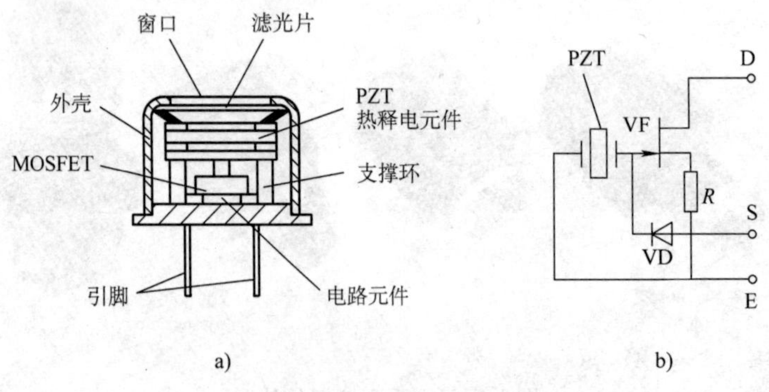

图 1-9 红外传感器的结构和内部电路
a）结构 b）内部电路

其工作原理为：当有人进入监视范围时，红外传感器接受到红外能量，将检测到的信号经过放大器放大，并由比较器进行比较判断后，再由信号整理电路处理输出控制(开关)信号。

4. 认识输出设备

（1）报警灯 报警灯采用普通的直流 24V、10W 白炽灯泡。白炽灯泡和灯座的外形及符号如图 1-10 所示。

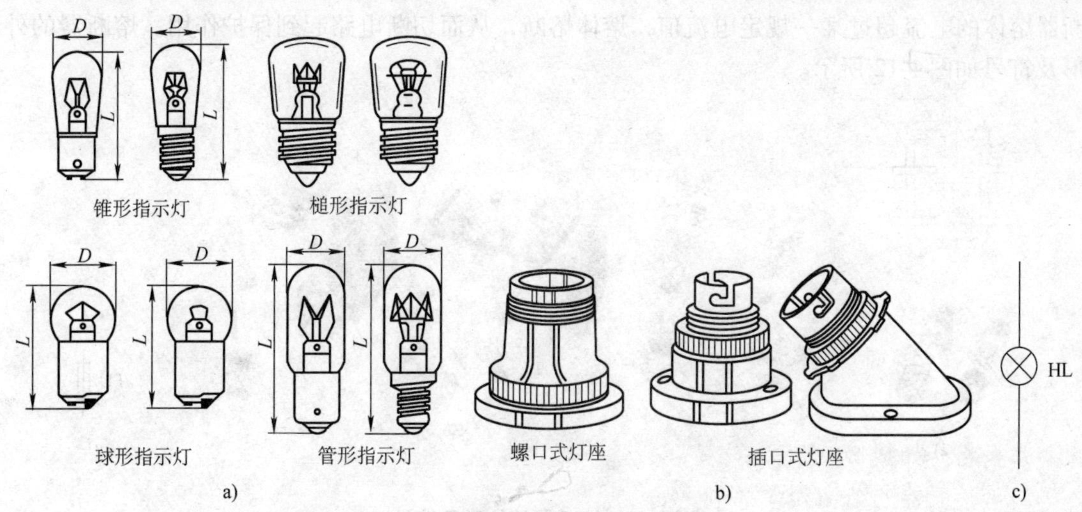

图 1-10　白炽灯泡、灯座的外形及符号

a）白炽灯泡　b）灯座　c）符号

（2）蜂鸣器　蜂鸣器是一种一体化结构的电子警报器，采用直流电压供电，广泛应用于计算机、打印机、复印机、报警器、电子玩具、汽车电子设备、电话机、定时器等电子产品中作发声器件。

常见的蜂鸣器有压电式蜂鸣器和电磁式蜂鸣器两种类型。

蜂鸣器在电路中用字母“H”或“HA”表示，其外形及符号如图 1-11 所示。

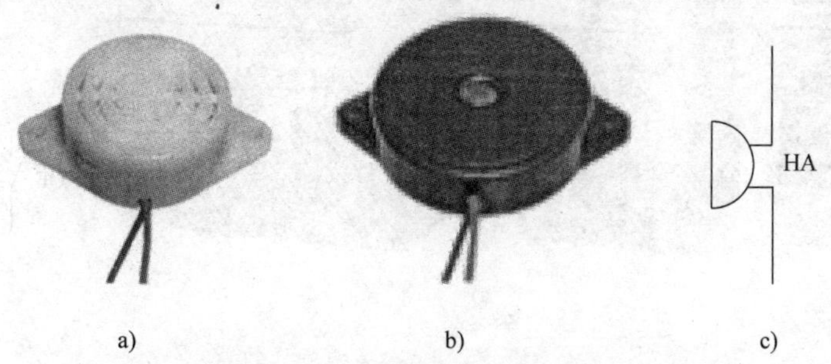

图 1-11　蜂鸣器的外形及符号

a）压电式蜂鸣器　b）电磁式蜂鸣器　c）符号

1）压电式蜂鸣器主要由多谐振荡器、压电蜂鸣片、阻抗匹配器及共鸣箱、外壳等组成。有的压电式蜂鸣器外壳上还装有发光二极管。

多谐振荡器由晶体管或集成电路构成。当接通电源后（6～24V 直流工作电压）多谐振荡器起振，输出 1.5～2.5kHz 的音频信号，阻抗匹配器推动压电式蜂鸣片发声。

压电式蜂鸣片由锆钛酸铅或铌镁酸铅压电陶瓷材料制成。在陶瓷片的两面镀上银电极，经极化和老化处理后，再与黄铜片或不锈钢片粘在一起。

2）电磁式蜂鸣器由多谐振荡器、电磁线圈、磁铁、振动膜片及外壳等组成。接通电源后，多谐振荡器产生的音频信号变换成电流通过电磁线圈产生磁场。振动膜片在电磁线圈磁场和磁铁的相互作用下，周期性地振动发声。

5. 其他设备

（1）熔断器　熔断器在电路中主要起短路保护作用。当电路发生短路故障时，通过熔断器熔体的电流超过某一规定电流值，熔体熔断，从而切断电路起到保护作用。熔断器的外形及符号如图 1-12 所示。

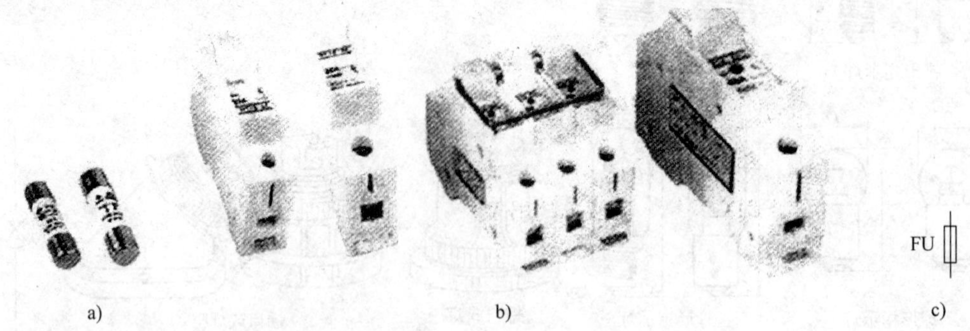

图 1-12　熔断器的外形及符号

a）熔体　b）熔断器底座　c）符号

（2）断路器　断路器俗称自动空气开关，是一种集过载、短路及欠电压保护功能于一体的开关电器。DZ47 系列断路器的外形及符号如图 1-13 所示。

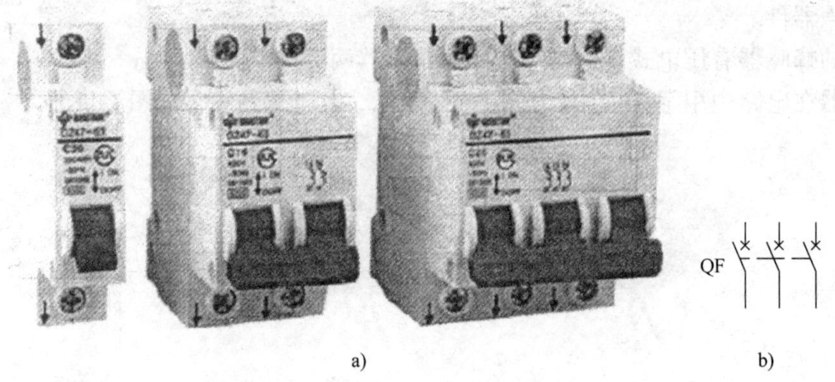

图 1-13　DZ47 系列断路器的外形及符号

a）外形　b）符号

（3）接线端子　电路板与外部电气设备之间的连接一般要经过接线端子。TD—1520 型接线端子的外形如图 1-14 所示。

（4）网孔板　网孔板又称多功能元器件安装板，如图 1-15 所示。

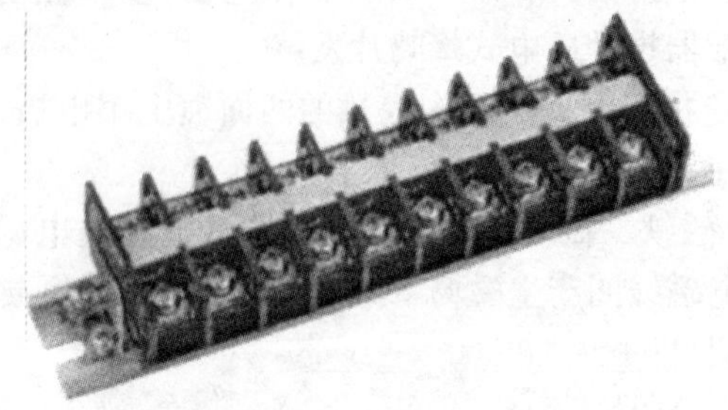

图 1-14　TD—1520 型接线端子的外形

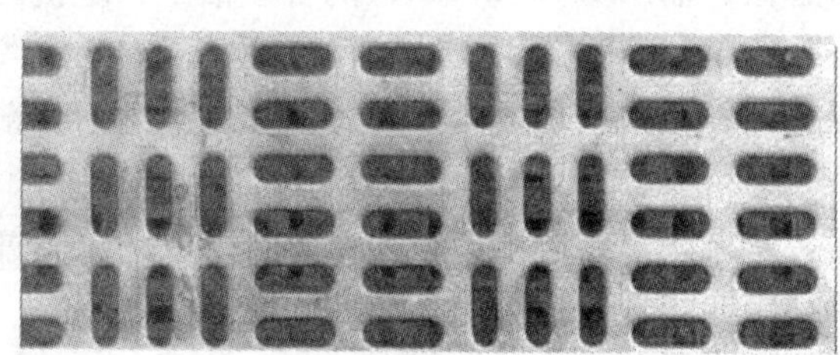

图 1-15　网孔板

四、操作指导

1. 绘制接线图

电路安装通常依照接线图进行。接线图是根据电气设备和电器元件的位置和安装情况绘制，用来表示电气设备和电器元件之间的位置、配线方法和接线方式，而不明显表示电气动作原理的电气图，主要用于安装、接线和检修。

本项目的接线图如图 1-16 所示。

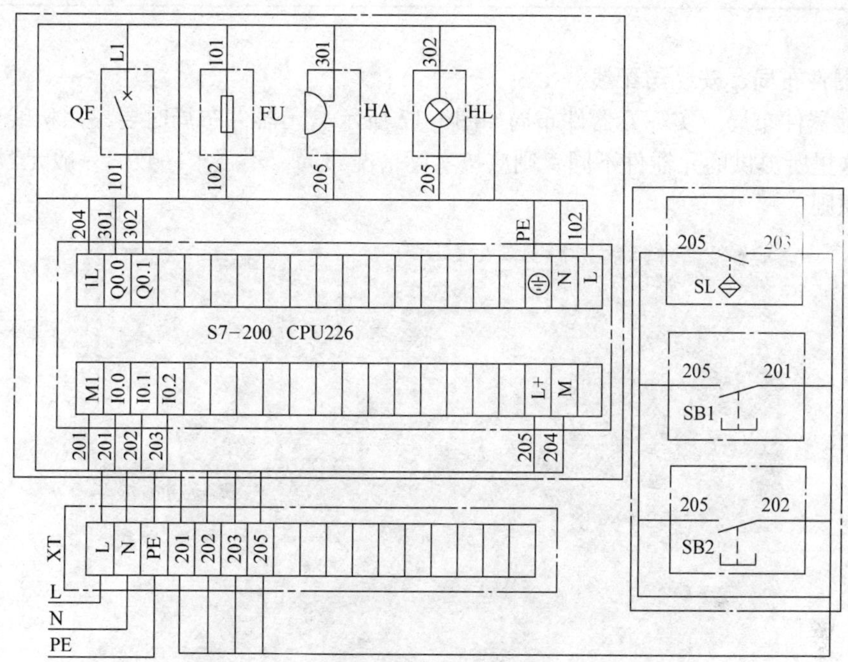

图 1-16 PLC 控制的红外线报警装置接线图

接线图绘制一般遵循如下原则：

1）要标明电气设备和电器元件的位置、文字符号、端子号与导线号等。

2）各元器件均根据其实际结构绘制，并使用与电路图相同的图形符号，且同一电器用点画线框上，图中各电器的文字符号以及接线端子的编号都与电路图中标注的一样。

3）接线图中的导线有单根及导线组。对走线相同的导线进行合并，用线束表示，在到达端子 XT 或电器元件时再分别画出。

红外线报警电路的元器件布置及布线情况见表 1-4。

表 1-4 元器件布置及布线情况

序号	项目	具体内容	备注
1	板内元器件	QF、FU、PLC、HA、白炽灯泡 HL、灯座	
2	外围元器件	SB1、SB2、红外传感器 SL	使用截面积为 1.0mm² 的橡胶塑料绝缘软导线
3	电源走线	L1→QF(101)→FU(102)→L	
4		N→PLC(N)	
5		PE→PLC(⏚)	

(续)

序　号	项　目	具 体 内 容	备　注
6	PLC 输入电路走线	I0.0(201)→SB1→L+(205)	使用截面积为 1.0mm² 的橡胶塑料绝缘软导线
7		I0.1(202)→SB2→L+(205)	
8		I0.2(203)→SL→L+(205)	
9		1M(204)→M→1L	
10	PLC 输出电路走线	Q0.0(301)→HA→L+(205)	
11		Q0.1(302)→HL→L+(205)	

2. 元器件布局、安装与配线

(1) 元器件布局　实际元器件布局如图 1-17 所示。元器件布局时要参照接线图 1-16 进行，若与这里所提供的元器件不同，则应按实际情况布局，不强求一致。一般元器件布局应遵守以下原则：

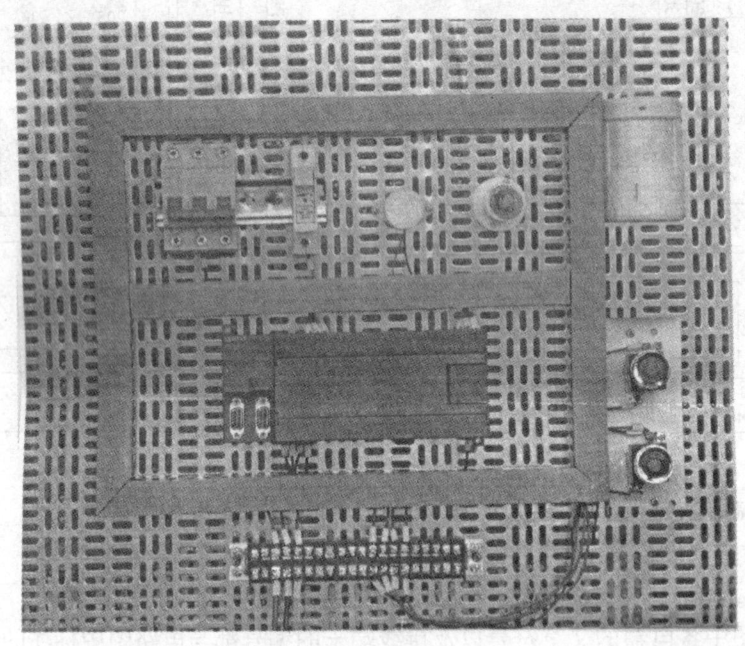

图 1-17　实际元器件布局

1) 网孔板的大小应按元器件的多少、线槽的宽度及元器件与线槽之间的距离确定。

2) 元器件布局时应将输入与输出分开，每个元器件之间都要有一定的间距，功率越大间距就越大，要符合国家电器安装标准。

3) 电器排列要整齐、美观。比较重的电器元件放置在下面，轻的放在上面。

4) 在满足方便安装、维修的前提下，各元器件间距尽量小，板面元器件安装要紧凑，布局合理。

(2) 元器件安装　元器件安装时每个元器件要摆放整齐，上下左右要对正，间距要均匀。拧螺钉时一定要加弹簧垫，而且松紧适度。

(3) 配线　配线的方法很多，有直线配线、板后配线和线槽配线等。目前应用较多的是线槽配线，它的优点是配线灵活、节省工时和便于维修。线槽配线一般遵循如下原则：

1）严格按接线图配线。

2）配线时就近，直接入槽。不能交叉，端子留线多少要尽量一致。

3）每根线长短选择得要合适，长了是浪费，短了不利于维修。

4）线槽中的导线不能过多，一般占线槽横截面积的70%。

5）每个端子必须穿上规定的号码管，而且编号的文字方向要一致。

6）多股线剥绝缘层时，不能断股。单股线不能剪痕过深而影响导电质量。剥去绝缘层的导线长度以接入端子不露裸线为宜。

3. 自检

1）对照接线图检查接线是否正确，有否漏接、错接。同时检查线号与图纸是否一致。

2）检查接线是否牢固，用手轻轻拽一下能否脱落。导线连接处是否有毛刺、裸线头等。

3）对照电路图、接线图，按表1-5的步骤对布线进行检查。

表1-5 用万用表检查电路

<table>
<tr><th rowspan="2">检测任务</th><th colspan="2">操作方法</th><th>正确结果</th><th rowspan="2">备注</th></tr>
<tr><th colspan="2">采用万用表电阻挡(R×1)</th><th>阻值/Ω</th></tr>
<tr><td rowspan="9">检测电路导线连接是否良好</td><td rowspan="3">电源走线</td><td>L1→QF(101)→FU(102)</td><td>QF接通时为0，断开时为∞</td><td rowspan="9">断电情况下进行</td></tr>
<tr><td>N→PLC(N)</td><td>0</td></tr>
<tr><td>PE→PLC(⊜)</td><td>0</td></tr>
<tr><td rowspan="3">PLC输入电路走线</td><td>I0.0(201)→SB1→L+(205)</td><td>接通时0</td></tr>
<tr><td>I0.1(202)→SB2→L+(205)</td><td>接通时0</td></tr>
<tr><td>I0.2(203)→红外传感器→L+(205)</td><td>红外传感器有阻值，导线电阻为0</td></tr>
<tr><td rowspan="2">PLC输出电路走线</td><td>Q0.0(301)→蜂鸣器→L+(205)</td><td>蜂鸣器有阻值，导线电阻为0</td></tr>
<tr><td>Q0.1(302)→HL(205)→L+(205)</td><td>指示灯有阻值，导线电阻为0</td></tr>
</table>

4. 输入梯形图

1）红外线报警装置的PLC梯形图程序如图1-18所示。

2）教师输入梯形图，学生连接系统。

按照下列步骤连接系统并输入梯形图。

1）用PC/PPI编程电缆把计算机串行口与PLC的编程口连接起来。

2）先插上电源插头，再合上断路器。

3）将PLC的RUN/STOP开关拨到“STOP”位置。

4）由老师下载程序或在老师指导下下载程序。

5）将PLC的RUN/STOP开关拨到“RUN”位置。

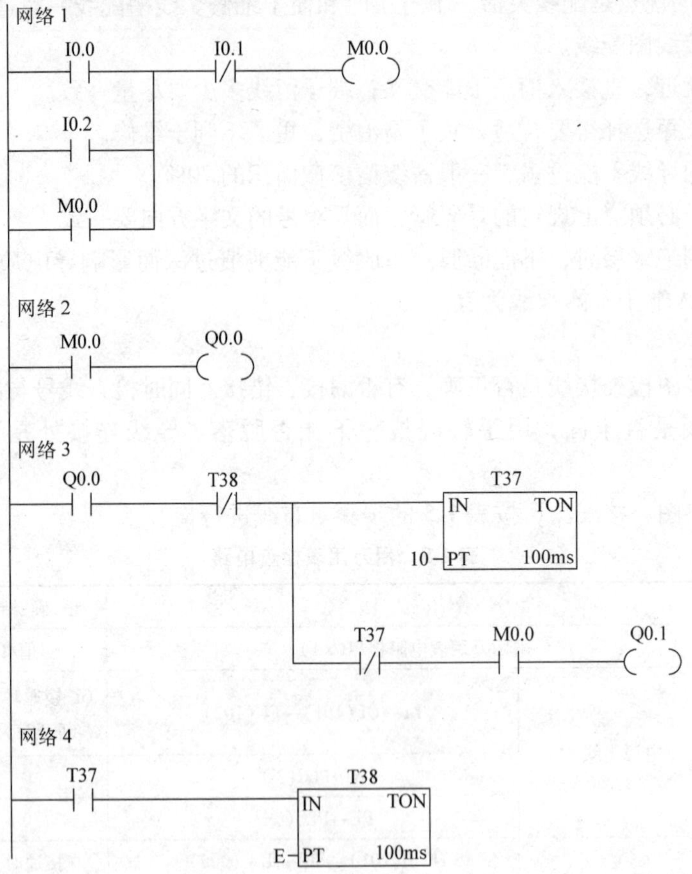

图 1-18　红外线报警装置的 PLC 梯形图程序

5. 操作注意事项

1）安装元器件或接线时，必须按照十字形和一字形及相应大小选择合适的螺钉旋具进行螺钉拆装操作。

2）用电工刀剥去导线绝缘层时一定要按照安全操作规程要求进行操作，不能违反操作规程。

3）通电前必须经过老师检查，并经老师同意后方可试车。

6. 通电试车

经自检、教师检查确认电路正常且无安全隐患后，经老师同意，并在老师的监护下，通电试车。按照表 1-6 的内容观测红外线报警装置的工作情况，并作好记录。

表 1-6　红外线报警装置工作情况记录

操作步骤	操作内容	观察内容							
		观察指示 LED				报警铃		报警灯	
		输入 I	亮/灭	输出 Q	亮/灭	响	停	亮	灭
1	按 SB1	I0.0		Q0.0					
				Q0.1					

（续）

操作步骤	操作内容	观察内容							
		观察指示LED				报警铃		报警灯	
		输入I	亮/灭	输出Q	亮/灭	响	停	亮	灭
2	按SB2	I0.1		Q0.0					
				Q0.1					
3	红外传感器	I0.2		Q0.0					
				Q0.1					
4	按SB2	I0.1		Q0.0					
				Q0.1					

五、考核评价

项目质量考核要求及评分标准见表1-7。

表1-7 项目质量考核要求及评分标准

考核项目	考核要求	配分	评分标准			扣分	得分	备注
元器件安装	1. 能够按照接线图布置元器件 2. 能正确固定元器件	10	1. 不按接线图固定元器件，扣5分 2. 元器件安装不牢固，每处扣3分 3. 元器件安装不整齐、不均匀、不合理，每处扣3分 4. 损坏元器件此项不得分					
电路安装	1. 能按图施工 2. 布线合理，接线美观 3. 布线规范，做到横平竖直，无交叉 4. 安装规范，无线头松动、反圈、压皮、露铜过长及损伤绝缘层	50	1. 不按接线图接线，扣40分 2. 布线不合理、不美观，每根扣3分 3. 走线不横平竖直，每根扣3分 4. 线头松动、反圈、压皮和露铜过长，每处扣3分 5. 损伤导线绝缘层或线芯，每根扣5分					
通电试车	按照要求和步骤正确检查、调试电路	40	1. 主、控制电路配错熔体，每处扣10分 2. 一次试车不成功扣10分 3. 二次试车不成功扣15分 4. 三次试车不成功扣20分					
安全生产	自觉遵守安全文明生产规程		1. 漏接接地线一处，扣10分 2. 发生安全事故，按0分处理					
定额时间	6h		提前正确完成，每30min加5分；超过定额时间，每30min扣5分					
开始时间		结束时间		实际时间		小计	小计	总分

六、知识拓展

1. S7—200 系列 CPU 的工作模式

S7—200 系列 CPU 有两种工作模式：停止模式和运行模式。CPU 前面板上的 LED 显示了当前的工作模式。在停止模式下，S7—200 不执行程序，用户可以下载程序、数据和进行 CPU 系统设置；在运行模式下，S7—200 运行程序。

改变 S7—200 CPU 的工作模式，有以下几种方法。

1）使用 S7—200 上的模式选择开关：拨到“RUN”位置，CPU 运行；拨到“STOP”位置，CPU 停止。如果需要 CPU 在上电时自动运行，模式选择开关必须在“RUN”位置。

2）CPU 的模式选择开关在“RUN”位置时，可以使用 STEP-Micro/WIN32 编程软件控制 CPU 的运行和停止。在程序中插入“STOP”指令，可以在条件满足时将 CPU 设置为停止模式。

2. PLC 的工作方式

现在的 PLC 大都采用循环扫描的工作方式，即顺序扫描、不断循环。

用户程序通过计算机或编程器下载到 PLC 存储器中，当 PLC 开始运行时，CPU 根据系统监控程序的规定顺序，通过扫描，完成各输入点状态数据的采集、各输出点状态的更新、编程器键入响应、显示器更新及 CPU 自检等工作。PLC 采用集中采样、集中输出的工作方式。PLC 循环扫描过程大体可分为三个阶段。

（1）输入采样阶段　在输入采样阶段，PLC 以扫描方式按顺序将所有输入端的状态进行采样，并将采样结果分别送入相应的输入映像寄存器中，此时相应的输入映像寄存器被刷新。

（2）程序执行阶段　在程序执行阶段，PLC 是按照顺序对程序进行扫描执行，如果程序是梯形图，则总是按先上后下、先左后右的顺序执行。若遇到程序跳转指令，则根据跳转条件是否满足来决定程序的跳转地址。当指令中涉及输入、输出状态时，PLC 从输入映像寄存器中将上一阶段采样的输入端子状态读出，另从元件映像寄存器中读出对应元件当前的状态，并根据用户程序进行相应运算，然后将运算结果再存入元件映像寄存器中。对于元件映像寄存器来说，其内容随着程序的执行而发生变化。而输入映像寄存器中的状态不会因为程序的运行和程序运行中对其状态的读取而发生变化，它只能在下一扫描周期的输入采样阶段被刷新。

（3）输出刷新阶段　当所有指令执行完成后，进入刷新阶段。在这一阶段，首先将输出过程映像寄存器的 0/1 状态传到输出模块并锁存起来，然后通过继电器或功率器件驱动外部负载工作。

PLC 在运行中除完成上述工作外，还要处理很多其他事务，如通信处理、CPU 的自诊断、中断处理等。

3. S7—200 系列 PLC 的功能扩展模块

当 CPU 的 I/O 点数不够用或需进行特殊功能的控制时，就要进行 I/O 的扩展。I/O 扩展包括 I/O 点数的扩展和功能模块的扩展。不同的 CPU 有不同的扩展规范，它主要受 CPU 的功能限制。现将 S7—200 可扩展的功能模块介绍如下：

（1）数字量I/O扩展模块　根据实际需要，可以选用8点、16点和32点的数字量I/O扩展模块，见表1-8。

表1-8　数字量I/O扩展模块

类　型	型　号	各组输入点数	各组输出点数
输入扩展模块EM221	EM221 8点24V(DC)输入	4，4	—
	EM221 16点24V(DC)输入	4，4，4，4	—
	EM221 8点230V(AC)输入	各点独立	—
输出扩展模块EM222	EM222 4点24V(DC)输出(5A)	—	各点相互独立
	EM222 4点继电器输出(5A)	—	各点相互独立
	EM222 8点24V(DC)输出	—	4，4
	EM222 8点继电器输出	—	4，4
	EM222 8点230V(AC)输出	—	各点相互独立
输入/输出扩展模块EM223	EM223 4输入/4输出24V(DC)	4	4
	EM223 4输入24V(DC)/继电器4输出	4	4
	EM223 8输入24V(DC)/继电器8输出	4，4	4，4
	EM223 8输入/8输出24V(DC)	4，4	4，4
	EM223 16输入24V(DC)/16输出24V(DC)	8，8	4，4，8
	EM223 16输入24V(DC)/继电器16输出	8，8	4，4，4，4
	EM223 32输入/32输出24V(DC)	16，16	16，16
	EM223 32输入24V(DC)/继电器32输出	16，16	11，11，10

（2）模拟量I/O扩展模块　在工业控制中，被控对象常常是模拟量，如压力、温度、流量、转速等。而PLC的CPU内部执行的是数字量，因此需要将模拟量转换成数字量，以便CPU进行处理，这一任务由模拟量I/O扩展模块来完成。A/D转换模块可以将PLC外部的电压或电流信号转换成数字量送入PLC内，经CPU处理后，再由D/A扩展模块将PLC输出的数字量转换成电压或电流信号送给被控对象。

EM231为模拟量输入模块，它是4通道电流/电压输入；EM232为模拟量输出模块，它是2通道电流/电压输出；EM235为模拟量输入/输出模块，它是4通道电流/电压输入、1通道电流/电压输出。

（3）通信扩展模块　为了适应不同的通信要求，CPU 22×系列PLC提供多种通信模块。EM277，Profibus-DP从站通信模块，同时也支持MPI从站通信；EM241，调制解调器(Modem)通信模块；CP243-1，工业以太网通信模块；CP243-1IT，工业以太网通信模块，同时提供Web/E-maill等IT应用；CP243-2，AS-I主站模块，最多可连接62个AS-I从站。

（4）特殊功能扩展模块　为了完成一些特定的任务，CPU 22×系列还提供了一些特殊功能扩展模块。如EM231 TC，4输入通道的热电偶输入模块；EM231 RTD，2输入通道的热电阻输入模块；EM253，定位控制模块，它能产生脉冲串，用于步进电动机和伺服电动机速度和位置的开环控制。

七、习题

1. PLC 控制系统由哪些部分组成，各部分的作用是什么？
2. PLC 的 CPU 有几种工作模式？如何实现工作模式的转换？
3. PLC 是按什么工作方式工作的？
4. 什么是 PLC 的输入/输出设备？举例说明。
5. S7—200 PLC 的功能扩展模块通常有几种？作用是什么？
6. 电路图的作用是什么？
7. 接线图的绘制原则是什么？
8. 正确接线、元器件布局和配线的基本原则是什么？
9. 如果接线不牢固、端部有毛刺会给电气系统和人身安全造成什么危害？

项目二 三相异步电动机正反转控制

一、学习目标

1. 知识目标

1）掌握位触点及线圈指令。

2）掌握位逻辑操作指令。

3）掌握 PLC 的编程语言(梯形图、语句表)与编程方法。

4）掌握程序编译、下载及程序运行与调试的方法。

5）掌握交流接触器、热继电器、三相异步电动机基本知识。

2. 技能目标

1）能进行元器件识别、选择及好坏的鉴别。

2）能进行元器件的布局、布线、配线。

3）能进行 PLC 程序的下载、调试与监控。

4）进一步培养电路检查与维修能力。

二、项目分析

本项目的任务是制做、安装与调试 PLC 控制的三相异步电动机正反转控制系统。

1. 项目要求

(1) 电动机正、反向起动　当按下正向起动按钮时，电动机正向起动；当按下反向起动按钮时，电动机反向起动。

(2) 电动机可以直接反向　即电动机正在正转(反转)，当按下反转(正转)按钮时，电动机能立即反转。

(3) 电动机停止　当按下停止按钮时电动机停止。

(4) 保护措施　系统必须设置短路和过载两种保护。

2. 任务流程图

本项目的任务流程如图 2-1 所示。

3. 知识点链接

本项目相关的知识点链接如图 2-2 所示。

4. 环境设备

项目运行所需的工具、设备见表 2-1。

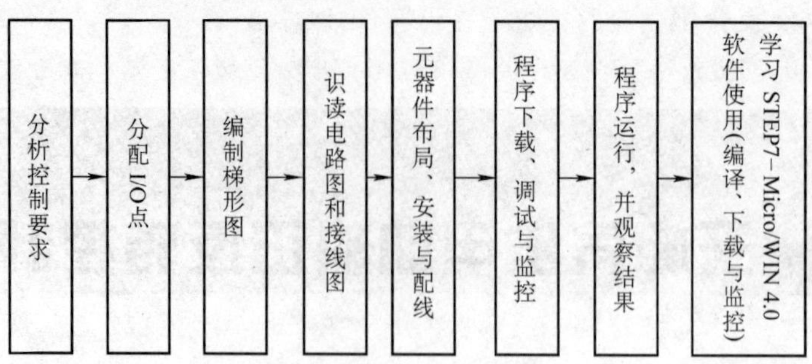

图2-1　任务流程图

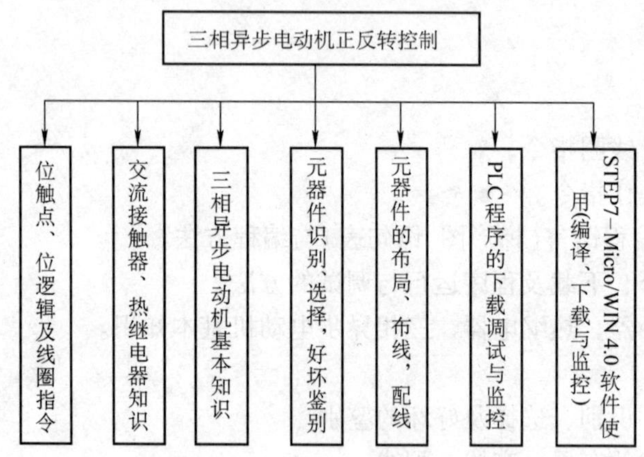

图2-2　知识点链接

表2-1　工具、设备清单

序　号	分　类	名　称	型号规格	数　量	单　位	备　注
1	工具	常用电工工具		1	套	所有元器件都可以根据实际情况和条件而变化
2		万用表	MF47型	1	块	
3	设备	PLC	S7—200 CPU 226	1	台	
4		断路器	DZ47—63	1	只	
5		熔断器	RT18—32	5	个	
6		熔体	2A	2	只	
7		熔体	5A	3	只	
8		按钮	LA4	3	只	
9		接触器	CJX1—9，220V	2	个	
10		热继电器	JRS2—63/F	1	个	
11		三相异步电动机	380V，0.5kW，Y联结	1	台	
12		接线端子	TD—1520	1	个	
13	消耗材料	导线	BVR 1.5mm^2	若干	m	
14		导线	BVR 1.0mm^2	若干	m	

5. 电路图、I/O 点分配、电路组成及各元器件功能

（1）三相异步电动机正反转控制电路图　三相异步电动机正反转控制电路如图 2-3 所示。

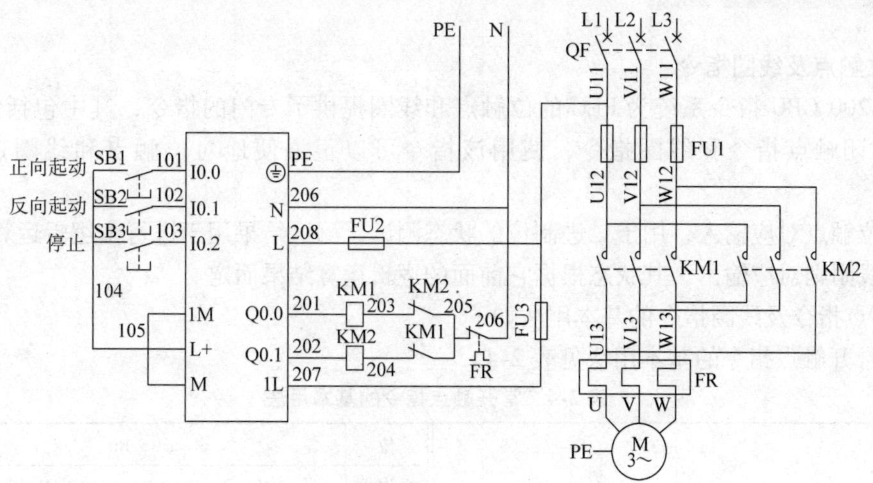

图 2-3　三相异步电动机正反转控制电路

（2）I/O 点分配　见表 2-2。

表 2-2　I/O 点分配

输　入			输　出		
元器件代号	功　能	输　入　点	元器件代号	功　能	输　出　点
SB1	正转起动	I0. 0	KM1	控制电动机正转	Q0. 0
SB2	反转起动	I0. 1	KM2	控制电动机反转	Q0. 1
SB3	停止	I0. 2			

（3）电路组成及各元器件功能　电路组成及各元器件功能见表 2-3。

表 2-3　电路组成及各元器件功能

序　号	电 路 名 称		电 路 组 成	元器件功能	备　注
1	电源电路		QF	电源开关	
2			FU2	PLC 输入电路短路保护	
3			FU3	PLC 输出电路短路保护	
4	主电路		FU1	主电路短路保护	
5			FR	过载保护	
6			三相异步电动机	把电能转换成机械能	
7	控制电路	PLC 输入电路	SB1	正转起动	
8			SB2	反转起动	
9			SB3	停止	
10		PLC 输出电路	KM1	控制电动机正转	
11			KM2	控制电动机反转	
12		主机	S7—200	主控制器	

三、必要知识讲解

1. 位触点及线圈指令

S7—200 CPU 指令系统为 PLC 的位触点和线圈提供了专门的指令，其中包括常开触点指令、常闭触点指令和线圈指令，使用该指令可以很方便地对位触点和线圈进行直接控制。

① 位触点对应输入，用于二进制位的状态测试，测试结果用于进行位逻辑运算。

② 线圈则对应输出，其状态根据它前面的逻辑运算结果而定。

位触点指令及线圈指令的基本用法如下。

1）常开触点指令的基本用法见表 2-4。

表 2-4　常开触点指令的基本用法

梯形图	??.? ┤ ├	位	Bit
		操作数	I、Q、M、SM、T、C、V、S、L
语句表	LD bit	数据类型	布尔
功能	当常开触点对应的位等于 1 时，接通该触点		

2）常闭触点指令的基本用法见表 2-5。

表 2-5　常闭触点指令的基本用法

梯形图	??.? ┤/├	位	Bit
		操作数	I、Q、M、SM、T、C、V、S、L
语句表	LDN bit	数据类型	布尔
功能	当常闭触点对应的位等于 1 时，断开该触点		

3）输出指令的基本用法见表 2-6。

表 2-6　输出指令的基本用法

梯形图	??.? ─( )	位	Bit
		操作数	I、Q、M、SM、T、C、V、S、L
语句表	= bit	数据类型	布尔
功能	用于线圈驱动，将输出位的新值写入输出映像寄存器		

当执行输出指令时，输出位的新值被写入输出映像寄存器的指定地址位(bit)，在每次扫描周期的最后，CPU 才以批处理的方式将输出映像寄存器中的内容传送到输出点，使输出线圈接通。

【例 2-1】 当常开触点 I0. 0 闭合时，接通输出线圈 Q0. 0。常闭触点 I0. 1 闭合时，断开 Q0. 1。见表 2-7。

表 2-7　例 2-1 表

梯形图	I0.0 ─┤ ├─ ( ) Q0.0 I0.1 ─┤/├─ ( ) Q0.1	语句表	网络 1 LD　I0. 0 =　Q0. 0 网络 2 LDN　I0. 1 =　Q0. 1

2. 位逻辑操作指令

S7—200 CPU 指令系统中位逻辑的基本运算是：与、或、非，因而围绕这几种基本逻辑有触点与操作指令、触点与非操作指令、触点或操作指令、触点或非操作指令、非操作指令，下面对该类指令的用法和编程应用进行介绍。

1）触点与操作指令见表 2-8。

表 2-8　触点与操作指令

梯形图	无	功能	用于单个常开触点的串联
语句表	A(And)		

【例 2-2】 当 I0. 0 和 I0. 1 都接通时，接通 Q0. 0，见表 2-9。

表 2-9　例 2-2 表

梯形图	I0.0 ─┤ ├─ I0.1 ─┤ ├─ ( ) Q0.0	语句表	LD　I0. 0 A　I0. 1 =　Q0. 0

2）触点与非操作指令见表 2-10。

表 2-10　触点与非操作指令

梯形图	无	功能	用于单个常闭触点的串联
语句表	AN(And Not)		

【例 2-3】 当常开触点 I0. 0 接通时，且 I0. 1 断开时，接通 Q0. 0，见表 2-11。

表 2-11　例 2-3 表

梯形图	I0.0 ─┤ ├─ I0.1 ─┤/├─ ( ) Q0.0	语句表	LD　I0. 0 AN　I0. 1 =　Q0. 0

3）触点或操作指令见表 2-12。

表 2-12　触点或操作指令

梯形图	无	功能	用于单个常开触点的并联
语句表	O(OR)		

【例2-4】 当I0.0按下，Q0.0接通，而在I0.0断开时，Q0.0依然保持接通，见表2-13。

表2-13 例2-4表

梯形图	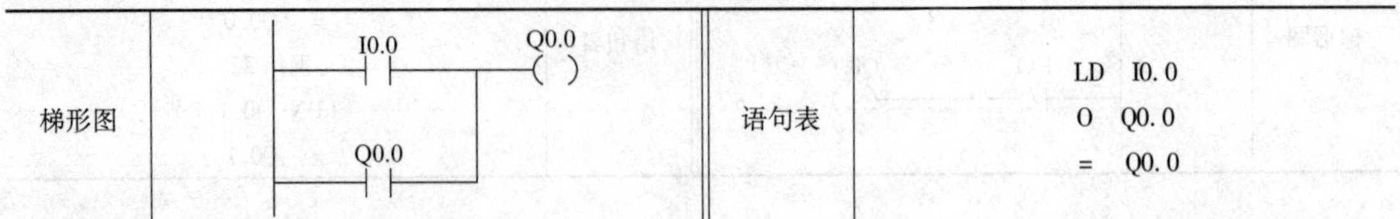	语句表	LD I0.0 O Q0.0 = Q0.0

4）触点或非操作指令见表2-14。

表2-14 触点或非操作指令

梯形图	无	功能	用于单个常闭触点的并联
语句表	ON(Or Not)		

【例2-5】 当I0.0接通或I0.1断开时，Q0.0接通，见表2-15。

表2-15 例2-5表

梯形图	I0.0 ─┤ ├─ Q0.0 ─( ) I0.1 ─┤/├─	语句表	LD I0.0 ON I0.1 = Q0.0

5）非操作指令见表2-16。

表2-16 非操作指令

梯形图	─┤NOT├─	功能	将逻辑结果取反
语句表	NOT		

【例2-6】 当I0.0断开时，Q0.0接通，见表2-17。

表2-17 例2-6表

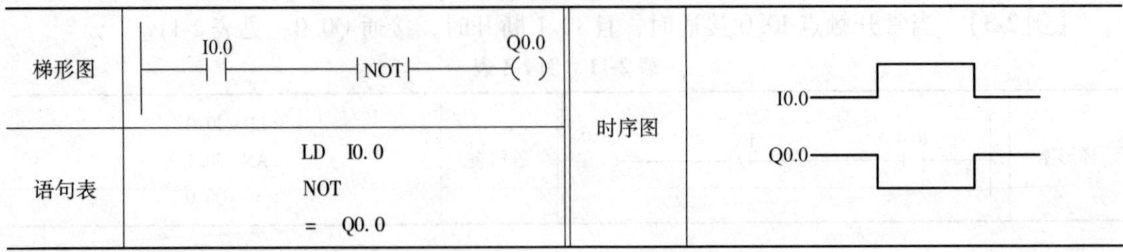

梯形图	I0.0 ─┤ ├─┤NOT├─ Q0.0 ─( )	时序图	
语句表	LD I0.0 NOT = Q0.0		

时序图是一种反映动作先后顺序的一种表示方法，从本例的时序图中可以很方便地看出使用非操作指令后，Q0.0和I0.0的逻辑状态正好相反。

3. 置位与复位指令

在程序设计中，常常需要对I/O或内部存储器的某些位进行置“1”或清“0”操作，

S7—200 CPU 指令系统提供了置位与复位指令，从而可以很方便地对多个点进行置“1”或清“0”，使 PLC 程序的编制更加灵活和便捷。下面对这两条指令的用法和编程应用进行介绍。

（1）置位指令　见表 2-18。

表 2-18　置位指令

梯形图	??.? —（S） ????	语句表	S bit，N
		功能	从 bit 开始的 N 个元件置 1 并保持

置位指令两个操作数 bit 及 N 的说明见表 2-19。

表 2-19　bit 及 N 的说明

操　作　数	操作数寻址范围	数 据 类 型
位	I、Q、M、SM、T、C、V、S、L	布尔
N	VB、IB、QB、MB、SMB、SB、LB、AC、常数、VD、AC、LD	字节

【例 2-7】　当 I0. 0 接通时，置位 Q0. 0 和 Q0. 1，见表 2-20。

表 2-20　例 2-7 表

梯形图	I0.0　　Q0.0 —| |——（S） 　　　　2	时序图	I0.0 Q0.0 Q0.1
语句表	LD　I0. 0 S　Q0. 0，2		

（2）复位指令　见表 2-21。

表 2-21　复位指令

梯形图	??.? —（R） ????	语句表	S bit，N
		功能	从 bit 开始的 N 个元件置 0 并保持

复位指令的两个操作数 bit 及 N 含义及类型同置位指令相同。

【例 2-8】　当 I0. 0 接通时，复位 Q0. 0 和 Q0. 1，见表 2-22。

表 2-22　例 2-8 表

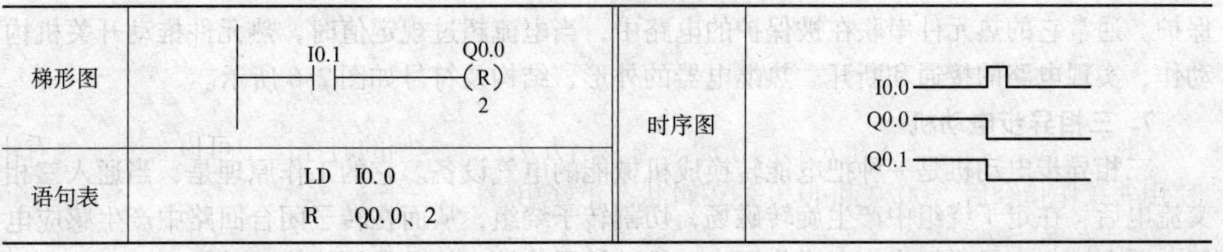

梯形图	I0.1　　Q0.0 —| |——（R） 　　　　2	时序图	I0.0 Q0.0 Q0.1
语句表	LD　I0. 0 R　Q0. 0、2		

4. 起保停电路与置位复位电路梯形图的设计方法

(1) 起动—保持—停止电路(简称起保停电路) 是电气控制电路中最基本的控制单元，应用非常广泛。起保停电路的主要特点是具有“记忆”功能。现以图 2-4a 所示起保停电路为例说明起保停电路梯形图的设计方法。当按下起动按钮 I0.0(SB1)时，常开触头闭合，Q0.0(KM 线圈)“通电”，它的常开触点闭合，实现自保(自锁)。此时松开 I0.0(SB1)后输出 Q0.0(KM 线圈)照样“通电”，这就是“记忆”功能。按下停止按钮 I0.1(SB2)时，Q0.0(KM 线圈)“断电”，其常开触头断开，自保(自锁)解除。起保停电路的梯形图如图 2-4b 所示。

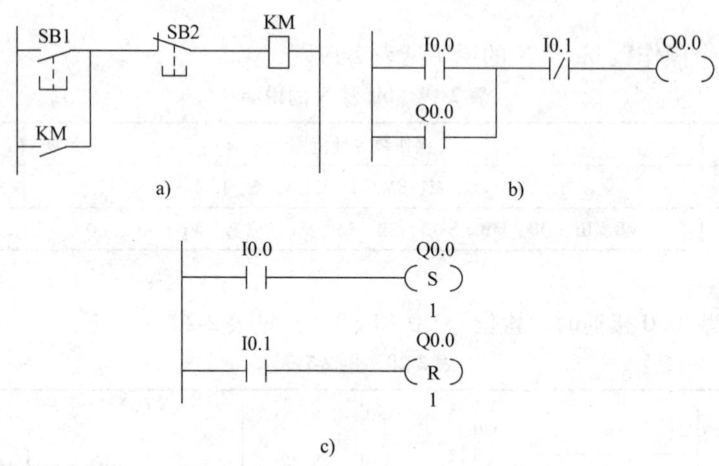

图 2-4　起保停电路与梯形图

a) 电路　b) 梯形图　c) 置位复位梯形图

(2) 置位复位电路　起保停电路还可以用另一种方法设计，即置位复位梯形图，如图 2-4c 所示。当按下 I0.0 时，置位指令把 Q0.0 置位“通电”。由于置位指令具有置位保持功能，即使 I0.0 断开，Q0.0 照样可以“通电”自保。当按下 I0.1 时，Q0.0 复位“断电”。

5. 交流接触器

交流接触器是一种用于频繁接通或断开负载电路的自动切换电器，如控制电动机的起动和停止等，有较强的带负载能力。它的基本原理是，当线圈接入额定电压时，电磁机构产生电磁力，带动主、辅触头动作，实现电路的切换。交流接触器外形、结构及符号如图 2-5 所示。

6. 热继电器

热继电器实际上是一种利用电流热效应工作的电器，主要用于电动机的过载保护和断相保护。通常它的热元件串联在被保护的电路中，当电流超过规定值时，热元件推动开关机构动作，实现电路的接通和断开。热继电器的外形、结构及符号如图 2-6 所示。

7. 三相异步电动机

三相异步电动机是一种把电能转换成机械能的电气设备。它的工作原理是，当通入三相交流电后，在定子绕组中产生旋转磁场，切割转子绕组，从而在转子闭合回路中产生感应电流，此电流与定子磁场产生电磁作用力，推动转子旋转，把电能转换成机械能。

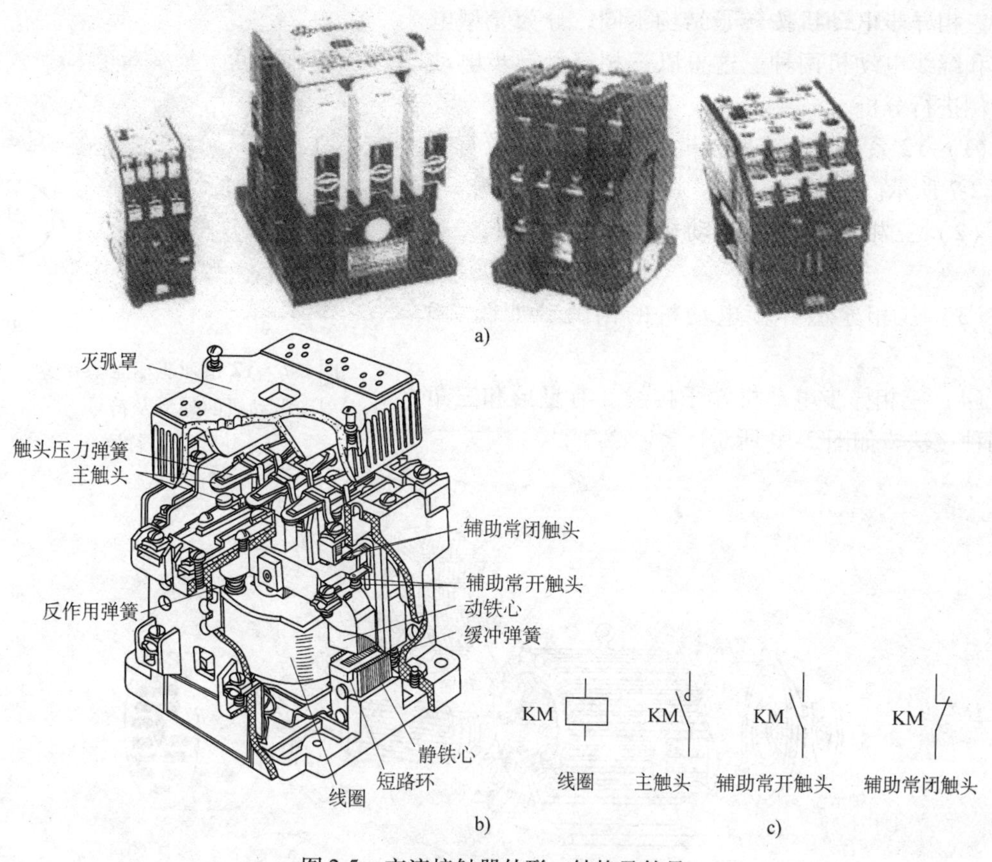

图 2-5　交流接触器外形、结构及符号

a）外形　b）结构　c）符号

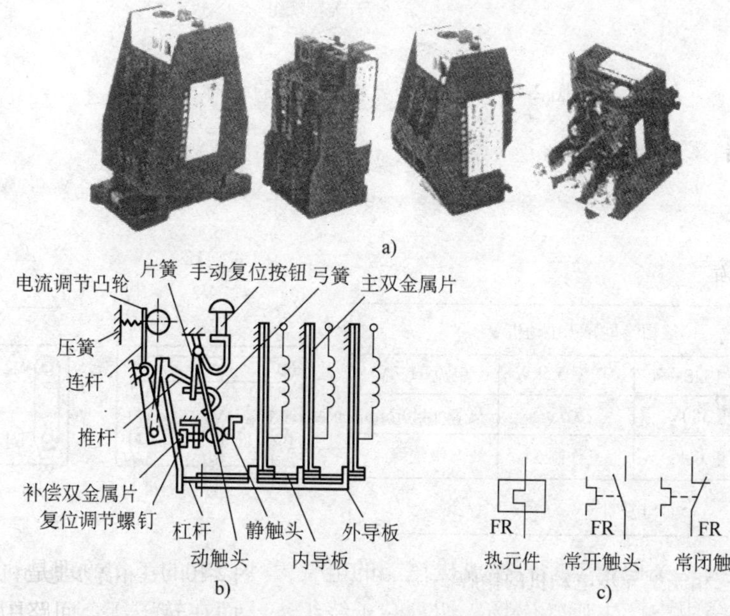

图 2-6　热继电器的外形、结构及符号

a）外形　b）结构　c）符号

三相异步电动机按转子结构不同，分为笼型电动机和绕线电动机两种。这里以三相笼型异步电动机为例进行分析。

（1）Y2 系列三相笼型异步电动机的外形及符号　如图 2-7 所示。

（2）三相笼型异步电动机的结构　如图 2-8 所示。

（3）三相笼型异步电动机的铭牌　如图 2-9 所示。

（4）三相异步电动机端子接线　有星形和三角形两种接法，如图 2-10 所示。

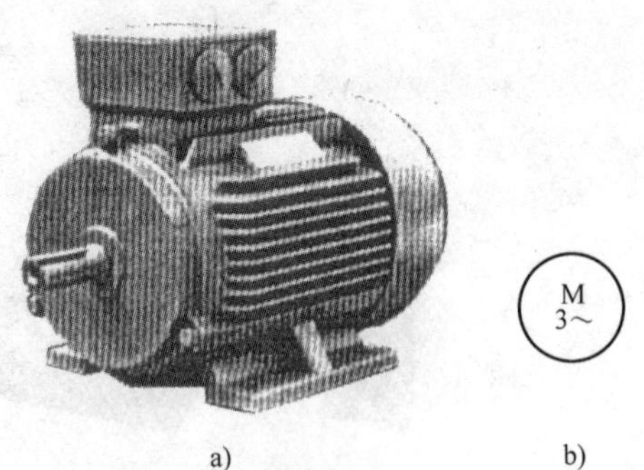

图 2-7　Y2 系列三相笼型异步电动机的外形及符号
a）外形　b）符号

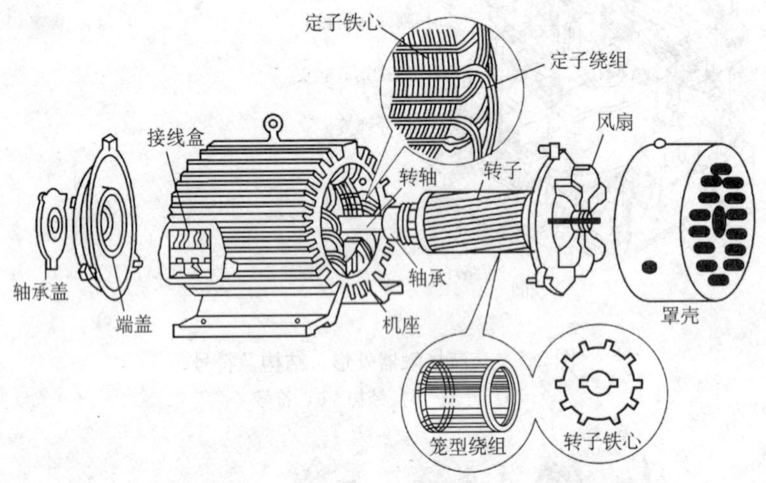

图 2-8　三相笼型异步电动机的结构

	三相笼型异步电动机		
	型号 Y2—132S—4	功率 5.5kW	电流 11.7A
频率 50Hz	电压 380V	接法 △	转速 1440r/min
防护等级 IP44	重量 68kg	工作制 S1	F 级绝缘
××电机厂			

图 2-9　三相笼型异步电动机的铭牌

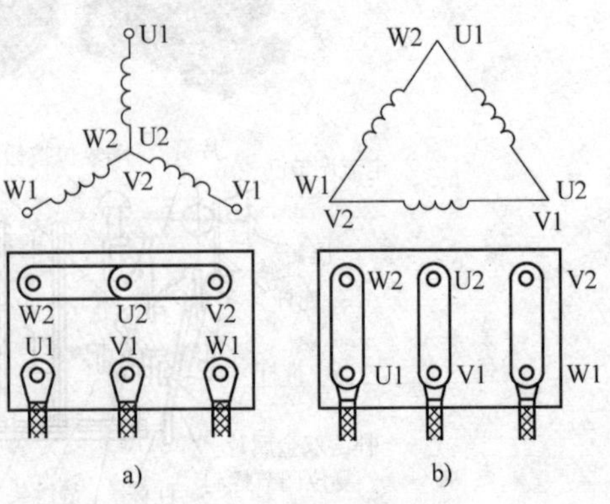

图 2-10　三相异步电动机端子接线
a）星形　b）三角形

四、操作指导

1. 接线图、元器件布置及布线

（1）接线图 三相异步电动机正反转控制电路接线图如图2-11所示。

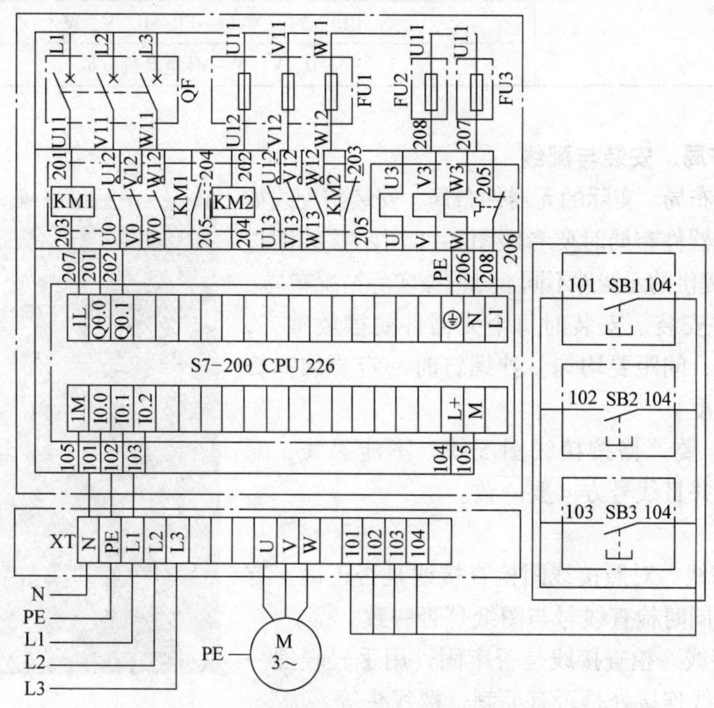

图2-11 三相异步电动机正反转控制电路接线图

（2）元器件布置及布线情况 见表2-23。

表2-23 元器件布置及布线情况

序号	项 目		具 体 内 容	备 注
1	板内元器件		QF、FU1、FU2、FU3、KM1、KM2、FR、PLC	
2	外围元器件		SB1、SB2、SB3、电动机M、接线端子XT	
3	电源走线		L1→QF→FU2→L(208) L1→QF→FU3→1L(207)	
4			PE→PLC(⊕)	
5			N(206)→PLC(N)	
6	PLC控制电路走线	输入回路	I0.0(101)→SB1→L+(104)	
7			I0.1(102)→SB2→L+(104)	
8			I0.2(103)→SB3→L+(104)	
9			1M(105)→M	
10		输出回路	Q0.0(201)→KM1线圈→KM2常闭触头(203)→FR常闭触头(205)→N(206)	
11			Q0.1(202)→KM2线圈→KM1常闭触头(204)→FR常闭触头(205)→N(206)	

(续)

序号	项 目	具 体 内 容	备 注
12	主电路走线	L1、L2、L3→QF→U11、V11、W11	
13		U11、V11、W11→FU1→U12、V12、W12	
14		U12、V12、W12→KM1/KM2→U13、V13、W13	
15		U13、V13、W13→FR→U、V、W	
16		U、V、W→M(电动机)	

2. 元器件布局、安装与配线

(1) 元器件布局　实际的元器件布局、安装与配线如图 2-12 所示。元器件布局时要参照图 2-11 所示接线图进行，若与书中所提供的元器件不同，则应按实际情况布局。

(2) 元器件安装　安装时每个元器件要摆放整齐，上下左右要对正，间距要均匀。拧螺钉时一定要加弹簧垫，而且松紧适度。

(3) 配线　要严格按接线图配线，不能丢线、漏线，要穿好线号并且线号方向要一致。

图 2-12　元器件布局、安装与配线

3. 自检

(1) 检查布线　对照接线图检查接线是否正确，有否漏接、错接。同时检查线号与图纸是否一致。

(2) 检查接线　检查接线是否牢固，用手轻轻拽一下能否脱落，导线连接处是否有毛刺、裸线头等。

(3) 使用万用表检测电路　对照电路图、接线图，按表 2-24 对布线进行检查。

表 2-24　元器件布置及布线情况

检测任务	操 作 方 法			正 确 结 果	备 注
检测电路导线连接是否良好	采用万用表电阻挡(R×1)			阻值/Ω	断电情况下测量电阻
	电源电路		L1→QF→FU2→L(208) →FU3→1L(207)	QF 接通时为 0，断开时为∞	
			PE→PLC(⏚)	0	
			N(206)→PLC(N)	0	
	PLC 控制电路	输入回路	I0.0(101)→SB1→L+(104)	0	
			I0.1(102)→SB2→L+(104)	0	
			I0.2(103)→SB3→L+(104)	0	
			1M(105)→M	0	
		输出回路	Q0.0(201)→KM1 线圈→KM2 常闭触点(203)→FR 常闭触头(205)→206(N)	线圈有阻值，导线电阻为 0	
			Q0.1(202)→KM2 线圈→KM1 常闭触头(204)→FR 常闭触头(205)→N(206)	线圈有阻值，导线电阻为 0	

（续）

检测任务	操作方法		正确结果	备　注
检测电路导线连接是否良好	主电路	L1、L2、L3→QF→U11、V11、W11	0	断电情况下测量电阻
		U11、V11、W11→FU1→U12、V12、W12	0	
		U12、V12、W12→KM1/KM2→U13、V13、W13	KM1触头或KM2触头闭合时电阻为0	
		U13、V13、W13→FR→U、V、W	0	
		U、V、W→M	0	

4. 输入梯形图

（1）梯形图　梯形图如图2-13所示。

（2）输入梯形图，连接系统　按照下列步骤连接系统并输入梯形图：

1）用PC/PPI编程电缆把计算机串行口与PLC的编程口连接起来。

2）先插上电源插头，再合上断路器。

3）将PLC的RUN/STOP开关拨到“STOP”位置。

4）在教师指导下下载程序。

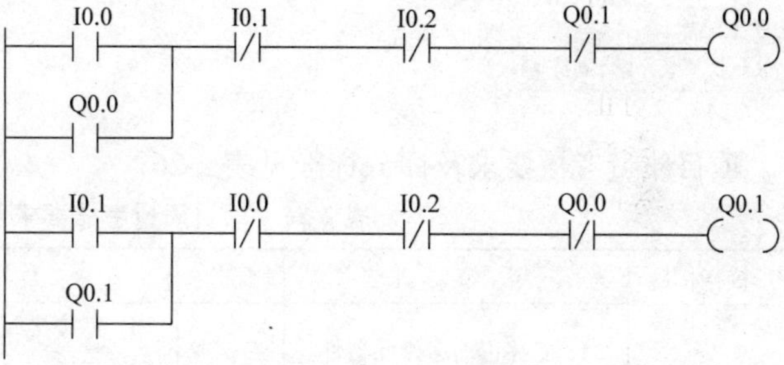

图2-13　梯形图

5）将PLC的RUN/STOP开关拨到“RUN”位置。

5. 操作注意事项

1）安装元器件或接线时，螺钉必须按照十字形和一字形及大小选择合适的螺钉旋具进行拆装操作。

2）用电工刀剥线时一定要按照安全操作规程的要求操作。

3）通电前必须经过教师检查，并经教师同意后方可试车。

6. 通电试车

经自检、教师检查确认电路正常且无安全隐患后，在教师的监护下通电试车。

按照表2-25，观察三相异步电动机正反转控制电路通电试车的工作情况，并作好记录。

表2-25　三相异步电动机正反转控制电路工作情况记录

操作步骤	操作内容	观察内容									
		观察指示LED				接触器			电动机工作情况		
		输入I	亮/灭	输出Q	亮/灭	KM	通	断	正转	反转	停止
1	接通SB1	I0.0		Q0.0		KM1					
				Q0.1		KM2					
2	断开SB1			Q0.0		KM1					
				Q0.1		KM2					

（续）

操作步骤	操作内容	观察内容									
		观察指示 LED				接触器			电动机工作情况		
		输入 I	亮/灭	输出 Q	亮/灭	KM	通	断	正转	反转	停止
3	接通 SB2	I0. 1		Q0. 0		KM1					
				Q0. 1		KM2					
	断开 SB2			Q0. 0		KM1					
				Q0. 1		KM2					
4	接通 SB3	I0. 2		Q0. 0		KM1					
				Q0. 0		KM2					

五、考核评价

项目质量考核要求及评分标准见表 2-26。

表 2-26 项目质量考核要求及评分标准

考核项目	考核要求	配分	评分标准	扣分	得分	备注
系统安装	1. 能够正确选择元器件 2. 能够按照接线图布置元器件 3. 能够正确固定元器件 4. 能够按照要求编制线号	20	1. 不按接线图固定元器件，扣 5 分 2. 元器件安装不牢固，每处扣 2 分 3. 元器件安装不整齐、不均匀、不合理，每处扣 3 分 4. 不按要求编制线号，每处扣 1 分 5. 损坏元器件此项不得分			
编程练习	1. 能够建立程序新文件 2. 能够正确输入梯形图 3. 能够正确保存文件 4. 能够下载和上传程序	40	1. 不能建立程序新文件或建立错误，扣 5 分 2. 梯形图符号错一处，扣 3 分 3. 保存文件错误，扣 5 分 4. 不会下载和上传程序，扣 5 分			
运行操作	1. 能够正确操作运行系统，分析运行结果 2. 能够正确修改程序并监控程序 3. 能够编辑程序并验证输入输出和自锁控制	40	1. 首次试车不成功，扣 10 分 2. 运行结果有错误，扣 5 分 3. 不会监控，扣 10 分 4. 不正确分析结果，扣 5 分			
安全生产	自觉遵守安全文明生产规程		1. 漏接接地线，每处扣 10 分 2. 不按操作规程运作，扣 10 分 3. 发生安全事故，按 0 分处理			
定额时间	6h		提前正确完成，每 30min 加 5 分；超过定额时间，每 30min 扣 10 分			
开始时间		结束时间	实际时间	小计	小计	总分

六、知识拓展

1. 程序编译与下载

（1）程序编译　执行[PLC]/[编译]命令，进行编译，如图2-14所示。

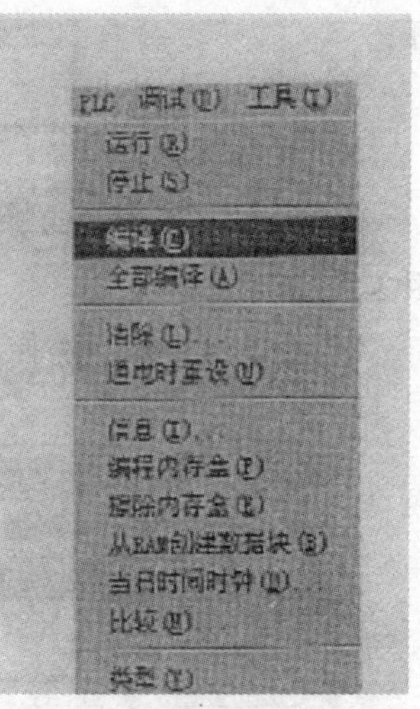

图2-14　PLC编译

在信息框中看到编译成功的消息，表明编译成功。

输出窗口会显示程序块和数据块的大小，也会显示编译中发现的错误。双击错误信息，可以在程序编辑器中跳转到相应的程序段。

（2）程序下载

1）执行[文件]>[下载]命令，或直接在工具栏中单击▼按钮进行下载。

从PG/PC到S7—200 CPU为下载：从S7—200 CPU到PG/PC为上传。

下载操作会自动执行编译命令。

2）选择下载的块。这里可以选择程序块、数据块和系统块下载至PLC中，如图2-15所示。

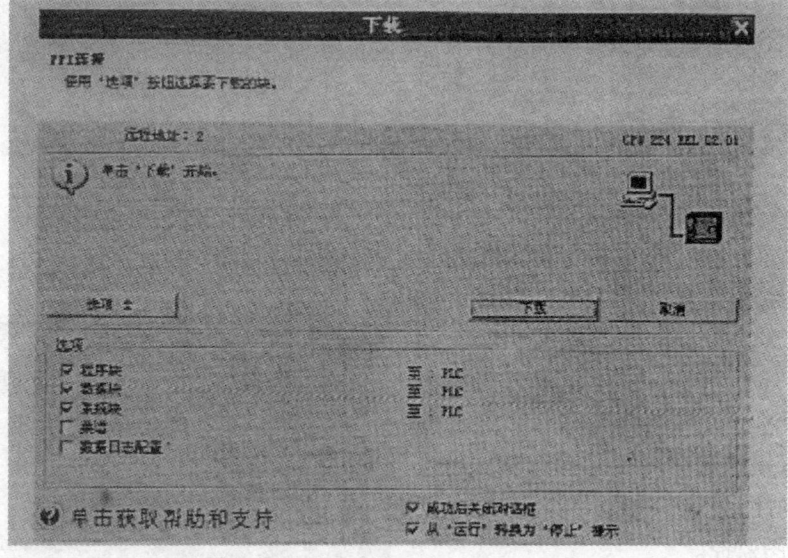

图2-15　选择下载程序块、数据块和系统块

2. 程序运行与调试

程序编好后要经过调试和修改。STEP-Micro/WIN 4.0编程软件提供了一系列工具，用户可直接在软件环境下调试并监视程序执行情况。

（1）程序运行

1）单击工具栏中的按钮，或执行[PLC]/[运行]命令弹出[运行]对话框，如图 2-16 所示。

2）单击[是]按钮，PLC 进入运行模式，这时黄色 STOP(停止)状态指示灯灭，绿色 RUN(运行)灯亮。

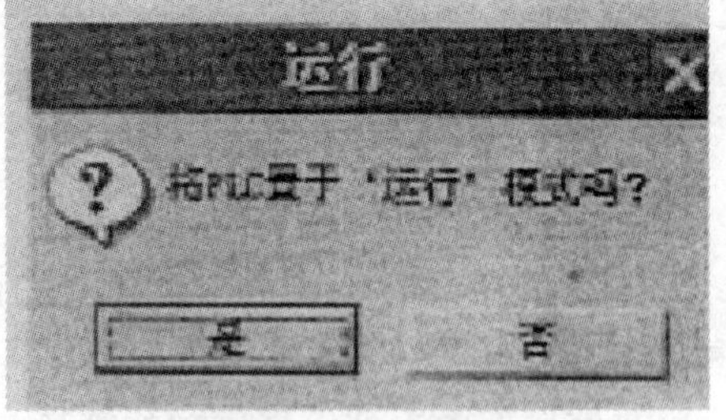

图 2-16　运行对话框

(2）程序的调试

1）程序状态监控。

① 单击工具栏上的按钮或执行[调试]/[开始程序状态]命令，进入程序监控，如图 2-17 所示。

② 启动程序运行监控，如图 2-18 所示。

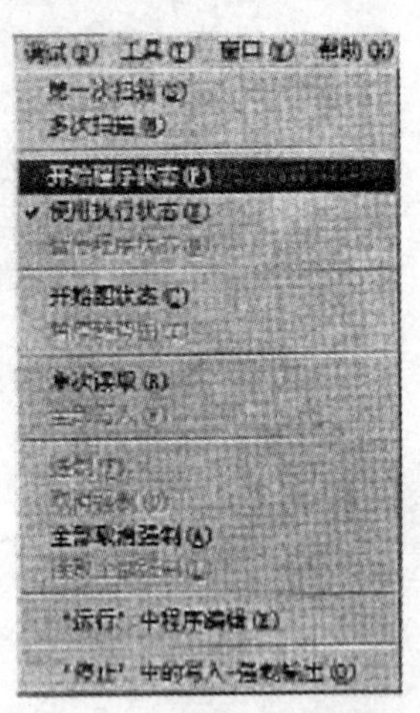

图 2-17　进入程序监控

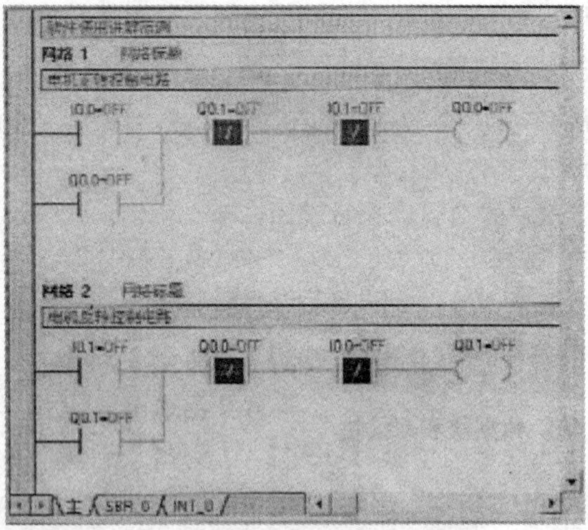

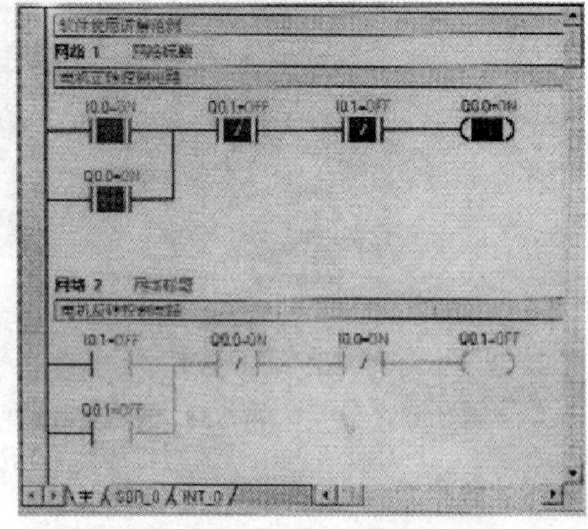

图 2-18　程序运行监控

"监控状态"下梯形图将每个元件的实际状态都显示出来。

③ 如果接通 I0.0，则 Q0.0 也接通，如图 2-19 所示。

"能流"（一种虚拟的电流,从左母线流到右母线）通过的元件将变色显示，通过施加输入，可以模拟程序的实际运行，从而检查程序的正确性。

2）状态图监控。

① 单击检视区的状态图按钮，进入状态图监控方式。

② 单击按钮可以观察各个变量的变化情况，如图 2-20 所示。

③ 单击装订线，选择程序段，并单击鼠标右键，选择[创建状态图]命令，如图 2-21

图 2-19　接通 I0.0 和 Q0.0

	地址	格式	当前值	新数值
1	I0.0	位	2#1	
2	I0.1	位	2#0	
3	Q0.0	位	2#1	
4	Q0.1	位	2#0	

图 2-20 各个变量的变化情况

所示，便能快速生成一个包含所选程序段内各元件的新表格。

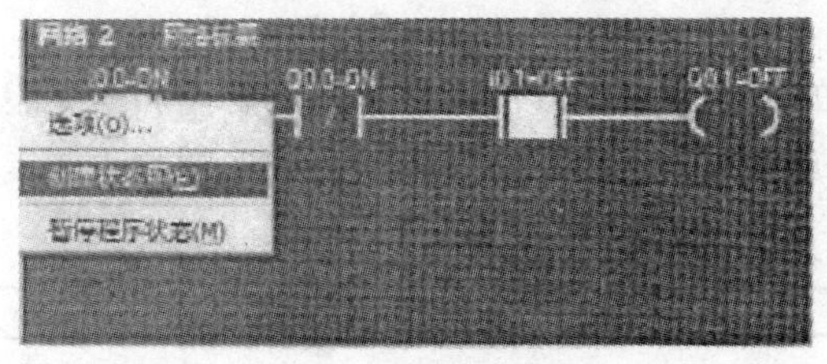

图 2-21 选择[创建状态图]命令

七、习题

1. 编制梯形图，当常开触点 I0.0 闭合时，Q0.0 断开。

2. 编制梯形图，当常开触点 I0.0 闭合时，先接通 Q0.0，再接通 Q0.1。

3. 编制 PLC 程序实现下列控制任务：当按下 SB1(I0.1)时，电动机 M1(Q0.0)起动并自保。只有 M1(Q0.0)工作时按下 SB2(I0.2)，电动机 M2 才能起动，而 SB2(I0.2)松手时 M2 停止。按下 SB0(I0.0)为总停。

4. 按钮闭合后，它的常开触点和常闭触点发生什么变化，哪一个先动作，哪一个后动作?

5. 编制梯形图和语句表。当常开触点 I0.0 接通，常闭触点 M0.1 断开时，接通 Q0.0；当接通 Q0.0 时，且 I0.3 常开触点接通时，则 M0.1 通电；当 M0.1 通电时，则 Q0.1 通电。

6. 根据语句表写出对应的梯形图。

```
LD    I0.0
AN    I0.1
=     Q0.0
A     T10
=     M0.1
A     M0.1
NOT
=     Q0.2
```

7. 根据语句表写出对应的梯形图。

```
LD     I0.0
O      Q0.0
AN     I0.1
 =     Q0.0
A      T10
 =     M0.1
A      M0.1
NOT
 =     Q0.2
```

8. 按照图 2-22 所示的时序图，用置位指令写出梯形图和语句表。
9. 按照图 2-23 所示的时序图，用复位指令写出梯形图和语句表。

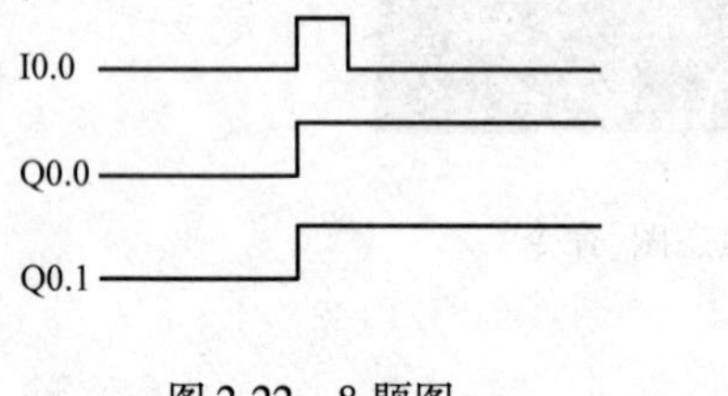

图 2-22　8 题图

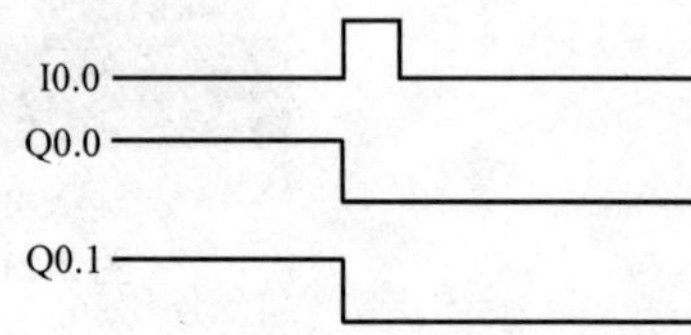

图 2-23　9 题图

项目三 单按钮起停控制

一、学习目标

1. 知识目标

1）掌握跳变指令。

2）掌握利用时序图设计梯形图的方法。

3）掌握用置位、复位指令按时序图设计梯形图的方法。

4）掌握单相异步电动机的结构及接线方法。

2. 技能目标

1）能够对电容分相单相异步电动机进行接线。

2）元器件识别、选择及好坏的鉴别。

3）元器件的布局、布线、配线。

4）PLC 程序的下载、调试与监控。

5）进一步培养电路检查与检修能力。

二、项目分析

本项目任务是用单按钮控制单相异步电动机的起动和停止。

1. 项目要求

1）控制电路只有一个按钮，控制电动机的起动和停止。

2）第一次按按钮为起动，再按按钮就停止。往复循环。

3）控制对象为电容分相单相异步电动机。

4）必须设置短路保护。系统为短时工作制，不设过载保护。

2. 任务流程图

本项目的任务流程如图 3-1 所示。

3. 知识点链接

本项目相关的知识点链接如图 3-2 所示。

4. 环境设备

项目运行所需的工具、设备见表 3-1。

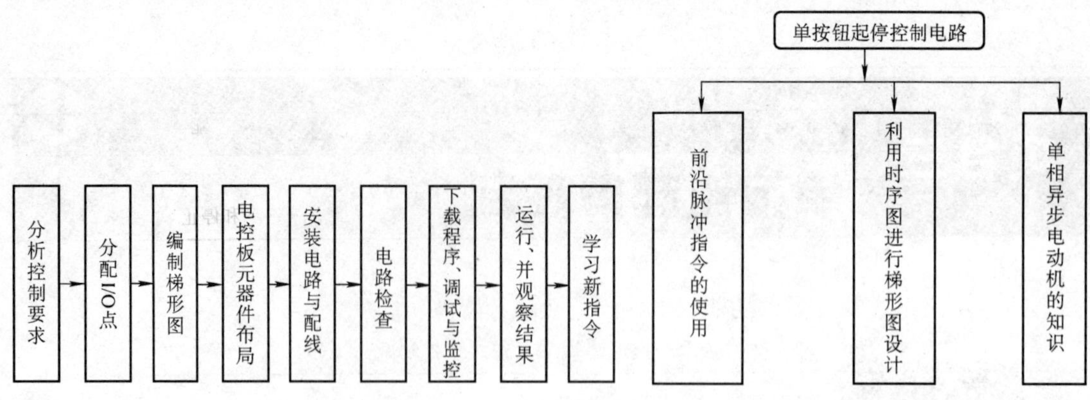

图 3-1　任务流程图　　　　图 3-2　知识点链接

表 3-1　工具、设备清单

序号	分　类	名　称	型 号 规 格	数量	单位	备　注
1	工具	常用电工工具		1	套	
2		万用表	M47 型	1	块	
3		PLC	S7—200 CPU 226	1	只	
4	设备	熔断器	RT18—32	3	只	
5		熔体	2A	2	只	
6		熔体	5A	1	只	
7		交流接触器	CJX1—9，220V	1	只	
8		按钮	LA4—3H	1	只	
9		断路器	DZ47—63	1	个	可以用单极
10		单相异步电动机	220V	1	台	功率自定
11	消耗材料	导线	BVR 1.5mm²	若干	m	
12		导线	BVR 1.0mm²	若干	m	

5. 电路图、I/O 点分配、电路组成及各元器件功能

（1）电路图　单按钮起停控制电路如图 3-3 所示。

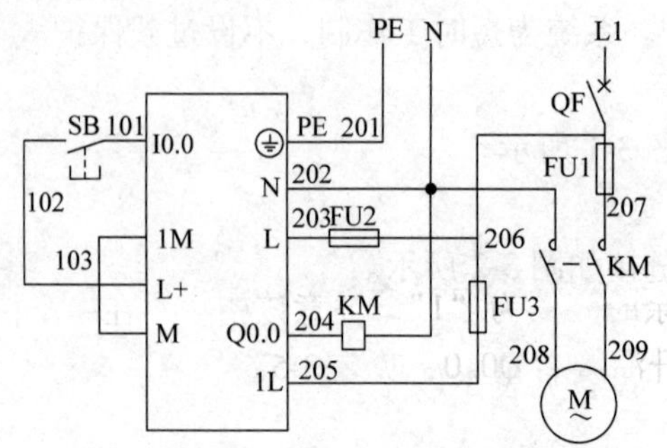

图 3-3　单按钮起停控制电路

（2）I/O 点分配　I/O 点分配见表 3-2。

表 3-2　I/O 点分配

输　入			输　出		
元器件代号	功　能	输入点	元器件代号	功　能	输出点
SB	起动、停止	I0.0	KM	控制电动机起动和停止	Q0.0

（3）电路组成及元器件功能　电路组成及各元器件功能见表 3-3。

表 3-3　电路组成及各元器件功能

序号	电路组成			元器件功能	备　注
1	电源电路		QF	电源开关	
2			FU1	电动机主电路短路保护	
3			FU2	PLC 电源电路短路保护	
4			FU3	PLC 输出电路短路保护	
5	控制电路	PLC 输入电路	SB	起动、停止	
6		PLC 输出电路	KM	控制电动机起动和停止	
7		主机	S7—200 CPU 226	主控	
8	主电路	单相异步电动机	220V	将电能转换成机械能	功率自定

三、必要知识讲解

1. 跳变指令及其应用

跳变指令又称为边沿脉冲指令，包括正跳变指令和负跳变指令。使用跳变指令可以很方便地对信号的正跳变和负跳变进行检测。下面对这两条指令的使用和编程应用进行介绍。

（1）正跳变指令　见表 3-4。

表 3-4　正跳变指令

梯形图	─┤P├─	功能	正跳变触点检测到信号有一次正跳变（从 OFF 到 ON）之后，输出接通一个扫描周期
语句表	EU		

如果前面元件上个扫描周期的逻辑状态是“0”，本扫描周期是“1”，则后面的输出逻辑状态在本扫描周期的剩余时间内为“1”。注意该指令只在一个扫描周期内有效。

【例 3-1】　I0.0 的上升沿接通 Q0.0，见表 3-5。

表3-5 例3-1表

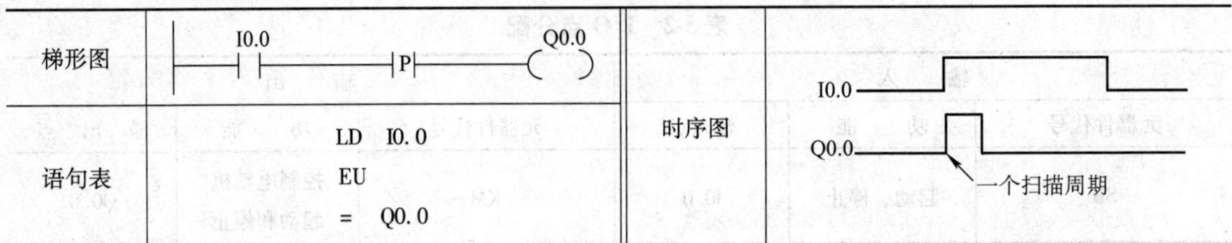

梯形图	I0.0 ─┤ ├─┤P├─(Q0.0)	时序图	I0.0 / Q0.0 一个扫描周期
语句表	LD I0.0 EU = Q0.0		

(2) 负跳变指令 见表3-6。

表3-6 负跳变指令

梯形图	─┤N├─	功能	当负跳变触点检测到信号有一次负跳变(从ON到OFF)之后，输出接通一个扫描周期
语句表	ED		

负跳变指令也只在一个扫描周期内有效。

【例3-2】 将表3-7中的时序图转换成梯形图和语句表。

表3-7 例3-2表

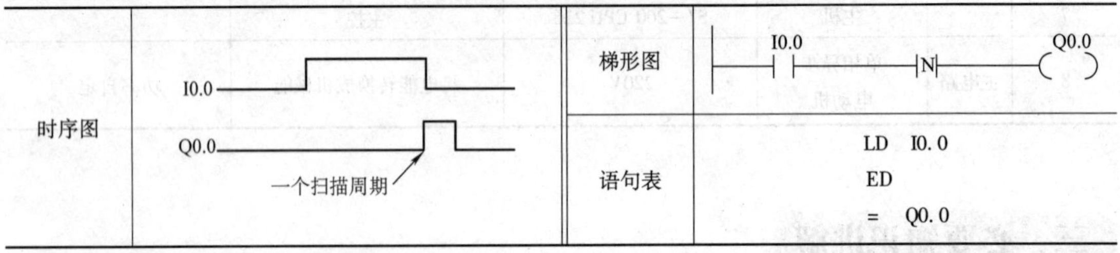

时序图	I0.0 / Q0.0 一个扫描周期	梯形图	I0.0 ─┤ ├─┤N├─(Q0.0)
		语句表	LD I0.0 ED = Q0.0

2. 利用时序图进行梯形图设计

时序图是一种反映元器件动作先后顺序的一种图形表示方法。在梯形图设计中常常用到时序图。

【例3-3】 时序图如图3-4a所示，请按时序图设计梯形图。

图3-4 按时序图设计的梯形图
a) 时序图 b) 梯形图

解：由时序图可知，当I0.0接通时，能流经过I0.1使Q0.0接通，而后Q0.0常开触点闭合实现自保。即使I0.0断开，Q0.0照样工作。当I0.1接通时，Q0.0断开。由此可见，完全可以用起保停控制电路的梯形图来满足要求，如图3-4b所示。

【例3-4】 时序图如图3-5a所示，按时序图设计一个梯形图和语句表。

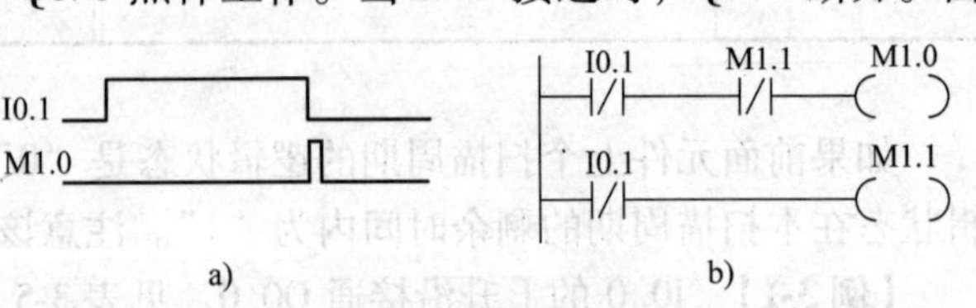

图3-5 按时序图设计的梯形图
a) 时序图 b) 梯形图

解：由时序图可知，当I0.1接通时，M1.0和M1.1(起中间过渡作用)都断电。当 I0.1 断开时，按照 PLC 的扫描方式，PLC 首先执行梯形图第一行，能流经过 I0.1、M1.1 使 M1.0 接通，而后才能执行第二行，能流经过 I0.1 使 M1.1 接通。当 M1.1 接通后，它的常闭触点使 M1.0 断电。因此 M1.0 能够反映出 I0.1 下跳的情况，称为下降沿检测，如图3-5b 所示。

【例 3-5】 时序图如图 3-6a 所示，用置位、复位指令按时序图设计梯形图。

解：由时序图可知，当 I0.1 接通时，置位指令把 Q0.3、Q0.4、Q0.5 置位成“1”状态，即通电；当 I0.3 接通时，Q0.3、Q0.4、Q0.5 复位成“0”状态，即断电，如图 3-6b 所示。

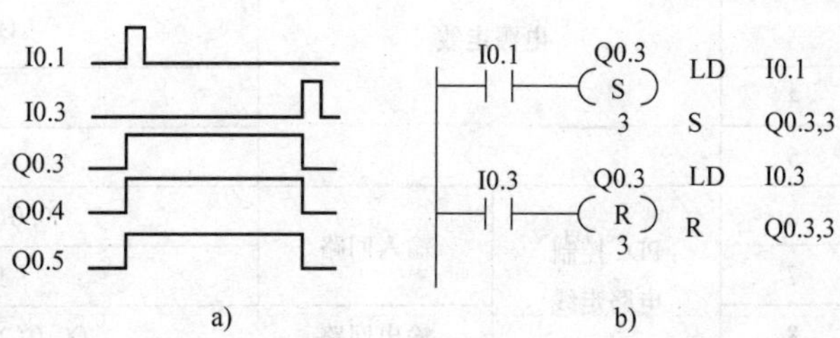

图 3-6　用置位、复位指令设计的梯形图
a）时序图　b）梯形图

3. 单相异步电动机

（1）单相异步电动机的工作原理　当单相电源接入后，电压分别加到工作(主)、起动(辅助)两个绕组上，如图 3-7 所示。由于辅助绕组回路串联一个电容，所以主、辅绕组的电流相差 90°电角度，因而在定子绕组中产生旋转磁场，该磁场在转子闭合回路中产生感应电流，感应电流与磁场相互作用从而产生电磁力和电磁转矩，推动电动机转子旋转。

（2）单相异步电动机的结构　单相异步电动机的结构如图 3-8 所示。

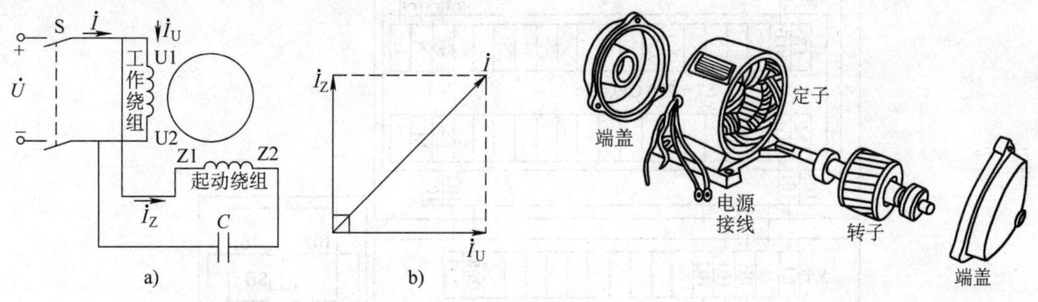

图 3-7　电容分相单相异步电动机接线图
a）工作原理　b）电流相量图

图 3-8　单相异步电动机的结构

四、操作指导

1. 接线图、元器件布置及布线

（1）接线图　单按钮起停控制电路接线图如图 3-9 所示。

（2）元器件布置及布线　元器件布置及布线情况见表 3-8。

表 3-8　元器件布置及布线情况

序号	项　目	具 体 内 容	备注
1	板内元器件	QF、FU1、FU2、FU3、KM、PLC	
2	外围元器件	SB1、电动机 M、接线端子 XT	

（续）

序号	项　目		具 体 内 容	备注
3	电源走线		L1→QF→FU1(206)→KM(207) QF→FU3→PLC(205) QF→FU2→PLC(203)	
4			PE→PLC(PE)	
5			N(202)→N(PLC)	
6	PLC 控制电路走线	输入回路	I0.0(101)→SB1→L+(102)	
7			1M(103)→M(PLC)	
8		输出回路	Q0.0(204)→KM1 线圈→N(202)	
9	主电路走线		L1→QF→FU1(207)→KM 主触头→M 电动机(209)	
10			N(202)→KM 主触头→M 电动机(208)	

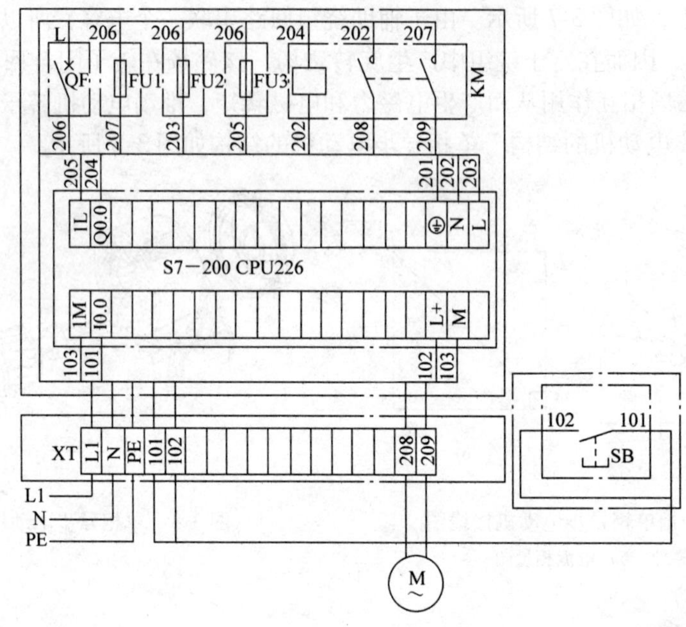

图 3-9　单按钮起停控制电路接线图

2. 元器件布局、安装与配线

（1）检查元器件　根据表 3-2 提供的元器件名称、数量配齐元器件。同时检查元器件是否存在损坏、型号不对等问题。实际元器件布局如图 3-10 所示。

（2）元器件安装与紧固　按图 3-9 进行元器件布局，然后紧固元器件。

（3）配线　配线要严格按接线图进行。不能丢线、漏线，要穿好线号并且方向要一致。

3. 自检

（1）检查布线　对照接线图检查布线是否正确，有否存在漏接、错接；同时检查线号与接线图是否一致。

图 3-10　实际元器件布局

（2）检查接线　检查接线是否牢固，用手轻轻拽一下是否会脱落；导线连接处是否有毛刺、裸线头等。

（3）使用万用表检查电路　对照电路图、接线图，按表 3-9 的步骤对接线进行检查。

表 3-9　用万用表检查电路

<table>
<tr><th>检测任务</th><th colspan="3">操 作 方 法</th><th>正确结果</th><th>备　注</th></tr>
<tr><td rowspan="9">检测电路导线连接是否良好</td><td colspan="3">采用万用表电阻挡（R×1）</td><td>阻值/Ω</td><td rowspan="9">断电情况下测量电阻</td></tr>
<tr><td colspan="2" rowspan="3">电源走线</td><td>L1→QF→FU1(206)→KM(207)
→FU3→PLC(205)
→FU2→PLC(203)</td><td>QF 接通时为 0，断开时为∞</td></tr>
<tr><td>PE-PLC(PE)</td><td>0</td></tr>
<tr><td>N(202)→N(PLC)</td><td>0</td></tr>
<tr><td rowspan="3">PLC 控制电路走线</td><td rowspan="2">输入回路</td><td>I0.0(101)→SB1→L+(102)</td><td>0</td></tr>
<tr><td>1M(103)→M(PLC)</td><td>0</td></tr>
<tr><td>输出回路</td><td>Q0.0(204)→KM1 线圈→N(202)</td><td>线圈有阻值，导线电阻为 0</td></tr>
<tr><td colspan="2" rowspan="2">主电路走线</td><td>L1→QF→FU1(207)→KM 主触头→M 电动机(209)</td><td>KM 主触头闭合时，为 0</td></tr>
<tr><td>N(202)→KM 主触头→M 电动机(208)</td><td>KM 主触头闭合时，为 0</td></tr>
</table>

4. 输入梯形图

（1）梯形图　梯形图如图 3-11 所示。

（2）输入梯形图，连接系统　按照下列步骤连接系统并输入梯形图。

1）用 PC/PPI 编程电缆把计算机串行口与 PLC 的编程口连接起来。

2）先插上电源插头，再合上断路器。

3）将 PLC 的 RUN/STOP 开关拨到“STOP”位置或用软件置于“STOP”。

4）在教师指导下载程序。

5）将 PLC 的 RUN/STOP 开关拨到“RUN”位置或用软件置于“RUN”。

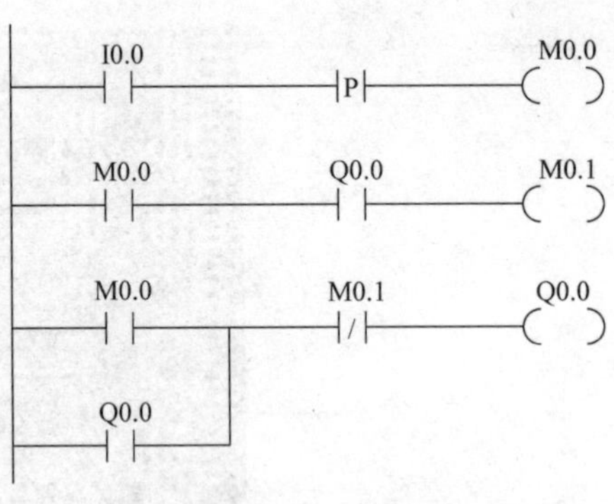

图 3-11　梯形图

5. 操作注意事项

1）安装元器件或接线时，螺钉必须按照十字形和一字形及大小选择合适的螺钉旋具进行拆装操作。

2）用电工刀剥削导线绝缘层时一定要按照安全操作规程要求操作。

3）通电前必须经过教师检查，并经教师同意后方可试车。

6. 通电试车

经自检、教师检查确认电路正常且无安全隐患后，可在教师的监护下通电试车。按照表 3-10 观测单按钮起停控制电路的工作情况，并作好记录。

表 3-10　单按钮起停控制电路工作情况记录

操作步骤	操作内容	观察内容							
		观察指示 LED						观察电动机	
		输入 I	亮	灭	输出 Q	亮	灭	转	停
1	按 SB1	I0. 0			Q0. 0				
2	松 SB1	I0. 0			Q0. 0				
3	按 SB1	I0. 0			Q0. 0				
4	松 SB1	I0. 0			Q0. 0				

五、考核评价

项目质量考核要求及评分标准见表 3-11。

表 3-11　项目质量考核要求及评分标准

考核项目	考核要求	配分	评分标准	扣分	得分	备注
系统安装	1. 能够正确选择元器件 2. 能够按照接线图布置元器件 3. 能够正确固定元器件 4. 能够按照要求编制线号	20	1. 不按接线图固定元器件，扣 5 分 2. 元器件安装不牢固，每处扣 2 分 3. 元器件安装不整齐、不均匀、不合理，每处扣 3 分 4. 不按要求配线号，每处扣 1 分 5. 损坏元器件此项不得分			

（续）

考核项目	考核要求	配分	评分标准			扣分	得分	备注
编程练习	1. 能够建立程序新文件 2. 能够正确输入梯形图 3. 能够正确保存文件 4. 能够下载和上传程序	40	1. 不能建立程序新文件或建立错误，扣5分 2. 梯形图符号错误，每处扣3分 3. 保存文件错误，扣5分 4. 不会下载和上传程序，扣5分					
运行操作	1. 能够正确操作运行系统，分析运行结果 2. 能够正确修改程序并监控程序 3. 能够编辑程序并验证输入输出和自保控制	40	1. 首次试车不成功，扣10分 2. 运行结果有错误，扣5分 3. 不会监控，扣10分 4. 不正确分析结果，扣5分					
安全生产	自觉遵守安全文明生产规程		1. 漏接接地线一处，扣10分 2. 不按操作规程运作，扣10分 3. 发生安全事故，按0分处理					
定额时间	4h		提前正确完成，每30min加5分；超过定额时间，每30min扣5分					
开始时间		结束时间		实际时间		小计	小计	总分

六、知识拓展

西门子STEP7-Micro/WIN电脑编程软件可以从光盘直接进行安装，若没有现成软件，也可以从西门子自动化与驱动集团的中文官方网站http：//www. ab. siemens. com. cn上下载。

双击编程软件包中的Setup. exe安装文件，弹出如图3-12所示的“选择设置语言”对话框。此对话框的下拉选项中列出了德语、法语、西班牙、意大利语和英语。选择“英语”作为安装过程中使用的语言后，再根据安装提示进行软件的安装。

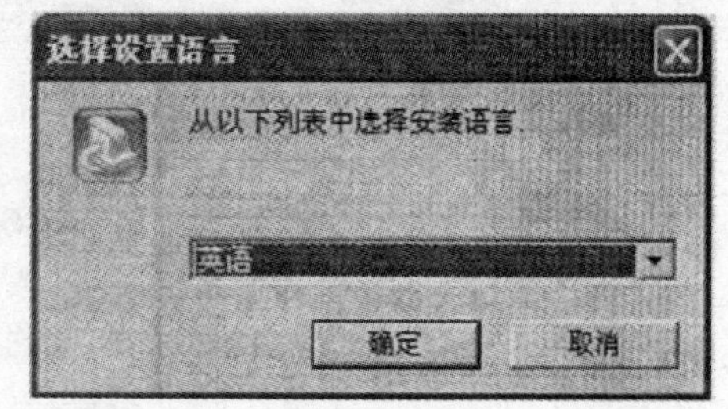

图3-12 “选择设置语言”对话框

在软件安装过程中会弹出如图3-13所示的Set PG/PC Interface对话框，单击OK按钮继续进行软件安装。

在计算机中完成了英文版STEP7-Micro/WIN软件的安装后，双击电脑桌面上图标或在“开始→程序”中将STEP7-Micro/WIN软件打开。

STEP7-Micro/WIN32 V3. 2从SP1起，支持完全汉化的工作环境。中英文环境设置方法

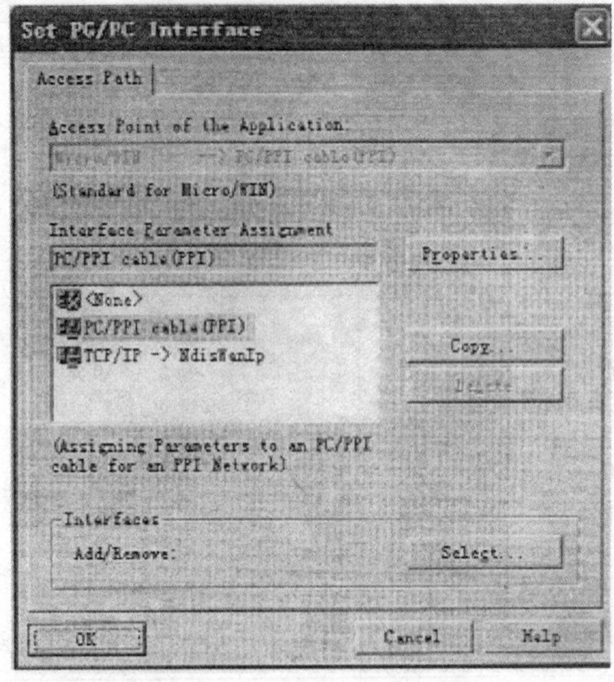

图 3-13　Set PG/PC Interface 对话框

如下：在菜单 Tools(工具)→Options(选项)中，选择 General(常规)选项卡，可以设置语言环境，如图 3-14 所示。

在 Language 中选择 Chinese 后，将软件改变为中文环境。改变后，退出 STEP7-Micro/WIN32，再次起动软件后设置生效。

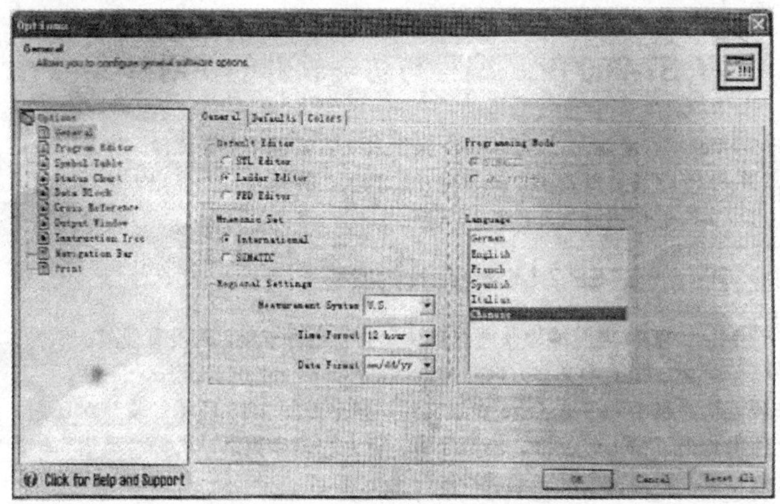

图 3-14　设置语言环境

七、习题

1. 编制程序，通过对 Q0.0 的状态变化来测试 I0.1 的上升和下降沿。

2. 设计梯形图程序，当检测到 I0.0 由 OFF→ON 且当 I0.1 接通时，输出 Q0.0 接通一个扫描周期。

3. 设计梯形图程序，当检测到 I0.3 由 ON→OFF 且当 I0.4 接通时，输出 Q0.2 接通一个扫描周期。

4. 按图 3-15 所示时序图，用跳变指令设计一个梯形图程序。

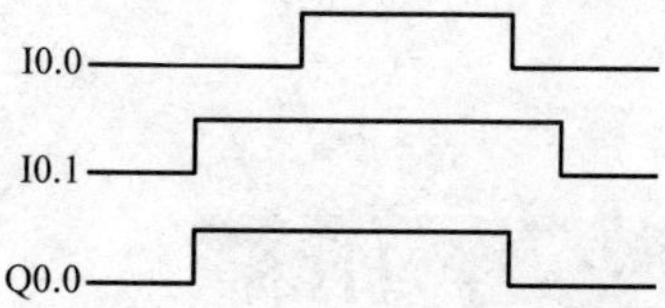

图 3-15　4 题图

5. 单相异步电动机的工作原理是什么？由哪些部件组成？

6. 单相异步电动机为什么要在起动绕组中加一个起动电容？如果起动电容坏了，电动机是否能正常起动？

项目四 信号灯闪烁控制

一、学习目标

1. 知识目标

1）掌握定时器指令及应用。

2）掌握计数器指令及应用。

3）掌握电路块连接指令。

4）掌握 RS 触发器指令。

2. 技能目标

1）能够完成元器件识别、选择、好坏的鉴别。

2）能够完成元器件的布局、布线、配线。

3）能够完成 PLC 程序的下载、调试与监控。

4）进一步培养电路检查与检修能力。

二、项目分析

本项目的任务是制做、安装与调试 PLC 控制灯的信号灯闪烁控制电路，闪烁主要是提醒作用。

1. 项目要求

1）用 HL0 ~ HL7 8 个灯，照射“科学发展和谐兴国”8 个字，当接通电源开关时 HL0 ~ HL7 8 个灯闪烁 5 次，每次亮 0. 5s，灭 0. 5s。

2）闪烁 5 次后，从“科”字开始移位点亮，每字间隔时间也为 0. 5s。

3）移位完成后，继续循环，直到按停止按钮。

2. 任务流程图

本项目的任务流程图如图 4-1 所示。

3. 知识点链接

信号灯闪烁控制电路相关的知识点链接如图 4-2 所示。

4. 环境设备

项目运行所需的工具、设备见表 4-1。

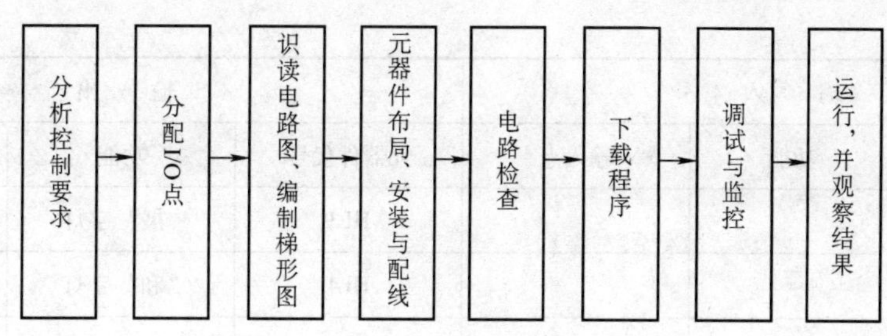

图4-1　任务流程图

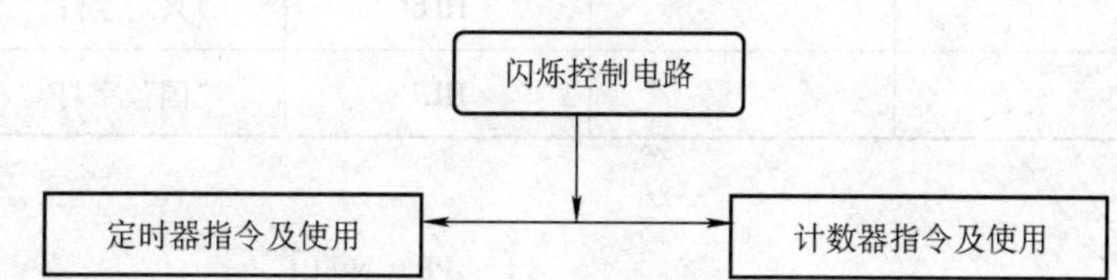

图4-2　知识点链接

表4-1　工具、设备清单

序号	分类	名　称	型号规格	数量	单位	备　注
1	工具	常用电工工具		1	套	
2		万用表	MF47 型	1	块	
3	设备	PLC	CPU 226	1	只	
4		熔断器	RT18—32	1	只	
5		熔体	2A	1	只	
6		按钮	LA4—3H	2	只	
7		普通白炽灯座	螺口	8	只	
8		普通白炽灯	8W	8	只	
9		断路器	DZ47—63	1	个	
10	消耗材料	导线	BVR 1.5mm^2	若干	m	
11		导线	BVR 1.0mm^2	若干	m	

5. 电路图、I/O点分配、电路组成及各元器件功能

（1）电路图　信号灯闪烁控制电路的电路图如图4-3所示。

（2）I/O点分配　I/O点分配见表4-2。

表4-2　I/O点分配

输　入			输　出		
元器件代号	功能	输入点	元器件代号	功能	输出点
SB1	起动	I0.0	HL0	“科”字灯	Q0.0
SB2	停止	I0.1	HL1	“学”字灯	Q0.1
			HL2	“发”字灯	Q0.2

（续）

输入			输出		
元器件代号	功能	输入点	元器件代号	功能	输出点
			HL3	“展”字灯	Q0.3
			HL4	“和”字灯	Q0.4
			HL5	“谐”字灯	Q0.5
			HL6	“兴”字灯	Q0.6
			HL7	“国”字灯	Q0.7

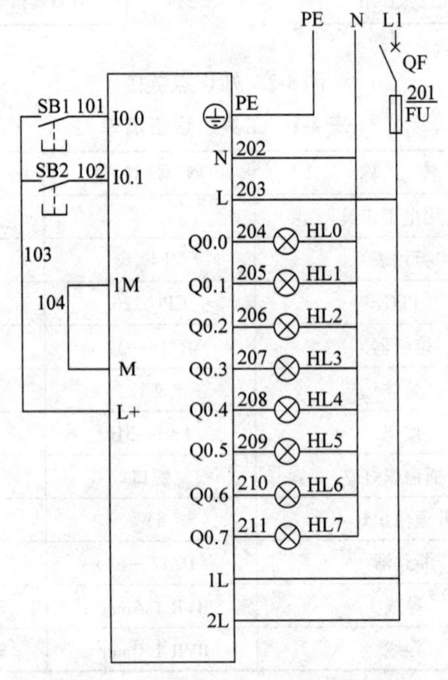

图 4-3 信号灯闪烁控制电路的电路图

（3）电路组成及元器件功能 电路组成及各元器件功能见表 4-3。

表 4-3 电路组成及各元器件功能

序号	电路名称		电路组成	元器件功能	备注
1	电源电路		QF	电源开关	
2			FU	PLC 和负载电路短路保护	
3	控制电路	PLC 输入电路	SB1	起动	
4			SB2	停止	

（续）

序号	电路名称		电路组成	元器件功能	备注
5	控制电路	PLC 输出电路	HL0	“科”	
6			HL1	“学”	
7			HL2	“发”	
8			HL3	“展”	
9			HL4	“和”	
10			HL5	“谐”	
11			HL6	“兴”	
12			HL7	“国”	
13		主机	S7—200 CPU 226	主控	

三、必要知识讲解

1. 定时器指令

定时器是 PLC 中最常用的元件之一，用以时间的控制。定时器有接通延时定时器指令、断开延时定时器指令和记忆接通延时定时器指令等，现重点介绍前两种。

（1）接通延时定时器指令　接通延时定时器指令见表 4-4。

表 4-4　接通延时定时器指令

梯形图	???? IN TON ????-PT ???ms
语句表	TON　T×××，PT
功能	输入端接通后，定时器延时接通： 当使能输入(IN)接通时，定时器开始计时；当前值≥预设值时，定时器位被置位； 当使能输入(IN)断开时，消除当前值； 当达到预设时间后，定时器继续计时，一直计到最大值 32767

该指令的输入/输出见表 4-5。

表 4-5　接通延时定时器指令的输入/输出

输入/输出	操作数	数据类型
T×××	常数(T0～T255)	字
IN(LAD)	能流	布尔
IN(FBD)	I、Q、M、SM、T、C、V、S、L、能流	布尔
PT	VW、IW、QW、MW、SW、SMW、LW、AIW、T、C、AC、常量、*VD、*LD、*AC	INT

注：*间接寻址。

能流是梯形图中的重要概念，梯形图左边的母线为假想的电源“相线”，右边的母线为假想的电源“零线”，当“能流”从左至右流过线圈时，线圈被激励。

定时器对时间间隔计数，时间间隔又称为时基，为定时器的分辨率。S7—200 PLC 提供了 3 种定时器的分辨率，分别为 1ms、10ms 和 100ms。定时时间为

$$定时时间 = 时基 \times 预定值$$

时基由不同的定时器号决定，预定值范围为 0 ~ 32767。

定时器号与时基的关系见表 4-6。

表 4-6　定时器号与时基的关系

定时器类型	用 ms 表示的分辨率	用 s 表示的最大当前值	定 时 器 号
TONR	1	32.767	T0、T64
	10	327.67	T1 ~ T4、T65 ~ T68
	100	3276.7	T5 ~ T31、T69 ~ T95
TON、TOF	1	32.767	T32、T96
	10	327.67	T33 ~ T36、T97 ~ T100
	100	3276.7	T37 ~ T63、T101 ~ T255

【例 4-1】　当 I0.0 接通时，Q0.0 延迟 0.5s 接通。

解：选择时基为 100ms 的定时器 T62，预设值为 +5，则定时时间为 100ms × 5 = 0.5s。梯形图、语句表及时序图见表 4-7。

表 4-7　例 4-1 表

梯形图	语句表 / 时序图
I0.0 —┤├— [T62 TON: IN; +5 - PT; 100ms] T62 —┤├— (Q0.0)	语句表： LD　I0.0 TON　T62，+5 LD　T62 =　Q0.0
	时序图：I0.0、T62当前值、T62位、Q0.0 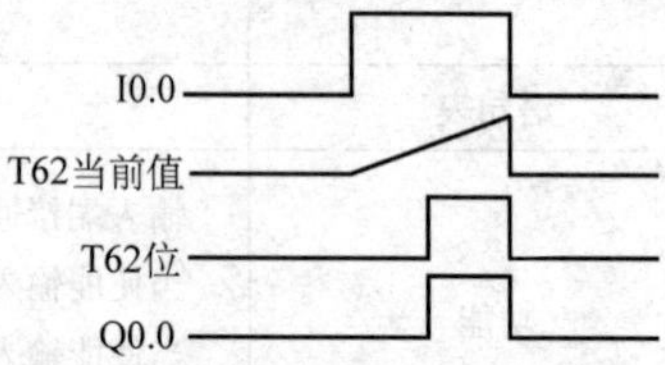

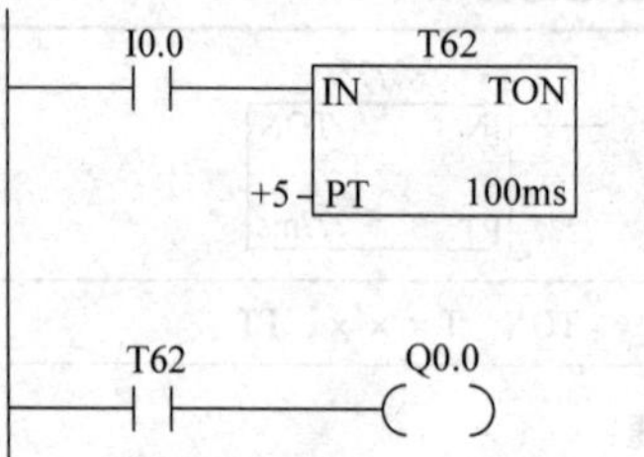

(2) 断开延时定时器指令　断开延时定时器指令见表 4-8。

表 4-8　断开延时定时器指令

梯形图	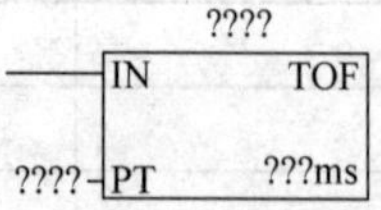 ???? —[IN TOF]; ???? - PT　???ms	功能	输入端通电时输出端接通，输入端断开时，定时器延时关断； 当使能输入(IN)接通时，定时器立即接通，并把当前值设为 0； 当使能输入(IN)断开时，定时器开始定时，直到达到预设时间，定时器断开，并且停止计时； 当输入端断开的时间短于预设时间时，定时器位保持接通
语句表	TOF　T×××，PT		

该指令的输入/输出见表 4-9。

表 4-9 断开延时定时器指令的输入/输出

输入/输出	操作数寻址范围	数 据 类 型
T×××	常数(T0～T255)	字
IN(LAD)	能流	布尔
PT	VW、IW、QW、MW、SW、SMW、LW、AIW、T、C、AC、常量、*VD、*LD、*AC	INT

注：*间接寻址。

【**例 4-2**】当 I0.0 断开时，延时 0.5s 断开 Q0.0。

解：选择 100ms 定时器 T62，预设值为 +5。梯形图、语句表及时序图见表 4-10。

表 4-10 例 4-2 表

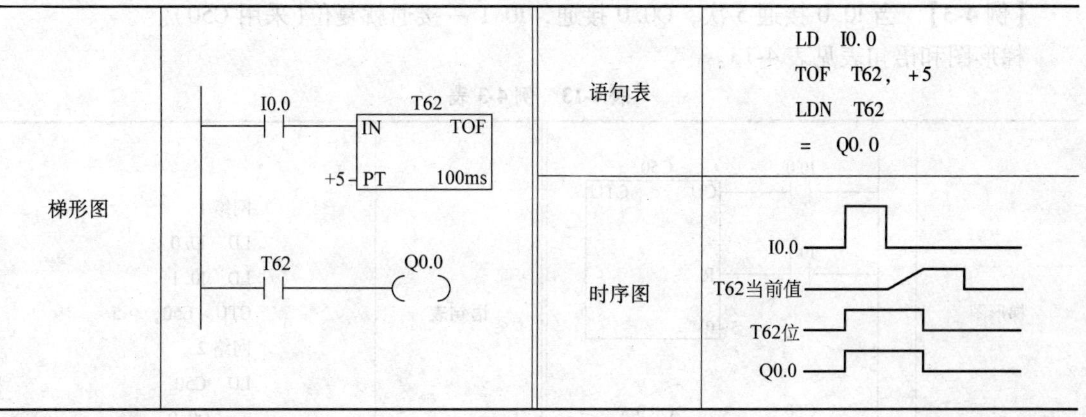

梯形图	语句表	LD I0.0 TOF T62，+5 LDN T62 = Q0.0
I0.0 T62 IN TOF +5 PT 100ms T62 Q0.0	时序图	I0.0 T62当前值 T62位 Q0.0

2. 计数器指令

计数器指令的功能是对外部或由程序产生的计数脉冲进行计数，主要有增计数器指令、减计数器指令和增/减计数器指令。

（1）增计数器指令　增计数器指令见表 4-11。

表 4-11 增计数器指令

梯形图	语句表	CTU C×××，PV
???? CU CTU R ????-PV	功能	在每个 CU 输入的上升沿递增计数，直至计到最大值；当前计数值(C×××)≥预设计数值(PV)时，该计数器位被置位； 当复位输入(R)置位时，计数器被复位

该指令的输入/输出见表 4-12。

表4-12　增计数器指令的输入/输出

输入/输出	操作数寻址范围	数据类型
C××× (原书为 C × × ×)	常数(0～255)	字
CU、CD、LD、R(LAD)	能流	布尔
CU、CD、LD、R(FBD)	I、Q、M、SW、SM、T、C、V、S、L、能流	布尔
PV	VW、IW、QW、MW、SW、SMW、LW、AIW、T、AC、常量、*VD、*LD、*AC	INT

注：*间接寻址。

计数器的计数范围为0～32767。计数器操作数有两种寻址类型：Word(字)和Bit(位)。

计数器号不能重复使用，它既可以用来访问计数器当前值，也可以用来表示计数器位的状态。

【例4-3】　当I0.0接通5次，Q0.0接通，I0.1一接通就复位(采用C50)。

梯形图和语句表见表4-13。

表4-13　例4-3表

梯形图	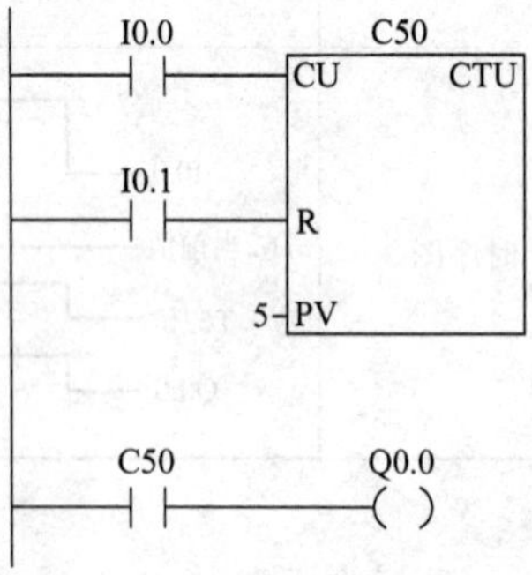 I0.0 ─┤├─ CU C50 CTU I0.1 ─┤├─ R 5 ─ PV C50 ─┤├─ ( ) Q0.0	语句表	网络1 LD　I0.0 LD　I0.1 CTU　C50，+5 网络2 LD　C50 =　Q0.0

(2)　增/减计数器指令　见表4-14。

表4-14　增/减计数器指令

梯形图	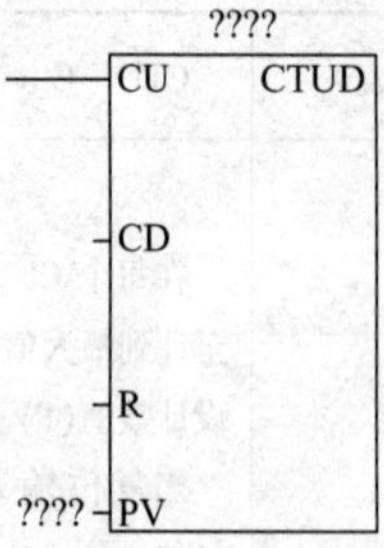 ???? CU CTUD CD R ???? ─ PV	语句表	CTUD　C×××，PV
		功能	当使能输入接通时，该计数器在每个CU输入的上升沿递增计数，在每个CD输入的上升沿递减计数 当前计数值(C×××)≥预置计数值(PV)时，该计数器位被置位；当复位输入(R)置位时，计数器被复位

该指令的输入/输出见表4-15。

表 4-15 增/减计数器指令的输入/输出

输入/输出	操作数寻址范围	数据类型
C×××	常数(0~255)	字
CU、CD	能流	布尔
R	能流	布尔
PV	VW、IW、QW、MW、SW、SMW、LW、AIW、T、AC、常量、*VD、*LD、*AC	INT

注：*间接寻址。

【例 4-4】 当 I0.0 接通次数与 I0.1 断开次数的代数和大于等于 4 次时 Q0.0 接通、I0.2 复位(采用 C50)。

解：梯形图、语句表、时序图见表 4-16。

表 4-16 例 4-4 表

梯形图	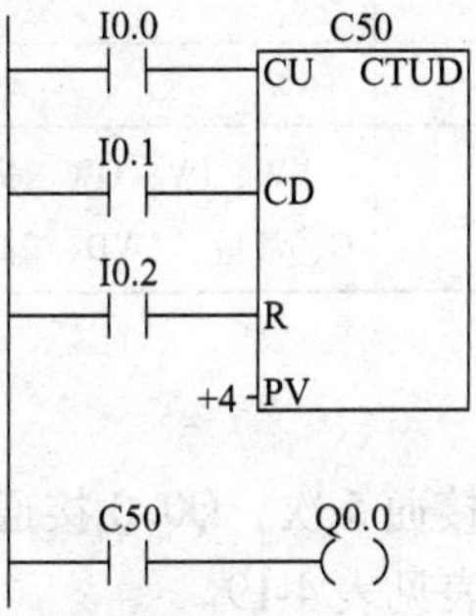 I0.0 C50 CU CTUD I0.1 CD I0.2 R +4 PV C50 Q0.0 ( )
语句表	网络 1 LD I0.0 LD I0.1 LD I0.2 CTUD C50, +4 网络 2 CTUD C50 = Q0.0
时序图	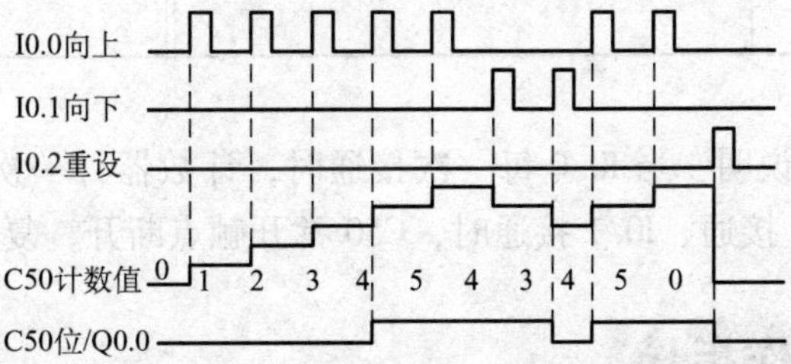 I0.0向上 I0.1向下 I0.2重设 C50计数值 0 1 2 3 4 5 4 3 4 5 0 C50位/Q0.0

(3) 减计数器指令 见表 4-17。

表 4-17　减计数器指令

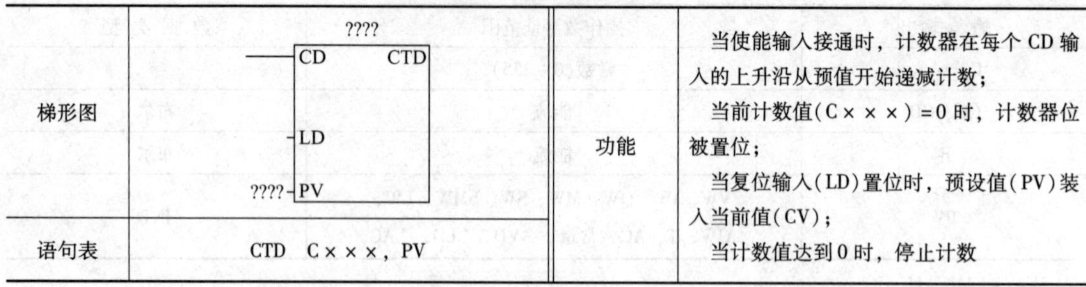

梯形图		功能	当使能输入接通时，计数器在每个CD输入的上升沿从预值开始递减计数； 当前计数值(C×××)=0时，计数器位被置位； 当复位输入(LD)置位时，预设值(PV)装入当前值(CV)； 当计数值达到0时，停止计数
语句表	CTD　C×××，PV		

该指令的输入/输出见表4-18。

表 4-18　减计数器指令的输入/输出

输入/输出	操作数寻址范围	数 据 类 型
C×××	常数	字
CD	能流	布尔
LD	能流	布尔
PV	VW、IW、QW、MW、SW、SMW、LW、AIW、T、C、常量、*VD、*LD、*AC	INT

注：*间接寻址。

【例4-5】 当I0.0接通5次，Q0.0接通，I0.1复位(采用C50)。

解：梯形图、语句表见表4-19。

表 4-19　例4-5表

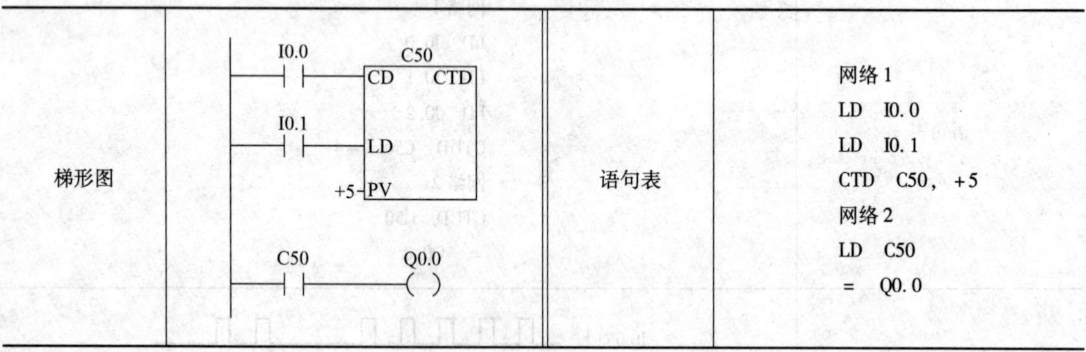

梯形图		语句表	网络1 LD　I0.0 LD　I0.1 CTD　C50，+5 网络2 LD　C50 =　Q0.0

梯形图说明：当I0.0每一次接通时，计数器计一次数。当计满5次时，C50常开触点接通。Q0.0接通、I0.1接通时，C50常开触点断开，复位C50。

四、操作指导

1. 接线图、元器件布置及布线情况

(1) 接线图　PLC控制的信号灯闪烁控制电路接线图如图4-4所示。

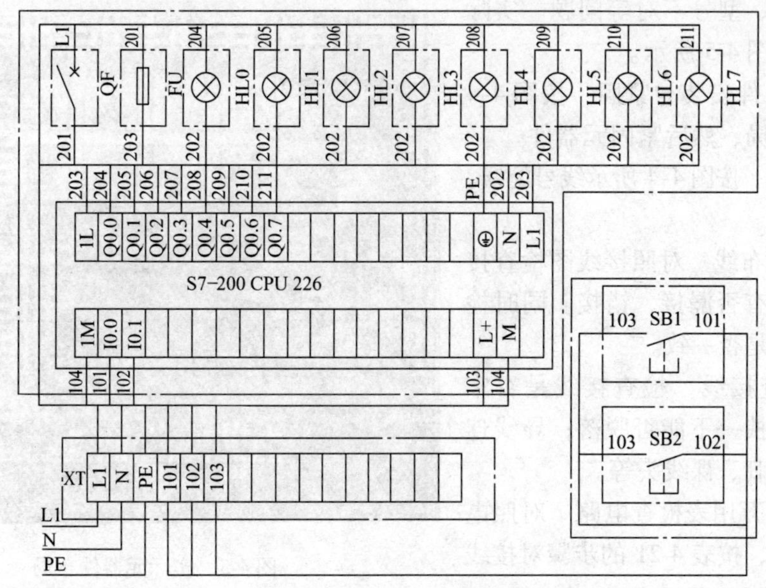

图 4-4 PLC 控制的信号灯闪烁控制电路接线图

（2）元器件布置及布线 元器件布置及布线情况见表 4-20。

表 4-20 元器件布置及布线情况

序号	项 目		具体内容	备 注
1	板内元器件		QF、FU、HL0、HL1、HL2、HL3、HL4、HL5、HL6、HL7	
2	外围元器件		SB1、SB2、接线端子 XT	
3	电源走线		L1→QF→FU(201)→PLC(L、1L、2L)	
4			N→PLC(N)	
5			PE→PLC(⏚)	
6	PLC 控制电路走线	输入回路	I0.0(101)→SB1(101)→L+(103)	
7			I0.1(102)→SB2→L+(103)	
8		输出回路	Q0.0(204)→HL0→N(203)	
9			Q0.1(205)→HL1→N(203)	
10			Q0.2(206)→HL2→N(203)	
11			Q0.3(207)→HL3→N(203)	
12			Q0.4(208)→HL4→N(203)	
13			Q0.5(209)→HL5→N(203)	
14			Q0.6(210)→HL6→N(203)	
15			Q0.7(211)→HL7→N(203)	

2. 元器件布局、安装与配线

（1）检查元器件 根据表 4-1 提供的元器件名称、数量把元器件配齐。同时检查元器件是否存在损坏、型号不对等问题。实际元器件布局如图4-5所示。

(2) 元器件安装与紧固　按图4-4进行元器件布局，然后紧固元器件。

(3) 配线　按图4-4所示线号配线。

3. 自检

(1) 检查布线　对照接线图检查接线是否正确，有否漏接、错接。同时检查线号与图纸是否一致。

(2) 检查接线　检查接线是否牢固，用手轻轻拽一下能否脱落；导线连接处是否有毛刺、裸线头等。

(3) 使用万用表检查电路　对照电路图，接线图，按表4-21的步骤对接线进行检查。

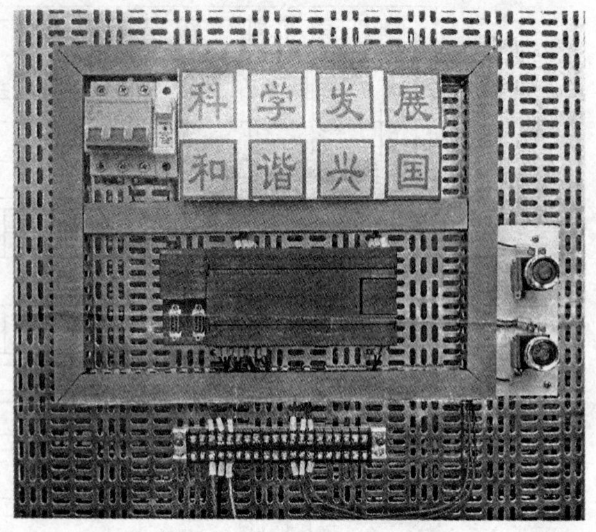

图4-5　实际元器件布局

表4-21　万用表检查电路

检测任务	操作方法		正确结果	备注
	采用万用表电阻挡(R×1)		阻值/Ω	
检测电路导线连接是否良好	电源走线	L1→QF→FU(201)→PLC(L)(203)→PLC(1L、2L)(203)	QF接通时为0，断开时为∞	断电情况下进行检测
		N→PLC(N)(202)	0	
		PE→PLC(⏚)	0	
	PLC输入电路走线	I0.0(101)→SB1→L+(103)	0	
		I0.1(102)→SB2→L+(103)	0	
	PLC输出电路走线	Q0.0(204)→HL0→N(203)	指示灯有阻值，导线电阻为0	
		Q0.1(205)→HL1→N(203)	指示灯有阻值，导线电阻为0	
		Q0.2(206)→HL2→N(203)	指示灯有阻值，导线电阻为0	
		Q0.3(207)→HL3→N(203)	指示灯有阻值，导线电阻为0	
		Q0.4(208)→HL4→N(203)	指示灯有阻值，导线电阻为0	
		Q0.5(209)→HL5→N(203)	指示灯有阻值，导线电阻为0	
		Q0.6(210)→HL6→N(203)	指示灯有阻值，导线电阻为0	
		Q0.7(211)→HL7→N(203)	指示灯有阻值，导线电阻为0	

4. 输入梯形图

1）信号灯闪烁控制电路的 PLC 梯形图程序如图 4-6 所示。

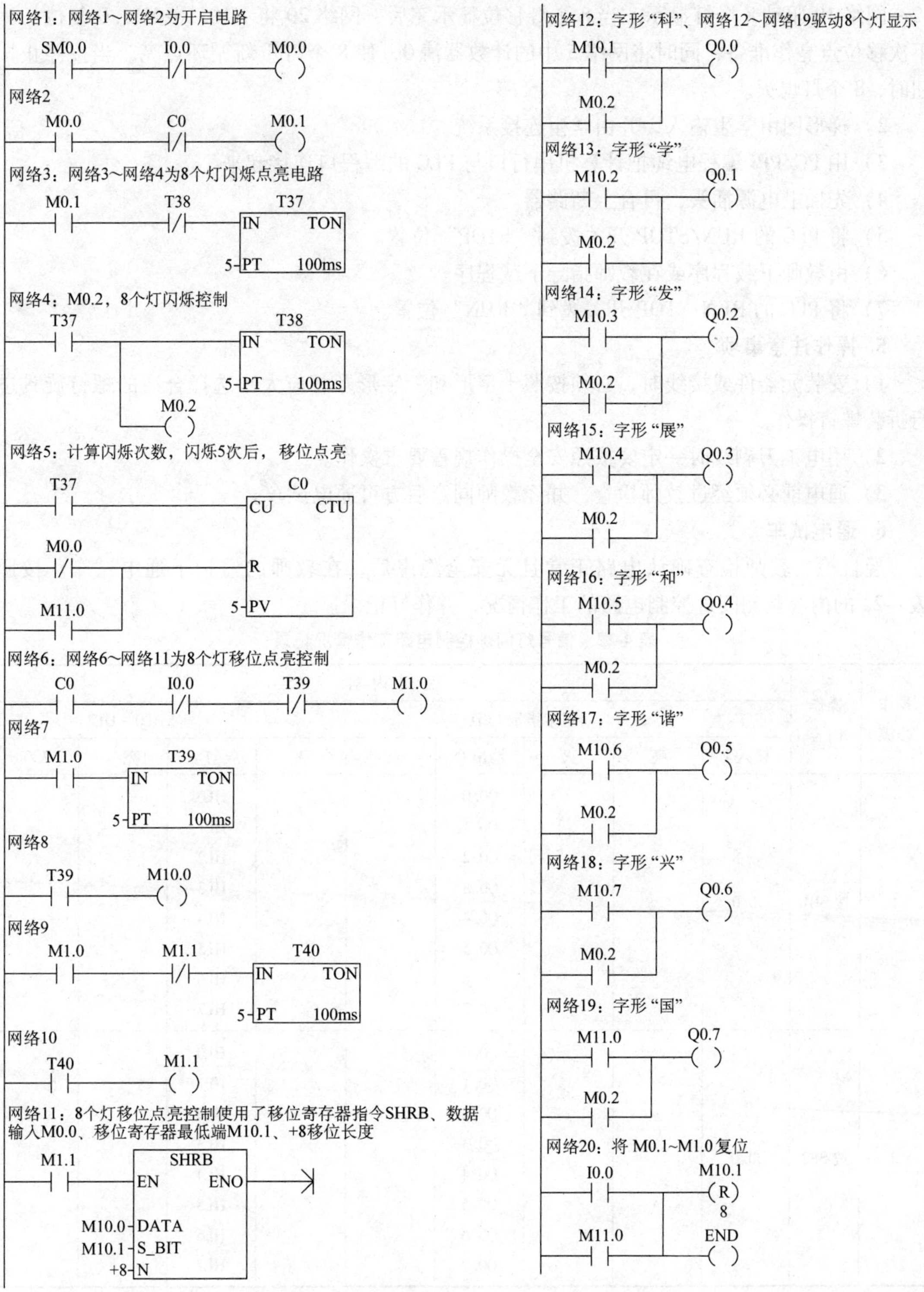

网络1：网络1～网络2为开启电路

SM0.0　I0.0　M0.0

网络2

M0.0　C0　M0.1

网络3：网络3～网络4为8个灯闪烁点亮电路

M0.1　T38　T37

IN　TON

5-PT　100ms

网络4：M0.2，8个灯闪烁控制

T37　T38

IN　TON

5-PT　100ms

M0.2

网络5：计算闪烁次数，闪烁5次后，移位点亮

T37　C0

CU　CTU

M0.0

R

M11.0

5-PV

网络6：网络6～网络11为8个灯移位点亮控制

C0　I0.0　T39　M1.0

网络7

M1.0　T39

IN　TON

5-PT　100ms

网络8

T39　M10.0

网络9

M1.0　M1.1　T40

IN　TON

5-PT　100ms

网络10

T40　M1.1

网络11：8个灯移位点亮控制使用了移位寄存器指令SHRB、数据输入M0.0、移位寄存器最低端M10.1、+8移位长度

M1.1　SHRB

EN　ENO

M10.0-DATA

M10.1-S_BIT

+8-N

网络12：字形“科”、网络12～网络19驱动8个灯显示

M10.1　Q0.0

M0.2

网络13：字形“学”

M10.2　Q0.1

M0.2

网络14：字形“发”

M10.3　Q0.2

M0.2

网络15：字形“展”

M10.4　Q0.3

M0.2

网络16：字形“和”

M10.5　Q0.4

M0.2

网络17：字形“谐”

M10.6　Q0.5

M0.2

网络18：字形“兴”

M10.7　Q0.6

M0.2

网络19：字形“国”

M11.0　Q0.7

M0.2

网络20：将 M0.1~M1.0 复位

I0.0　M10.1

(R)

8

M11.0　END

图 4-6　信号灯闪烁控制电路的 PLC 梯形图程序

网络1~网络4控制8个灯闪烁点亮，闪烁时间为0.5s。网络5控制闪烁次数。网络6~网络11控制8个灯移位点亮，当闪烁次数小于5次时，网络6~网络11不工作。网络12~网络19驱动8个灯显示。当8个灯移位显示完后，网络20将M10.1~M11.0复位，为下次移位点亮作准备，同时将网络5中的计数器清0，使8个灯重新循环点亮。当按停止按钮时，8个灯熄灭。

2）梯形图由学生输入，并由学生连接系统。

3）用PC/PPI编程电缆把计算机串行口与PLC的编程口连接起来。

4）先插上电源插头，再合上断路器。

5）将PLC的RUN/STOP开关拨到“STOP”位置。

6）由教师下载程序或在教师指导下载程序。

7）将PLC的RUN/STOP开关拨到“RUN”位置。

5. 操作注意事项

1）安装元器件或接线时，必须按照十字形和一字形及相应大小选择合适的螺钉旋具进行拆装螺钉操作。

2）用电工刀剥线时一定要按照安全操作规程要求操作。

3）通电前必须经过教师检查，并经教师同意后方可通电试车。

6. 通电试车

经自检、教师检查确认电路正常且无安全隐患后，在教师的监护下通电试车。按照表4-22的内容观测闪烁控制电路的工作情况，并作好记录。

表4-22　信号灯闪烁控制电路工作情况记录

操作步骤	操作内容	观察内容								
		观察指示LED						HL0~HL7		
		输入I	亮	灭	输出Q	亮	灭	灯	亮/s	灭/s
1	按SB1	I0.0			Q0.0			HL0		
					Q0.1			HL1		
					Q0.2			HL2		
					Q0.3			HL3		
					Q0.4			HL4		
					Q0.5			HL5		
					Q0.6			HL6		
					Q0.7			HL7		
2	按SB2	I0.0			Q0.0			HL0		
					Q0.1			HL1		
					Q0.2			HL2		
					Q0.3			HL3		
					Q0.4			HL4		
					Q0.5			HL5		
					Q0.6			HL6		
					Q0.7			HL7		

五、考核评价

项目质量考核要求及评分标准见表4-23。

表4-23 项目质量考核要求及评分标准

考核项目	考核要求	配分	评分标准	扣分	得分	备注
元器件安装	1. 能够按元器件表选择和检测元器件 2. 能够按照接线图布置元器件 3. 能正确固定元器件	10	1. 不按接线图固定元器件，扣5分 2. 元器件安装不牢固，每处扣3分 3. 元器件安装不整齐、不均匀、不合理，每处扣3分 4. 损坏元器件此项不得分			
电路安装	1. 能够按接线图配线 2. 布线合理，接线美观 3. 布线规范，长短适当，线槽内分布均匀 4. 安装规范，无线头松动、反圈、压皮、露铜过长及损伤绝缘层	50	1. 不按接线图接线，扣20分 2. 布线不合理、不美观，每根扣3分 3. 走线不横平竖直，每根扣3分 4. 线头松动、反圈、压皮和露铜过长，每处扣3分 5. 损伤导线绝缘层或线芯，每根扣5分			
通电试车	按照要求和步骤正确检查、调试电路	40	1. 主、控制电路配错熔体，每处扣10分 2. 一次试车不成功，扣5分 3. 二次试车不成功，扣10分 4. 三次试车不成功，扣15分			
安全生产	自觉遵守安全文明生产规程		1. 漏接接地线一处，扣10分 2. 发生安全事故，按0分处理			
定额时间	6h		提前正确完成，每30min加5分；超过定额时间，每30min扣5分			
开始时间		结束时间	实际时间	小计	小计	总分

六、知识拓展

S7—200 CPU指令系统提供了电路块连接指令，它可以把梯形图中存在多个触点的复杂连接简单化。

（1）与块指令 与块指令见表4-24。

表 4-24　与块指令

梯形图	无
语句表	ALD(And Load)
功能	用于并联电路块的串联

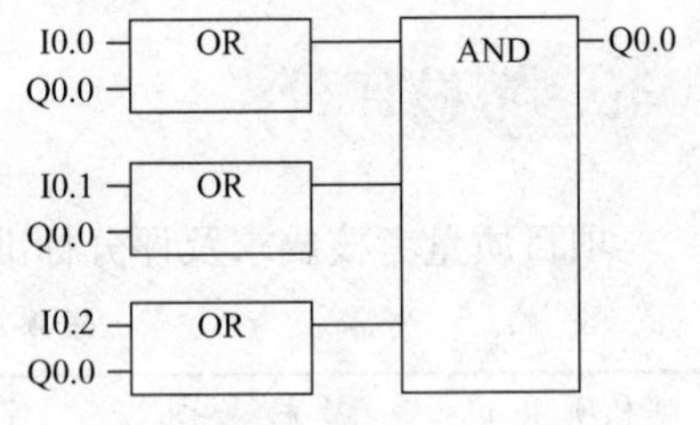

图 4-7　例 4-6 图

【例 4-6】　将图 4-7 所示功能图转换成梯形图和语句表。

解：转换成的梯形图和语句表见表 4-25。

表 4-25　例 4-6 表

梯形图	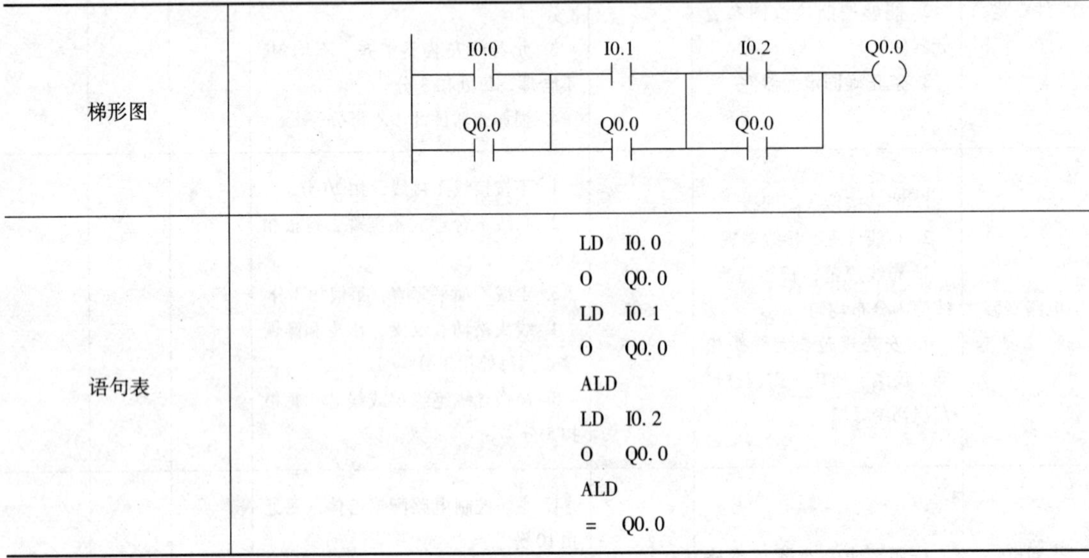
语句表	LD　I0. 0 O　Q0. 0 LD　I0. 1 O　Q0. 0 ALD LD　I0. 2 O　Q0. 0 ALD =　Q0. 0

(2) 或块指令　或块指令见表 4-26。

【例 4-7】　将图 4-8 所示功能图转换成梯形图和语句表。

表 4-26　或块指令

梯形图	无
语句表	OLD(Or Load)
功能	用于串联电路块的并联

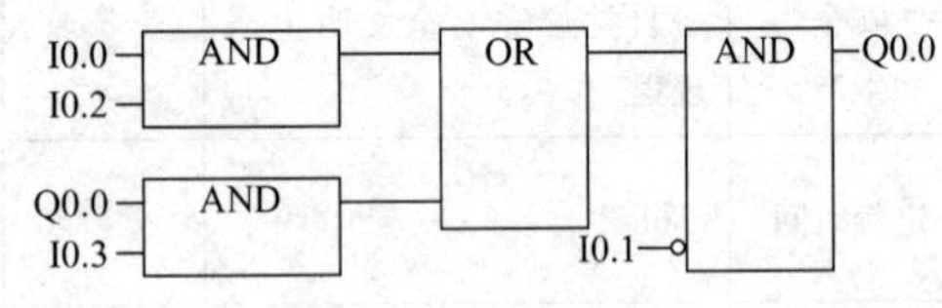

图 4-8　例 4-7 图

解：转换成的梯形图和语句表见表 4-27。

表 4-27　例 4-7 表

梯形图	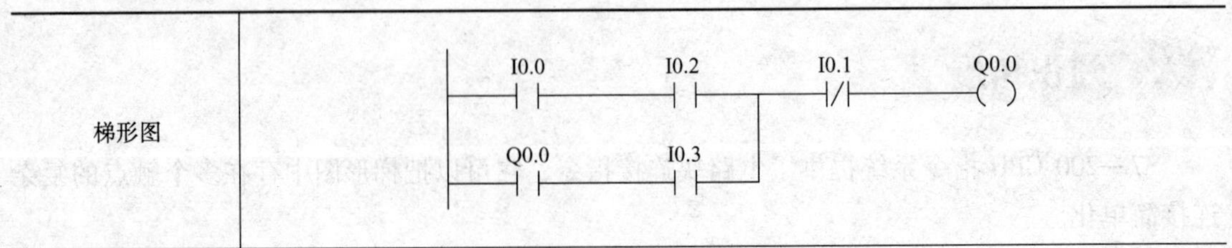

（续）

语句表	LD　I0.0 A　I0.2 LD　Q0.0 A　I0.3 OLD AN　I0.1 =　Q0.0

七、习题

1. 编制梯形图程序：接通 I0.0，Q0.0 延时 10s 接通，并自锁；接通 I0.1 时，Q0.0 停止。

2. 编制梯形图程序：接通 I0.0，Q0.0 通电并自锁；Q0.0 延时 10s 后失电。

3. 编制梯形图程序：按下按钮 SB 后，指示灯亮，延时 5s 后指示灯熄灭。

4. 设计闪光梯形图程序，周期 10s，亮 6s，灭 4s。

5. 采用计数器设计延时起动梯形图程序：接通 I0.0，Q0.0 延时 10s 接通，并自锁；接通 I0.1 时，Q0.0 停止。

6. 采用计数器设计延时停止梯形图程序：接通 I0.0，Q0.0 通电并自锁；接通 I0.1 时 Q0.0 延时 10s 失电。

7. 用计数器设计一个自动包装传输系统，当传送带上传送的物品达到 100 个时，停止 10s 用来包装，然后继续运行。

项目五 交通信号灯控制系统

一、学习目标

1. 知识目标

1）掌握定时器、计数器的综合应用方法。

2）掌握分析、绘制交通信号时序图的方法，并能用时序图表示各个信号之间的时间关系。

2. 技能目标

1）进行交通灯控制系统的电气部分安装。

2）编写交通灯控制系统程序，下载并进行调试、试运行。

二、项目分析

本项目任务是安装交通信号灯控制系统硬件电路，并调试其 PLC 控制程序。

1. 项目要求

1）南北主干道左转绿灯亮 10s 后，直行绿灯亮 30s 后，绿灯闪烁 3s，然后黄灯亮 2s，最后红灯亮 45s。

2）东西主干道红灯亮 45s 后，左转绿灯亮 10s，直行绿灯再亮 30s，然后绿灯闪 3s，最后黄灯亮 2s。

3）南北向和东西向主干道均设有左行绿灯 10s，直行绿灯 30s，绿灯闪亮 3s，黄灯 2s 和红灯 45s。当南北主干道红灯亮时，东西主干道依次是左行绿灯亮，直行绿灯亮，绿灯闪亮和黄灯亮；反之，当东西主干道红灯点亮时，南北主干道依次是左行绿灯亮，直行绿灯亮，绿灯闪亮和黄灯亮。

2. 任务流程图

本项目的任务流程如图 5-1 所示。

3. 知识点链接

交通信号灯控制系统相关的知识点链接如图 5-2 所示。

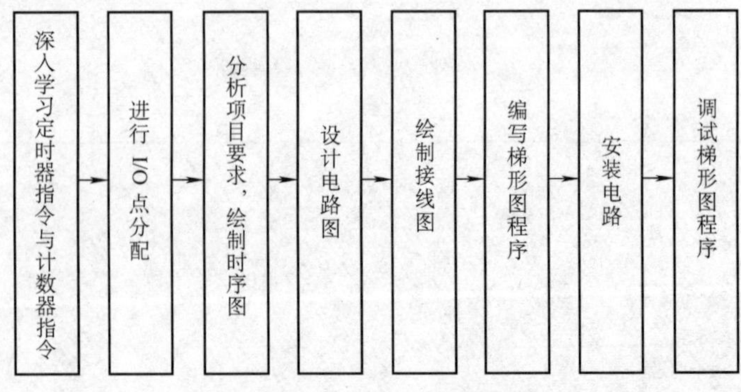

图 5-1　任务流程图

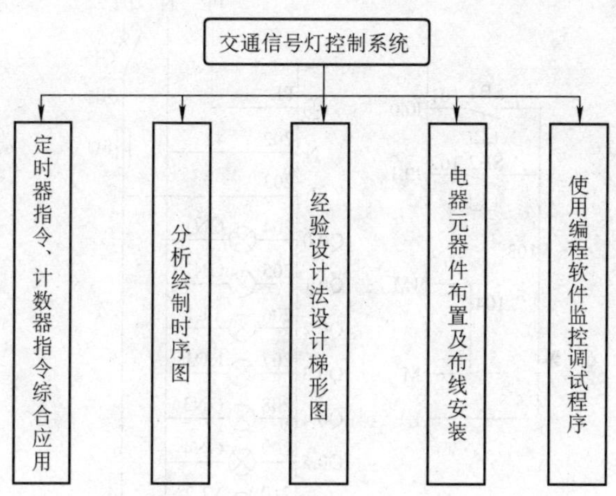

图 5-2　知识点链接

4. 环境设备

项目运行所需的工具、设备见表 5-1。

表 5-1　工具、设备明细表

序号	分类	名　称	型号规格	数量	单位	备　注
1	工具	常用电工工具		1	套	
2		万用表	MF47 型	1	只	
3	设备	PLC	S7—200 CPU 226	1	台	
4		断路器	DZ47—63	1	只	
5		熔断器	RT18—32	1	只	
6		熔体	2A	1	只	
7		按钮	LA4—3H	2	只	
8		指示灯	220V/8W	8	只	四只绿色，两只红色，两只黄色
9		端子板	TD—1520	1	只	
10		网孔板	600mm × 700mm	1	块	
11		导轨	35mm	0.5	m	
12		走线槽	TC3025	若干	m	
13	消耗材料	铜导线	BVR 1.5mm^2	若干	m	双色
14			BVR 1.0mm^2	若干	m	

5. 电路图、I/O 点分配、时序图、电路组成及各元器件功能

（1）交通信号灯控制电路图　如图 5-3 所示。

（2）I/O 点分配　见表 5-2。

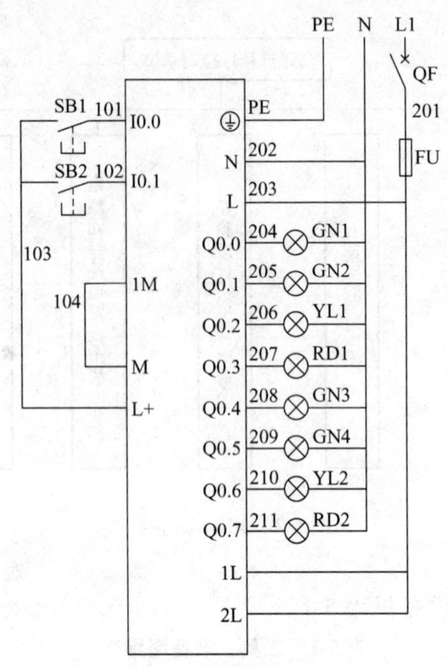

图5-3 交通信号灯控制电路图

表5-2 I/O点分配

输入			输出		
元器件代号	功能	输入点	元器件代号	功能	输出点
SB1	启动	I0. 0	GN1	南北主干道左转绿灯	Q0. 0
SB2	停止	I0. 1	GN2	南北主干道直行绿灯	Q0. 1
			YL1	南北主干道黄灯	Q0. 2
			RD1	南北主干道红灯	Q0. 3
			GN3	东西主干道左转绿灯	Q0. 4
			GN4	东西主干道直行绿灯	Q0. 5
			YL2	东西主干道黄灯	Q0. 6
			RD2	东西主干道红灯	Q0. 7

（3）时序图　剖析各输出信号之间的逻辑关系，绘制时序图，如图5-4所示。

（4）电路组成及各元器件功能　见表5-3。

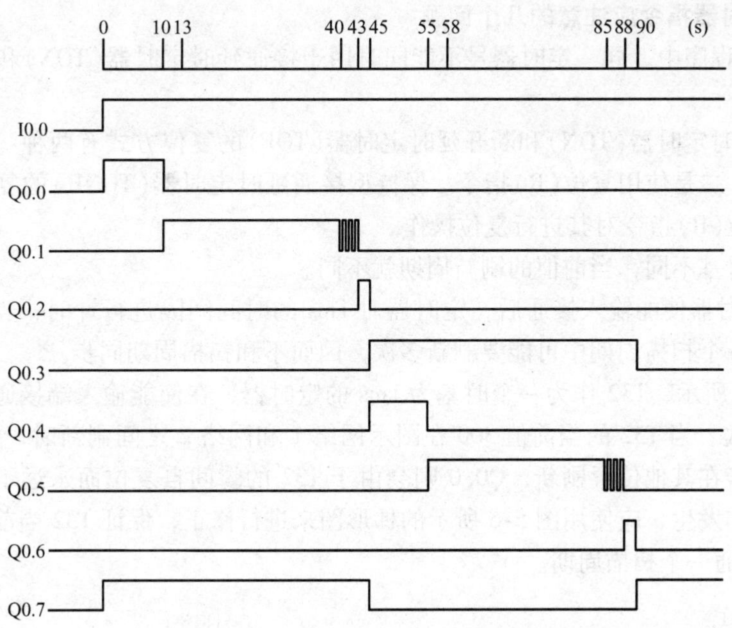

图 5-4 交通信号灯控制系统时序图

表 5-3 电路组成及各元器件功能

序号	电 路 名 称		电路组成	元器件功能	备 注
1	电源电路		QF	电源开关	
2			FU	PLC 和负载电路短路保护	
3	控制电路	PLC 输入电路	SB1 SB2	起动 停止	
4		PLC 输出电路	GN1	南北主干道左转绿灯	
5			GN2	南北主干道直行绿灯	
6			YL1	南北主干道黄灯	
7			RD1	南北主干道红灯	
8			GN3	东西主干道左转绿灯	
9			GN4	东西主干道直行绿灯	
10			YL2	东西主干道黄灯	
11			RD2	东西主干道红灯	
12		PLC 主机	S7—200 CPU 226	主控	

三、必要知识讲解

在了解了定时器与计数器指令的基本功能后，现着重掌握定时器与计数器指令使用时的注意事项及扩展。

1. 应用定时器指令应注意的几个问题

1）在一段程序中，同一定时器号不能同时用于接通延时定时器(TON)和断开延时定时器(TOF)。

2）接通延时定时器(TON)和断开延时定时器(TOF)的复位方式有两种：一是断开定时器的使能输入；二是使用复位(R)指令。保持型接通延时定时器(TONR)的复位方式只有一种，即使用复位(R)指令对其进行复位操作。

定时器的时基不同，当前值的刷新周期就不同。

① 1ms 定时器使能输入接通后，定时器对 1ms 的时间间隔进行计时，当前值每隔 1ms 刷新一次，在一个扫描周期中可能要刷新多次，因而不和扫描周期同步。

例如图 5-5 所示，T32 作为一个时基为 1ms 的定时器，在使能输入端接通后，当前值每隔 1ms 更新一次。当 T32 的当前值 300 在图示网络 1 和网络 2 之间刷新时，Q0.0 接通一个扫描周期；但若在其他位置刷新，Q0.0 则会由于 T32 的瞬间自复位而永远不能接通。为了避免这种情况的发生，应使用图 5-6 所示的梯形图来进行修正，保证 T32 当前值达到设定值时，Q0.0 会接通一个扫描周期。

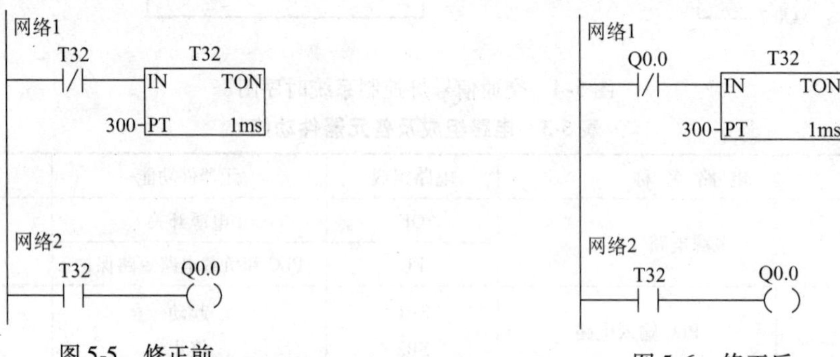

图 5-5　修正前

图 5-6　修正后

② 10ms 定时器使能输入接通后，定时器对 10ms 的时间间隔进行计时，当前值在每次扫描周期的开始进行刷新，在一个扫描周期内，当前值保持不变。因此，图 5-5 所示的自复位模式对 10ms 定时器仍然不适用，应采用图 5-6 所示模式进行修正。

③ 100ms 定时器使能输入接通后，定时器对 100ms 的时间间隔进行计时，只有在定时器指令执行时，100ms 定时器的当前值才被刷新。因此 100ms 定时器不适宜在子程序和中断程序中使用，以防止由于子程序或中断程序不执行时其当前值不能及时刷新而造成时基脉冲丢失，计时失准。同理，相同定时器号的 100ms 定时器在同一程序中只能使用一次，否则，该定时器指令会由于多次被执行，当前值在一个扫描周期中多次被刷新而造成时基脉冲增加，计时失准。100ms 定时器可用于自复位模式，如图 5-7 所示。

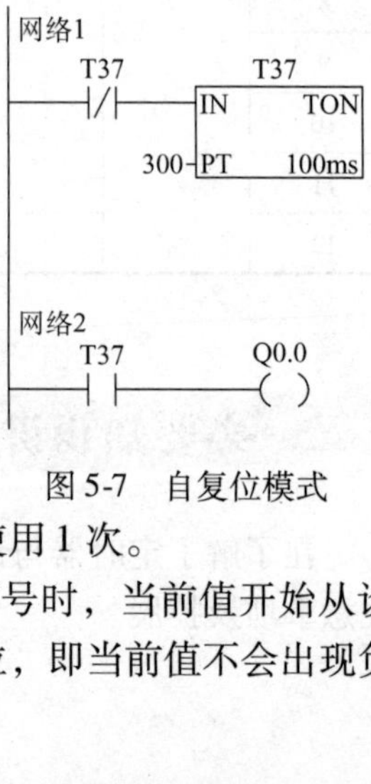

网络1
T37　T37
IN　TON
300-PT　100ms
网络2
T37　Q0.0

图 5-7　自复位模式

2. 应用计数器指令应注意的几个问题

1）同一程序中，不能重复使用同一个计数器，更不可将同一计数器号分配给不同类型的计数器，即每个计数器的线圈编号只能使用 1 次。

2）减计数器(CTD)在 CD 输入端出现上升沿(由 OFF 到 ON)信号时，当前值开始从设定值递减计数，直至当前值等于 0 时停止计数，同时计数器位被置位，即当前值不会出现负值。而增/减计数器(CTUD)在到达计数最大值32767后，下一个CU输入端上升沿将使计数器值变为最小值-32768；同样在达到最小计数值-32768后，下一个CD输入端上升沿将使计数值变为最大值32767；在当前值达到0时，下一个CD输入端的上升沿将使计数器值变为-1，即当前值可以为负值。

3. 定时器定时范围的扩展

PLC的定时范围是一定的，在S7—200中，单个定时器的最大定时范围为32767×t(t为定时精度)。当需要设定的定时值超过这个最大值时，可通过扩展的方法来扩大定时器的定时范围。

(1) 定时器的串联组合　图5-8所示为两个定时器的串联组合。

T37延时$t1=100$s，T38延时$t2=200$s，总计延时$t=t1+t2=300$s，因此n个定时器的串联组合，可扩大定时器的定时范围至t，$t=t1+t2+\cdots+tn$。

(2) 定时器与计数器的串联组合　图5-9所示为定时器与计数器的串联组合。

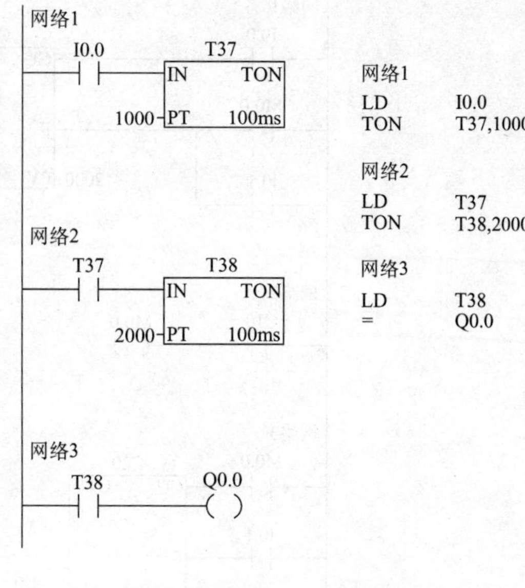

图5-8　两个定时器的串联组合

T37的延时范围为3000s，每3000s接通一次，作为C4的计数脉冲，达到C4的设定值12000时，即可实现3000s×12000=36000000s=10000h的延时。此种方法可以更大程度的扩展定时器的延时范围。

网络1: I0.0 —| |— T37 —|/|— [T37 TON: IN, 30000-PT, 100ms]

网络2: T37 —| |— [C4 CTU: CU; I0.1 —|/|— R; 12000-PV]

网络3: C4 —| |— (Q0.0)

```
网络1
LD    I0.0
AN    T37
TON   T37,30000

网络2
LD    T37
LDN   I0.1
CTU   C4,12000

网络3
LD    C4
=     Q0.0
```

图5-9　定时器与计数器的串联组合

4. 计数器计数次数的扩展

PLC的单个计数器的计数次数是一定的。在S7—200中，单个计数器的最大计数范围是

32767。当需要设定的计数值超过这个最大值时，可通过计数器串联组合的方法来扩大计数器的计数范围。

在图5-10中，C10的设定值为2000，C20的设定值为3000。当达到C20的设定值时，对输入脉冲I0.0的计数次数已达到2000×3000=6000000次。

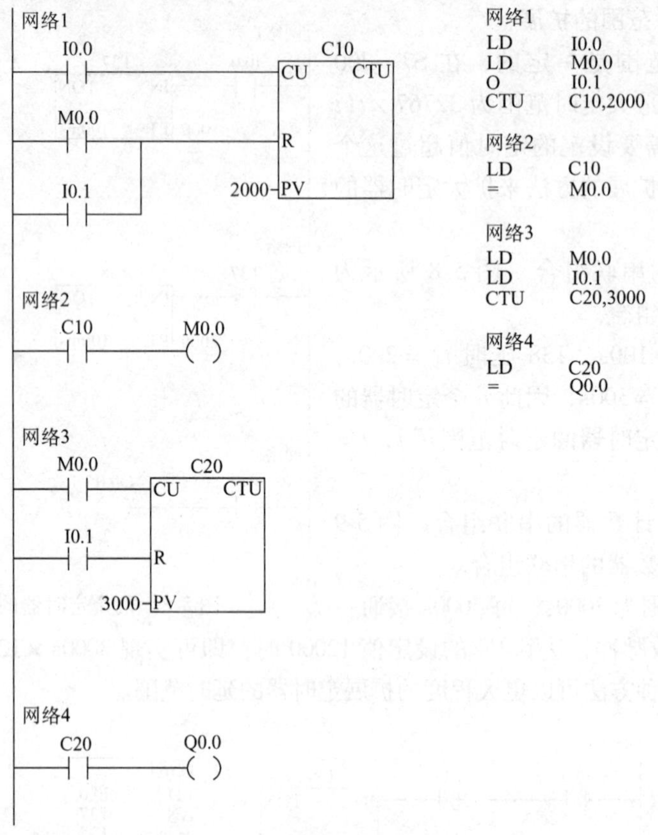

图5-10　计数器计数次数的扩展

5. 与时序有关的逻辑控制问题

对一些有时间关联的控制设备联锁控制系统，定时器与计数器指令的熟练应用是解决问题的关键。通常，在设计程序前，先将各个信号之间的时序图准确地画出来，从而为编程提供一个清晰的思路。

【例5-1】 设计I0.0下降沿触发单稳态电路，Q0.0输出一个宽度为5s的脉冲。

解：根据要求，绘制出下降沿触发单稳态电路的时序图，如图5-11所示。

由图5-11可见，在I0.0出现下降沿时，Q0.0变为ON状态，并持续5s，梯形图程序如图5-12所示。

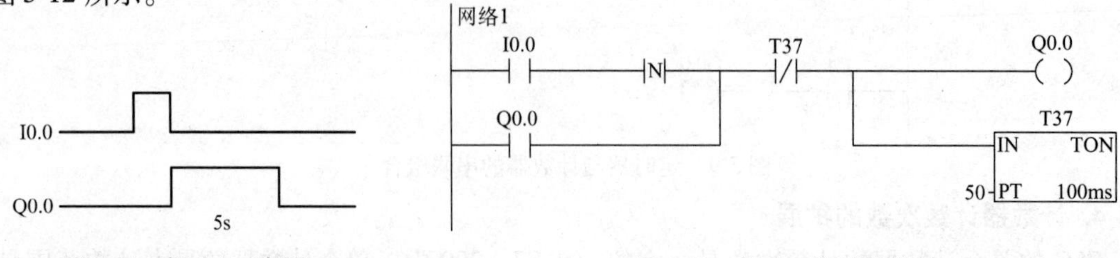

图5-11　例5-1时序图　　　图5-12　例5-1梯形图程序

四、操作指导

1. 接线图、元器件布置及布线

（1）接线图　交通信号灯控制系统接线图如图 5-13 所示。

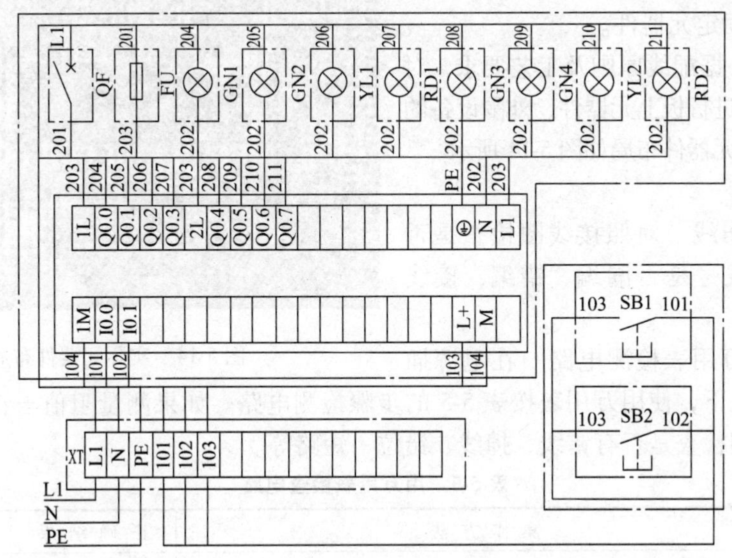

图 5-13　交通信号灯控制系统接线图

（2）元器件布置及布线　元器件布置及布线情况见表 5-4。

表 5-4　元器件布置及布线

序　号	项　目		具体内容	备　注
1	板内元器件		QF、FU、PLC、GN1～GN4、YL1～YL2、RD1～RD2	
2	外围元器件		SB1、SB2、接线端子 XT	
3	电源走线		L1→QF(201)→FU(203)	
4			PE→PLC(⊜)	
5			N(202)→PLC(N)	
6	PLC 控制电路走线	输入回路	I0.0(101)→SB1→L+(103)	
7			I0.1(102)→SB2→L+(103)	
8			1M(104)→PLC(M)	
9		输出回路	Q0.0(204)→GN1→N(202)	
10			Q0.1(205)→GN2→N(202)	
11			Q0.2(206)→YL1→N(202)	
12			Q0.3(207)→RD1→N(202)	
13			Q0.4(208)→GN3→N(202)	
14			Q0.5(209)→GN4→N(202)	
15			Q0.6(210)→YL2→N(202)	
16			Q0.7(211)→RD2→N(202)	

2. 元器件布局、安装与配线

（1）检查元器件　根据表 5-1 提供的元器件名称、数量配齐，并检查元器件的规格是否符合要求及质量是否完好。

（2）固定元器件　按照绘制的接线图（见图 5-13），固定元器件。

（3）配线　据配线原则及工艺要求，对照绘制的接线图进行板上元器件、外围设备的配线安装，实际元器件布局如图 5-14 所示。

图 5-14　实际元器件布局

3. 自检

（1）检查布线　对照接线图检查是否掉线、错线，线号是否漏编、错编，接线是否牢固等。

（2）使用万用表检测电路　在电源插头未插接的情况下，使用万用表按表 5-5 的步骤检测电路。如果测量阻值与正确结果不符，则应根据电路图检查是否有错线、掉线、错位、短路等。

表 5-5　用万用表检查电路

检测任务	操作方法			正确结果	备　注
检测电路导线连接是否良好	采用万用表电阻挡（R×1）			阻值/Ω	
	电源走线		L1→QF（201）→FU（203）	QF 接通时为 0，QF 断开时为∞	
			PE→PLC（⏚）	0	
			N（202）→PLC（N）	0	
	PLC 控制电路走线	输入回路	I0.0（101）→SB1→L+（103）	0	
			I0.1（102）→SB2→L+（103）	0	
			1M（104）→M（PLC）	信号灯有阻值，导线电阻为 0	
		输出回路	Q0.0（204）→GN1→N（202）		
			Q0.1（205）→GN2→N（202）		
			Q0.2（206）→YL1→N（202）		
			Q0.3（207）→RD1→N（202）		
			Q0.4（208）→GN3→N（202）		
			Q0.5（209）→GN4→N（202）		
			Q0.6（210）→YL2→N（202）		
			Q0.7（211）→RD2→N（202）		

4. 输入梯形图

（1）梯形图　交通信号灯控制系统梯形图如图 5-15 所示。

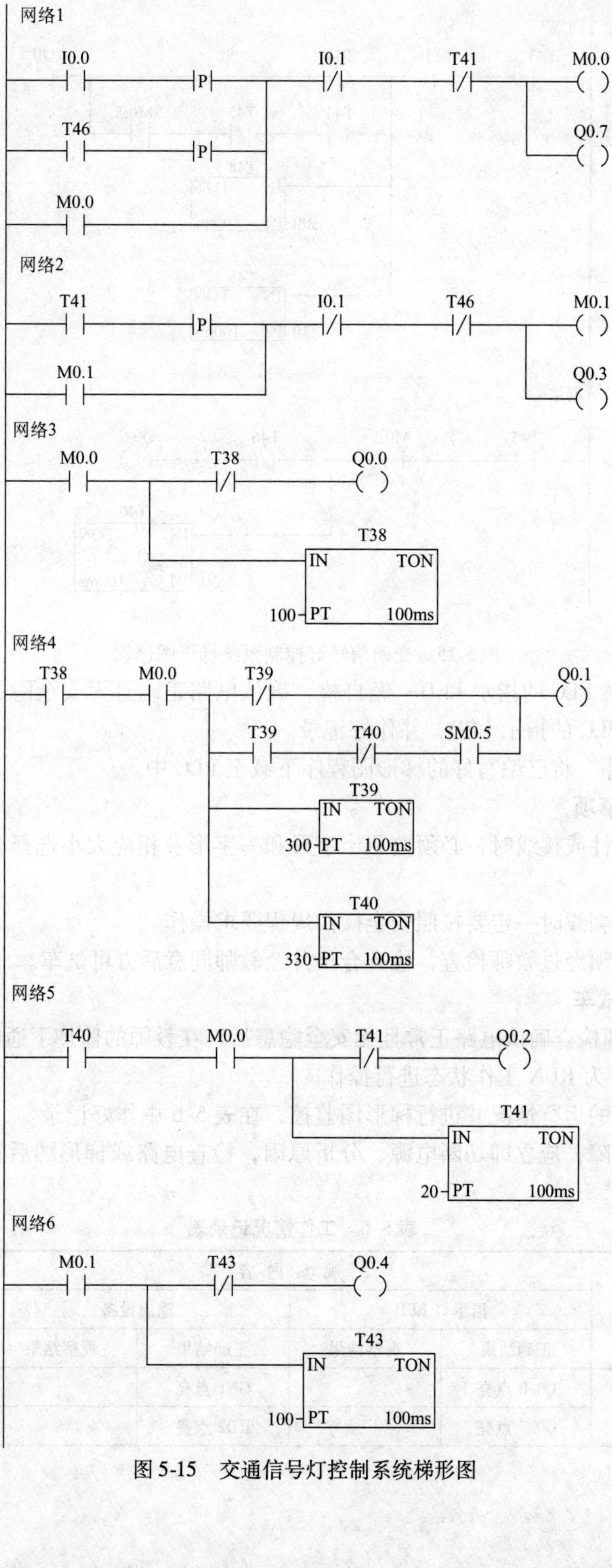

图 5-15　交通信号灯控制系统梯形图

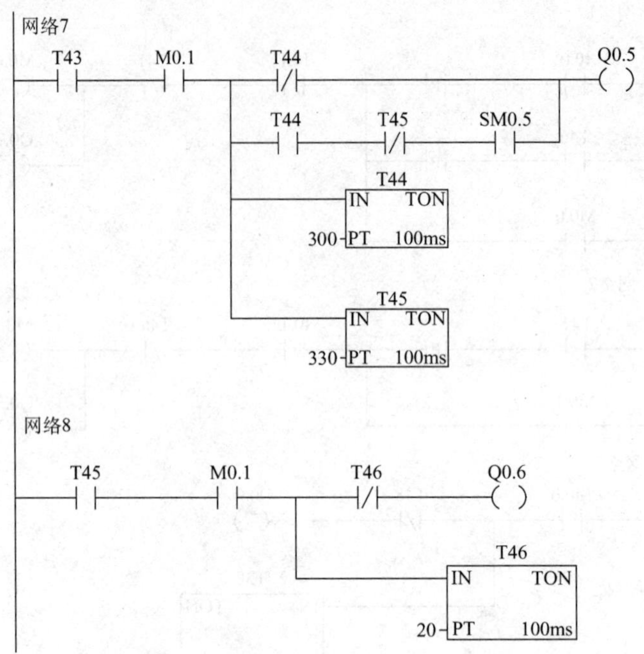

图5-15　交通信号灯控制系统梯形图(续)

(2) 通电观察PLC的指示LED　经自检，确认电路正确且无安全隐患后，在教师的监护下，通电观察PLC的指示LED，并作好记录。

(3) 下载程序　将已编写好的梯形图程序下载至PLC中。

5. 操作注意事项

1) 安装元器件或接线时，必须按照十字形和一字形及相应大小选择合适的螺钉旋具拆装螺钉。

2) 用电工刀剥线时一定要按照安全操作规程要求操作。

3) 通电前必须经过教师检查，检查合格并经教师同意后方可试车。

6. 电路通电试车

经自检、教师检查确认电路正常且无安全隐患后，在教师的监护下通电试车。

1) 调整PLC为RUN工作状态进行操作。

2) 观察系统的运行情况并进行梯形图监控，在表5-6中作好记录。

3) 如出现故障，应立即切断电源、分析原因，检查电路或梯形图后重新调试，直至达到项目拟定的要求。

表5-6　工作情况记录表

操作步骤	操作内容	观察内容				备　注
		指示灯LED		输出设备		
		正确结果	观察结果	正确结果	观察结果	
1	按下SB1	Q0.0点亮		GN1点亮		南北左转绿灯亮
		Q0.7点亮		RD2点亮		东西红灯亮

（续）

操作步骤	操作内容	观察内容				备　　注
		指示灯 LED		输出设备		
		正确结果	观察结果	正确结果	观察结果	
2	10s 到	Q0.0 熄灭		GN1 熄灭		南北左转绿灯灭
		Q0.1 点亮		GN2 点亮		南北直行绿灯亮
3	30s 到	Q0.1 闪烁		GN2 闪烁		南北直行绿灯闪烁
4	南北绿灯闪烁 3s 后	Q0.1 熄灭		GN1 熄灭		南北绿灯灭
		Q0.2 点亮		YL1 点亮		南北黄灯亮
5	2s 到	Q0.2 熄灭		YL1 熄灭		南北黄灯灭
		Q0.4 点亮		GN3 点亮		东西左转绿灯亮
6	10s 到	Q0.4 熄灭		GN3 熄灭		东西左转绿灯灭
		Q0.5 点亮		GN4 点亮		东西直行绿灯亮
7	30s 到	Q0.5 闪烁		GN4 闪烁		东西直行绿灯闪烁
8	东西绿灯闪烁 3s 后	Q0.5 熄灭		GN4 熄灭		东西直行绿灯灭
9		Q0.6 点亮		YL2 点亮		东西黄灯亮
10	2s 到	Q0.6 熄灭		YL2 熄灭		东西黄灯灭
11						循环工作
12	按下 SB2					系统停止工作

五、考核评价

项目质量考核要求及评分标准见表 5-7。

表 5-7　项目质量考核要求及评分标准

考核项目	考 核 要 求	配分	评 分 标 准	扣分	得分	备注
元器件安装	1. 能够按元器件表选择和检测元器件 2. 能够按照接线图布置元器件 3. 会正确固定元器件	10	1. 不按接线图固定元器件，扣 5 分 2. 元器件安装不牢固，每处扣 3 分 3. 元器件安装不整齐、不均匀、不合理，每处扣 3 分 4. 损坏元器件此项不得分			
线路安装	1. 能够按接线图配线 2. 布线合理，接线美观 3. 布线规范，长短适当，线槽内分布均匀 4. 安装规范，无线头松动、反圈、压皮、露铜过长及损伤绝缘层	50	1. 不按接线图接线，扣 20 分 2. 布线不合理、不美观，每根扣 3 分 3. 走线不横平竖直，每根扣 3 分 4. 线头松动、反圈、压皮和露铜过长，每处扣 3 分 5. 损伤导线绝缘层或线芯，每根扣 5 分			

(续)

考核项目	考 核 要 求	配分	评 分 标 准	扣分	得分	备注
通电试车	能够按照要求和步骤正确检查、调试电路	40	1. 主、控制电路配错熔体，每处扣 10 分 2. 一次试车不成功扣 10 分 3. 二次试车不成功扣 15 分 4. 三次试车不成功扣 20 分			
安全生产	自觉遵守安全文明生产规程		1. 漏接接地线，每处扣 10 分 2. 发生安全事故，按 0 分处理			
定额时间	6h		提前正确完成，每 30min 加 5 分；超过定额时间，每 30min 扣 2 分			
开始时间		结束时间	实际时间	小计	小计	总分

六、知识拓展

S7—200 指令系统为了调用系统实时时钟和根据需要设定时钟，提供了时钟指令，现介绍如下。

1. 写时钟指令

写时钟指令见表 5-8。

表 5-8 写时钟指令

梯形图		语句表	TODW ????
	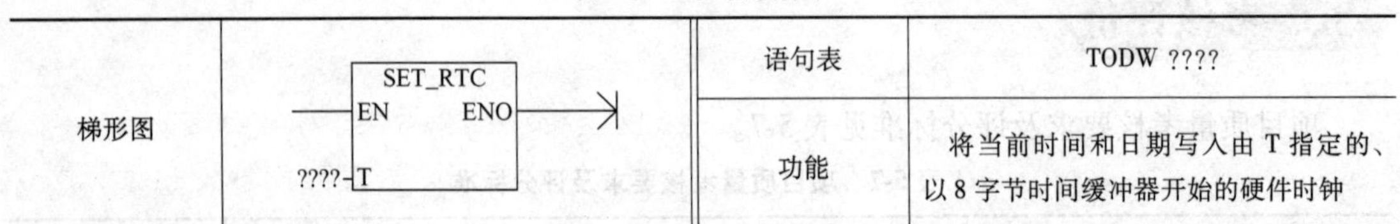	功能	将当前时间和日期写入由 T 指定的、以 8 字节时间缓冲器开始的硬件时钟

2. 读时钟指令

读时钟指令见表 5-9。

表 5-9 读时钟指令

梯形图		语句表	TODR ????
	READ_RTC EN ENO ????-T	功能	从硬件时钟读取当前时间和日期，并将其载入以地址 T 起始的 8 字节时间缓冲器

时钟指令操作数 T 的说明见表 5-10。

表 5-10 T 的说明

输入	数据类型	操 作 数
T	BYTE	IB、QB、VB、MB、SMB、LB、*VD、*LD、*AC

注：*间接寻址。

两个时钟指令的缓冲区具有相同的格式，见表 5-11。

表 5-11 时钟指令的缓冲区格式

T	T+1	T+2	T+3	T+4	T+5	T+6	T+7
年	月	日	小时	分钟	秒	0	星期
00~99	01~12	01~31	00~23	00~59	00~59		0~7*

注：*T+71=星期日，7=星期六；0=禁用。

其中 T 是缓冲区的起始单元地址。如果设定 T 为 VB100，则年份信息将保存在 VB100 中，而月份信息将保存在 VB101 中。日期和时间值按 BCD 格式表示。按十六进制查看时钟缓冲区得到正确的数据；写时钟时要按 BCD 格式准备日期时间值。

由于可读取的系统时钟最小单位为秒(s)，程序中对特殊存储区位 SM0.5 进行上升沿测试，每秒读取一次，这样可以提高程序的执行效率。

【例 5-2】 某生产线控制中，如果生产过程发生故障或事故时，要求可使用 I0.1 上升沿产生的中断，使输出 Q0.0 立即置位，其控制的事故信号灯被点亮，同时自动将事故发生的日期和时间保存在 VB100 ~ VB107 中。

分析：在本例的主程序中通过 I0.1 的上升沿产生中断信号，调用相应的中断程序。在中断程序中，利用立即置位指令使 Q0.0 置位的同时还利用系统时钟读指令 TORD，将此时的系统时钟时间保存到 VB100 ~ VB107 中。

解： 梯形图程序如图 5-16 所示。

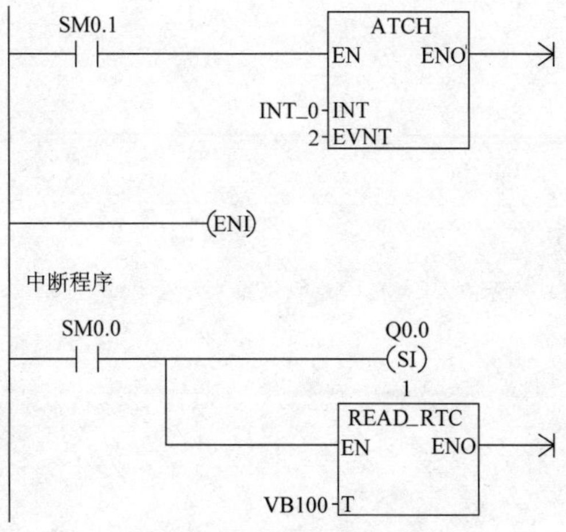

图 5-16 例 5-2 梯形图程序

七、习题

1. 对一台异步电动机实现星-角减压起动控制，要求如下：在合上主电路开关后，使用起停按钮来控制电动机的起动和停止。按下起动按钮，电动机先以星形联结减压起动，当运行8s后转换为三角形联结，投入正常运转。在实现过程中，要对系统进行必要的保护。

2. 设计七段数码控制系统。I0.0 ~ I1.1 分别对应 0 ~ 9 十个数字按键，按下不同的按键，通过 PLC 在 LED 数码显示器上显示 0 ~ 9 十个数字。在无显示要求的时候，七段数码全部保持不亮状态，当显示数字时，点亮对应的数码段。

3. 料箱盛料过少报警系统设计。当低限位开关 I0.0 变为 ON 时，报警器开始鸣叫报警，报警指示灯以 5Hz 频率闪烁。10s 后，报警解除，报警器停止鸣叫，报警指示灯停止闪烁，在此期间若按下停止按钮 I0.1，报警器同样停止鸣叫，报警指示灯停止闪烁。

4. 四组抢答器。四位选手，一位主持人。一个开始答题按钮，一个系统复位按钮。控制要求如下：

1）主持人按下开始答题按钮后，四位选手开始答题，抢先按下按钮的选手正常抢答指示灯亮，同时选手序号在数码管上显示，其他选手按钮不起作用。

2）如果主持人未按下开始答题按钮，就有选手抢答，则认为犯规，犯规指示灯亮并闪烁；同时选手序号在数码管上显示，其他选手按钮不起作用。

3）当主持人按下开始答题按钮，时间开始倒计时，若在 10s 内仍无选手抢答，则系统超时指示灯亮，此后不能再有选手抢答。

4）所有各种情况，只有在主持人按下系统复位按钮后，系统回到初始状态。

项目六 旋转工作台的自动控制

一、学习目标

1. 知识目标

1）掌握 SFC 的基本概念。

2）掌握单序列 SFC 的绘制方法。

3）掌握将单序列 SFC 转化为梯形图的基本方法。

4）了解行程开关的种类及功能。

2. 技能目标

1）进行旋转工作台的电气部分安装。

2）编写旋转工作台的控制程序，下载并进行调试、试运行。

二、项目分析

本项目任务是安装旋转工作台的电气部分硬件电路，并调试其 PLC 控制程序。

1. 项目要求

如图 6-1 所示，SQ1、SQ2、SQ3 为 3 个限位传感器，凸轮到达规定位置时接通。电动机控制旋转工作台的正、反转。

1）旋转工作台的凸轮在 SQ1 位置，电动机不运行。

2）当按下起动按钮 SB1 时，电动机 M 通电转动，同时驱动工作台沿顺时针旋转。

3）当凸轮转到 SQ2 限位传感器所在位置时，暂停 5s（T37），定时时间到继续正转。

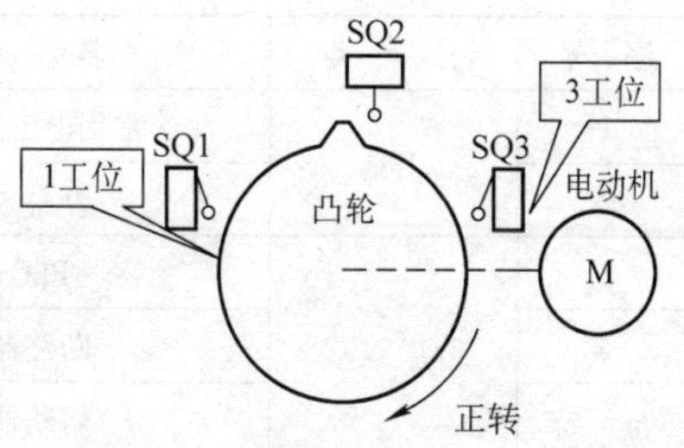

图 6-1　旋转工作台示意图

4）当凸轮转到 SQ3 限位传感器所在位置时，驱动工作台的电动机停止旋转，同时立即反转，即驱动工作台逆时针旋转。

5）当凸轮回到 SQ1 限位传感器所在位置时工作台停止转动，回到初始位置。

6）工作过程中，若按下停止按钮 SB2，工作台不会立即停止，而是在完成当前工作周期回到初始位置停止。

2. 任务流程图

本项目的任务流程如图 6-2 所示。

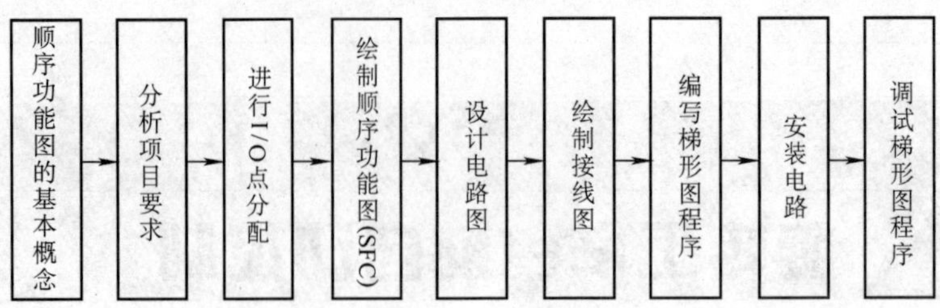

图6-2 任务流程图

3. 知识点链接

旋转工作台的自动控制知识点链接如图6-3所示。

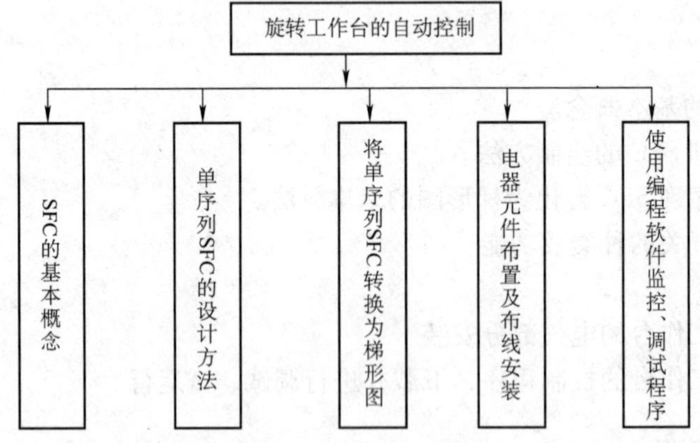

图6-3 知识点链接

4. 环境设备

项目运行所需的工具、设备见表6-1。

表6-1 工具、设备明细表

序 号	分 类	名 称	型号规格	数量	单位	备 注
1	工具	常用电工工具		1	套	
2		万用表	MF47型	1	只	
3	设备	PLC	S7—200 CPU 226	1	台	
4		断路器	DZ47—63	1	只	
5		熔断器	RT18—32	3	只	
		熔体	5A	3	只	
6		熔体	2A	2	只	
7		三相异步电动机	380V	1	台	功率自定
8		限位传感器(行程开关)	LXW—11	3	只	
9		端子板	TD1520	1	只	
10		网孔板	600mm×700mm	1	块	
11		导轨	35mm	0.5	m	
12		走线槽	TC3025	若干	m	

（续）

序　号	分　类	名　称	型号规格	数量	单位	备　注
13	消耗	铜导线	BVR 1.5mm²	若干	m	双色
14	材料		BVR 1.0mm²	若干	m	

5. 电路图、I/O 点分配、顺序功能图、电路组成及各元器件功能

（1）电路图　旋转工作台的自动控制电路图如图 6-4 所示。

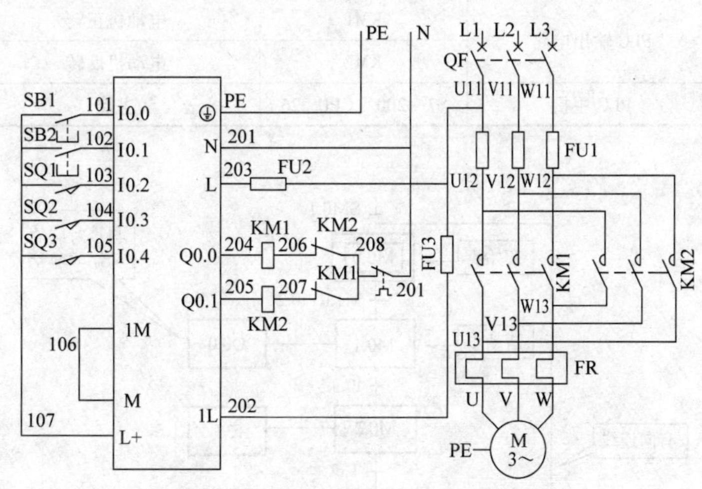

图 6-4　旋转工作台的自动控制电路图

（2）I/O 点分配　见表 6-2。

表 6-2　I/O 点分配

输　入			输　出		
元器件代号	功能	输入点	元器件代号	功能	输出点
SB1	起动	I0.0	KM1	电动机正转	Q0.0
SB2	停止	I0.1	KM2	电动机反转	Q0.1
SQ1	1 工位传感器	I0.2			
SQ2	2 工位传感器	I0.3			
SQ3	3 工位传感器	I0.4			

（3）顺序功能图　剖析各输入、输出信号之间的逻辑关系，绘制顺序功能图(SFC)，如图 6-5 所示。

（4）电路组成及各元器件功能　见表 6-3。

表 6-3　电路组成及各元器件功能

序　号	电路名称	电路组成	元器件功能	备　注
1	电源电路	QF	电源开关	
2		FU1	主电路短路保护	
3		FU2	PLC 电路短路保护	
4		FU3	PLC 负载电路短路保护	

(续)

序　　号	电路名称		电路组成	元器件功能	备　　注
5	控制电路	PLC 输入电路	SB1	起动	
6			SB2	停止	
7			SQ1	1 工位传感器	
8			SQ2	2 工位传感器	
9			SQ3	3 工位传感器	
10		PLC 输出电路	KM1	电动机正转	
11			KM2	电动机反转	
12		PLC 主机	S7—200　CPU 226	主控	

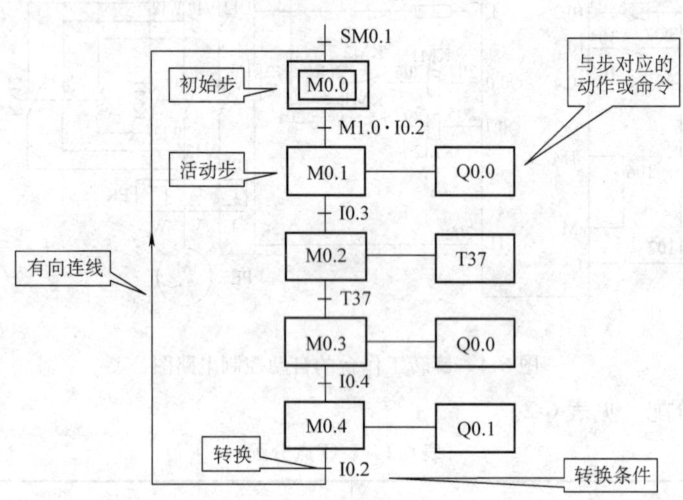

图 6-5　旋转工作台的自动控制顺序功能图

三、必要知识讲解

所谓顺序控制，就是按照生产工艺预先规定的顺序，在各个输入信号的作用下，根据内部状态和时间的顺序，在生产过程中各个执行机构自动、有秩序地进行操作。

顺序功能图(简称 SFC)是描述控制系统的控制过程、功能和特性的一种图形，也是设计 PLC 的顺序控制程序的有力工具。它主要由步、有向连线、转换、转换条件和动作组成。

(1) 步　顺序控制系统的一个动作周期分为若干个顺序相连的阶段，这些阶段称作步，用编程元件(例如位存储器 M 或顺序控制继电器 S)来代表各步。步根据输出量的状态变化来划分。各步内输出量的 ON/OFF 状态不变，但是相邻两步至少有一个输出量发生了变化。步的这种划分方法使代表各步的编程元件状态与各输出量状态之间有着极为简单的逻辑关系。

(2) 初始步　与系统的初始状态对应的步称为初始步。初始状态一般是系统等待起动命令的相对静止的状态，用双线框表示，每一个顺序功能图至少应该有一个初始步。初始步的表示方法如图 6-5 所示。

（3）活动步 当系统处于某一步所在的阶段时，该步处于活动状态，称该步为“活动步”。步处于活动状态时，执行相应的非存储型动作；处于不活动状态时，则停止执行。活动步的表示方法如图 6-5 所示。

（4）与步对应的动作或命令 控制系统可划分为被控系统和施控系统。对于被控系统，某一步中需要完成某些“动作”；对于施控系统，某一步中则需要向被控系统发出某些“命令”，通常将这些动作或命令用矩形框中的文字或符号表示，如图 6-5 中 Q0.0、Q0.1 等。特别地，如果连续的若干步都应为 ON，则在顺序功能图中，用置位指令进行处理；应为 OFF，则对应采用复位指令处理。

1. 有向连线与转换条件

（1）有向连线 在顺序功能图中，随着时间的推移和转换条件的实现，步的活动状态会发生进展，这种进展按有向连线规定的路线和方向进行。在画顺序功能图时，将代表各步的方框按它们成为活动步的先后次序排列，并用有向连线将它们连接起来。步的活动状态常用的进展方向是从上到下或从左至右，在这两个方向有向连线上的箭头可以省略。如果不是上述的方向，应在有向连线上用箭头注明进展方向。

如果在画图时有向连线必须中断（例如在复杂的图中或用几个图来表示一个顺序功能图时），则应在有向连线中断之处标明下一步的标号和所在的页数。

（2）转换 转换用有向连线上与有向连线垂直的短划线来表示，转换将相邻两步分隔开。步活动状态的进展是由转换的实现来完成的，并与控制过程的进展相对应。

（3）转换条件 使系统由当前步进入下一步的信号称为转换条件，转换条件可以是外部的输入信号，例如按钮、指令开关、限位开关的接通或断开等；也可以是 PLC 内部产生的信号，例如定时器、计数器常开触点的接通等；转换条件还可以是若干个信号的与、或、非逻辑组合。

转换条件可以用文字语言、布尔代数表达式或图形符号标注在表示转换的短线旁边，使用得最多的是布尔代数表达式。

2. 顺序功能图的基本结构——单序列

如图 6-6 所示，单序列由一系列相继激活的步组成，每一步的后面仅有一个转换，每一个转换的后面只有一个步。

3. 将单序列的顺序功能图转化为梯形图

这里以起保停控制电路为例来说明将单序列的顺序功能图转化为梯形图的方法。根据顺序功能图设计梯形图时，可以用存储器位 M 来代表步。某一步为活动步时，对应的存储器位为 ON，某一转换实现时，该转换的后续步变为活动步，前级步变为不活动步。所以设计起保停电路的关键是找出它的起动条件和停止条件。通常，当前步作为输出时，前级步和转换条件串联构成起动条件；后续步的常闭触点作为停止条件；当前步自保持。

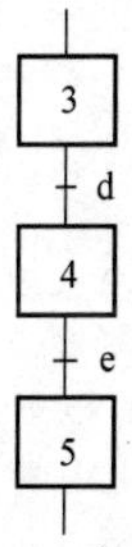

如图 6-5 所示，初始步 M0.0 作为当前步输出时，由有向连线可知：前级步是 M0.4，转换条件是 I0.2，所以用 M0.4 的常开触点和 I0.2 的常开触点串联作为起动条件之一，又因 M0.0 为初始步，SM0.1 在 PLC 上电后要对 M0.0 进行初始化，所以 SM0.1 的常开触点是另一个起动条件，即控制步 M0.0 的起动条件应为M0.4 · I0.2 + SM0.1，对应的起动电路由两条并联支路组成；M0.0 的后续步

图 6-6 单序列顺序功能图

是 M0.1，所以 M0.1 的常闭触点作为 M0.0 输出的停止条件；M0.0 具有自锁功能。设计出的梯形图如图 6-7 所示。

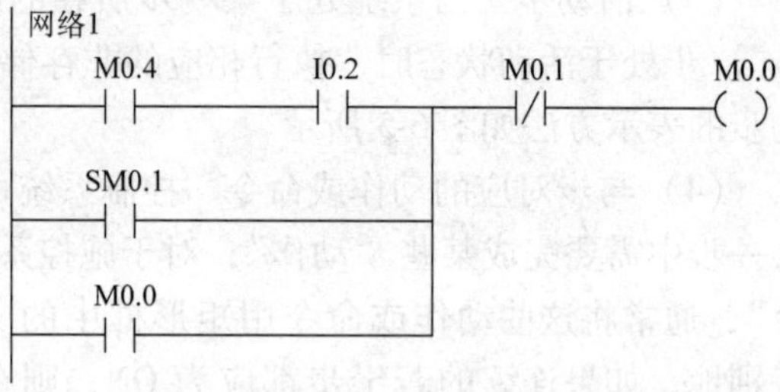

网络1
M0.4　I0.2　M0.1　M0.0
SM0.1
M0.0

图 6-7　梯形图

4. 顺序控制程序中的输出电路

由于步是根据输出变量的状态来划分的，它们之间的关系极为简单，可以按照以下方式来进行处理：

1）某一输出量仅在某一步中为 ON 状态，可以将它的线圈与动作所在的辅助继电器并联。如图 6-5 中的 M0.1 步，相关的输出量在程序设计时可以写成图 6-8 所示。

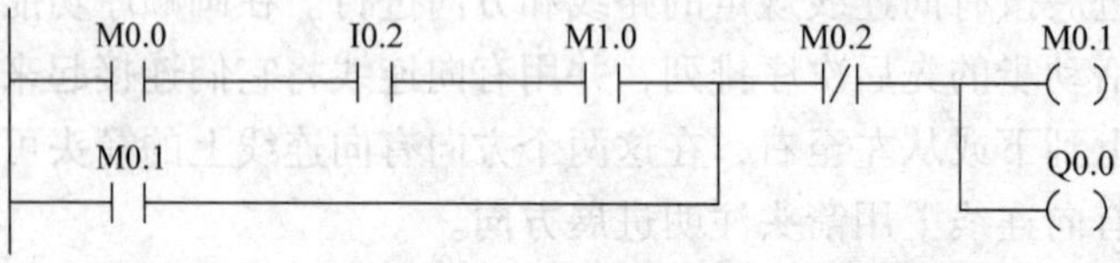

M0.0　I0.2　M1.0　M0.2　M0.1
M0.1　Q0.0

图 6-8　相关的输出量梯形图

2）某一输出量在几步中都应为 1 状态，应将代表各相关步的辅助继电器常开触点并联后，驱动该输出量的线圈。例如，图 6-5 中，M0.1 和 M0.3 步的输出均为 Q0.0，则按照图 6-9 所示进行程序设计。

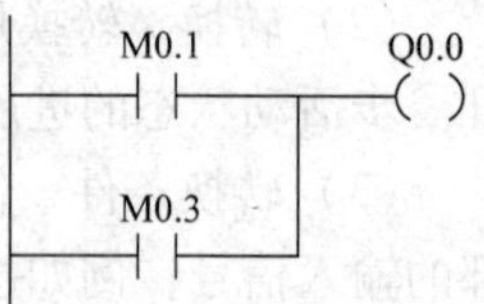

图 6-9

5. 行程开关

行程开关又称限位开关，用于控制机械设备的行程及限位保护。

在实际生产中，将行程开关安装在预先设定的位置。当装于生产机械运动部件上的模块撞击行程开关时，行程开关的触点动作，实现电路的切换。因此，行程开关是一种根据运动部件的行程位置而切换电路的电器，它的工作原理与按钮类似。行程开关广泛用于各类机床和起重机械，用以控制其行程、进行终端限位保护。在电梯的控制电路中，还利用行程开关来控制开关轿门的速度、自动开关门的限位，轿厢的上、下限位保护。

行程开关按其结构可分为直动式、滚轮式、微动式和组合式。图 6-10a 所示为行程开关外形，图 6-10b 所示为行程开关结构与符号。

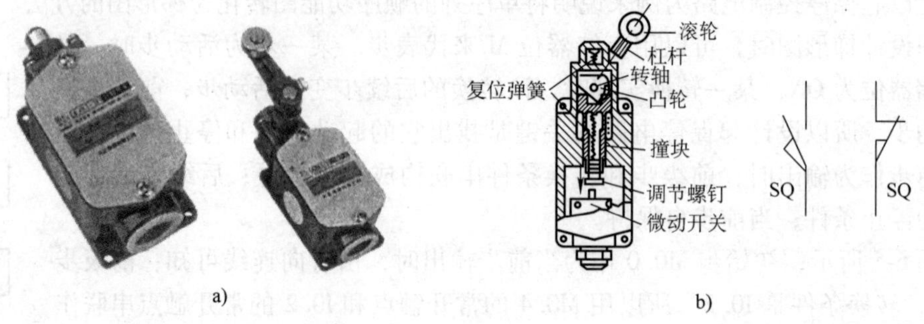

图 6-10　行程开关
a）外形　b）结构与符号

四、操作指导

1. 接线图、元器件布置及布线

（1）接线图　接线图如图 6-11 所示。

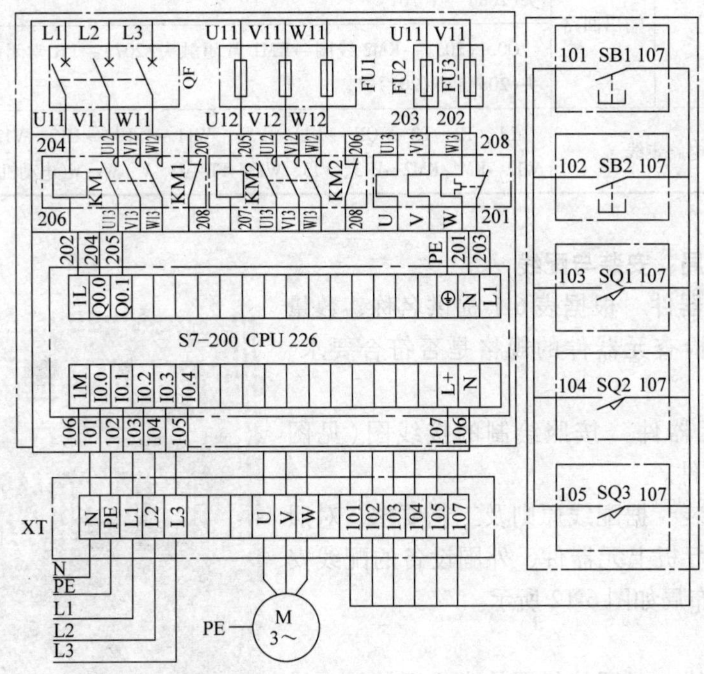

图 6-11　接线图

（2）元器件布置及布线　见表 6-4。

表 6-4　元器件布置及布线情况

序　号	项　目		具体内容	备　注
1	板内元器件		QF、FU1、FU2、FU3、PLC、KM1 线圈、KM2 线圈、KM1、KM2、FR	
2	外围元器件		SB1、SB2、SQ1、SQ2、SQ3、接线端子 XT、电动机	
3	电源走线		L1→QF→FU1→U12 →FU2(203) →FU3(202)	
4			PE→PLC(⏚)	
5			N(201)→PLC(N)	
6	PLC 控制电路走线	输入回路	I0.0(101)→SB1→L+(107)	
7			I0.1(102)→SB2→L+(107)	
8			I0.2(103)→SQ1→L+(107)	
9			I0.3(104)→SQ2→L+(107)	

(续)

序号	项目		具体内容	备注
10	PLC 控制电路走线	输入回路	I0.4(105)→SQ3→L+(107)	
11			1M(106)→PLC(M)	
12		输出回路	Q0.0(204)→KM1 线圈→KM2 常闭触头(206)→FR 常闭触头(208)→N(201)	
13			Q0.1(205)→KM2 线圈→KM1 常闭触头(207)→FR 常闭触头(208)→N(201)	
14	主电路走线		L1、L2、L3→QF→U11、V11、W11→FU1→U12、V12、W12→KM1/KM2→U13、V13、W13→FR→U、V、W→M(电动机)	

2. 元器件布局、安装与配线

(1) 检查元器件　根据表 6-1 提供名称、数量配齐元器件，并检查元器件的规格是否符合要求、质量是否完好。

(2) 固定元器件　按照绘制的接线图(见图 6-11)，固定元器件。

(3) 配线安装　据配线原则及工艺要求，对照绘制的接线图进行板上元器件、外围设备的配线安装，实际元器件布局如图 6-12 所示。

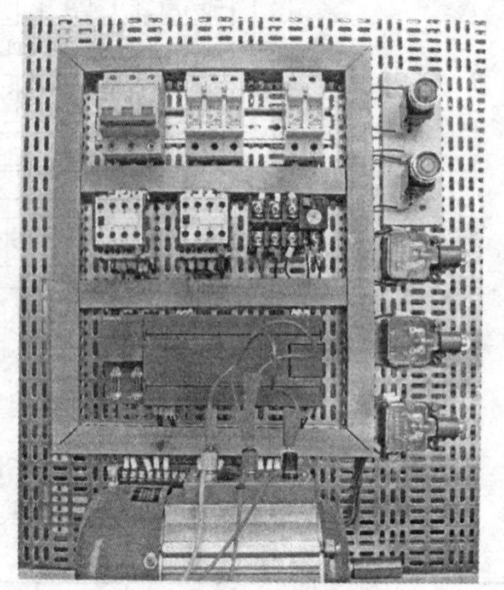

图 6-12　元器件布局、安装与配线

3. 自检

(1) 检查布线　对照接线图检查是否掉线、错线，线号是否漏编、错编，接线是否牢固等。

(2) 使用万用表检查电路　在电源插头未插接的情况下，使用万用表检测安装完成的电路，如果测量阻值与正确阻值不符，应根据线路图检查是否有错线、掉线、错位、短路等，检查过程见表 6-5。

表 6-5　用万用表检查电路

检测任务	操作方法			正确结果	备注
检测电路导线连接是否良好	采用万用表的电阻挡(R×1)			阻值/Ω	断电情况下测量电阻
	电源走线		L1→QF→FU1→U12 →FU2(203) →FU3(202)	QF 接通时为 0，断开时为∞	
			PE→PLC(⊜)	0	
			N(201)→PLC(N)	0	
	PLC 控制电路走线	输入回路	I0.0(101)→SB1→L+(107)	0	
			I0.1(102)→SB2→L+(107)	0	

（续）

检测任务	操作方法			正确结果	备注
检测电路导线连接是否良好	PLC 控制电路走线	输入回路	I0.2(103)→SQ1→L+(107)	0	断电情况下测量电阻
			I0.3(104)→SQ2→L+(107)	0	
			I0.4(105)→SQ3→L+(107)	0	
			1M(106)→PLC(M)	0	
		输出回路	Q0.0(204)→KM1→KM2 常闭触头(206)→FR 常闭触头(208)→N(201)	线圈有阻值，导线电阻为 0	
			Q0.1(205)→KM2→KM1 常闭触头(207)→FR 常闭触头(208)→N(201)		
	主电路走线		L1、L2、L3→QF→U11、V11、W11→FU1→U12、V12、W12→KM1/KM2→U13、V13、W13→FR→U、V、W→M(电动机)	KM1、KM2 闭合时均为 0	

4. 输入梯形图

（1）绘制梯形图　梯形图如图 6-13 所示。

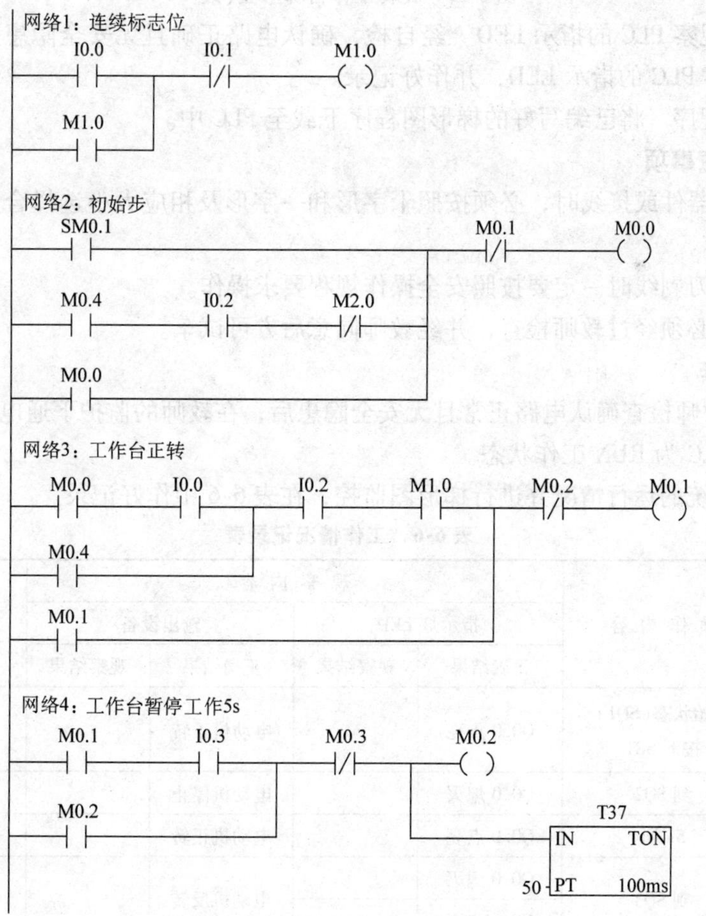

图 6-13　旋转工作台梯形图

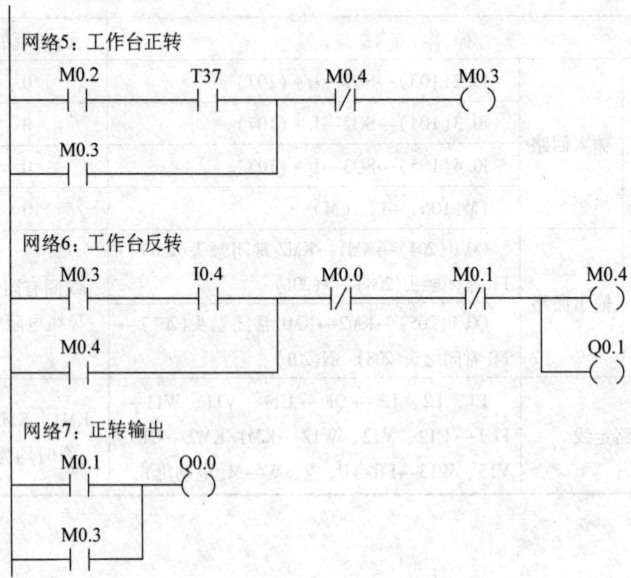

图6-13　旋转工作台梯形图(续)

(2) 通电观察PLC的指示LED　经自检，确认电路正确且无安全隐患后，在教师的监护下，通电观察PLC的指示LED，并作好记录。

(3) 下载程序　将已编写好的梯形图程序下载至PLC中。

5. 操作注意事项

1）安装元器件或接线时，必须按照十字形和一字形及相应大小选择合适的螺钉旋具进行螺钉拆装操作。

2）用电工刀剥线时一定要按照安全操作规程要求操作。

3）通电前必须经过教师检查，并经教师同意后方可试车。

6. 通电试车

经自检、教师检查确认电路正常且无安全隐患后，在教师的监护下通电试车。

1）调整PLC为RUN工作状态。

2）观察系统的运行情况并进行梯形图监控，在表6-6中作好记录。

表6-6　工作情况记录表

操作步骤	操作内容	观察内容				备注
		指示灯LED		输出设备		
		正确结果	观察结果	正确结果	观察结果	
1	初始状态(SQ1)按下SB1	Q0.0点亮		电动机正转		工作台正转
2	到SQ2	Q0.0熄灭		电动机停止		工作台停止
3	5s到	Q0.0点亮		电动机正转		工作台正转
4	到SQ3	Q0.0熄灭		电动机反转		工作台反转
		Q0.1点亮				

（续）

操作步骤	操作内容	观察内容				备注
		指示灯 LED		输出设备		
		正确结果	观察结果	正确结果	观察结果	
5	到 SQ1	Q0.1 熄灭		电动机停止		工作台停止
		循环工作				
	按下 SB2	完成当前周期后回原点，停止工作				

3）如出现故障，应立即切断电源、分析原因，并检查电路或梯形图后重新调试，直至达到项目拟定的要求。

五、考核评价

项目质量考核要求及评分标准见表 6-7。

表 6-7　项目质量考核要求及评分标准

考核项目	考核要求	配分	评分标准	扣分	得分	备注
元器件安装	1. 能够按元器件表选择和检测元器件 2. 能够按照接线图布置元器件 3. 会正确固定元器件	10	1. 不按接线图固定元器件扣 5 分 2. 元器件安装不牢固，每处扣 3 分 3. 元器件安装不整齐、不均匀、不合理，每处扣 3 分 4. 损坏元器件此项不得分			
线路安装	1. 能够按接线图配线 2. 布线合理，接线美观 3. 布线规范，长短适当，线槽内分布均匀 4. 安装规范，无线头松动、反圈、压皮、露铜过长及损伤绝缘层	50	1. 不按接线图接线，扣 20 分 2. 布线不合理、不美观，每根扣 3 分 3. 走线不横平竖直，每根扣 3 分 4. 线头松动、反圈、压皮和露铜过长一处扣 3 分 5. 损伤导线绝缘层或线芯，每根扣 5 分			
通电试车	按照要求和步骤正确检查、调试电路	40	1. 主、控制电路配错熔体，每处扣 10 分 2. 一次试车不成功扣 10 分 3. 二次试车不成功扣 15 分 4. 三次试车不成功扣 20 分			
安全生产	自觉遵守安全文明生产规程		1. 漏接接地线，每处扣 10 分 2. 发生安全事故，按 0 分处理			

（续）

<table>
<tr><th>考 核 项 目</th><th>考 核 要 求</th><th>配分</th><th colspan="3">评 分 标 准</th><th>扣分</th><th>得分</th><th>备注</th></tr>
<tr><td>定额时间</td><td>6h</td><td></td><td colspan="3">提前正确完成，每 30min 加 5 分；超过定额时间，每 30min 扣 2 分</td><td></td><td></td><td></td></tr>
<tr><td rowspan="2">开始时间</td><td rowspan="2"></td><td rowspan="2">结束时间</td><td rowspan="2"></td><td rowspan="2">实际时间</td><td rowspan="2"></td><td>小计</td><td>小计</td><td>总分</td></tr>
<tr><td></td><td></td><td></td></tr>
</table>

六、知识拓展

1. 顺序功能图中转换实现的基本规则

（1）转换实现的条件　在顺序功能图中，步的活动状态的进展是由转换的实现来完成的。转换实现必须同时满足两个条件：

1）该转换所有的前级步都是活动步。

2）相应的转换条件得到满足。

这两个条件是缺一不可的。

（2）转换实现应完成的操作　转换实现时应完成以下两个操作：

1）使所有由有向连线与相应转换符号相连的后续步都变为活动步。

2）使所有由有向连线与相应转换符号相连的前级步都变为不活动步。

以上规则可以用于任意结构的转换。在单序列中，一个转换仅有一个前级步和一个后续步，在转换实现时应同时将它们对应的编程元件置位。转换实现的基本规则是根据顺序功能图设计梯形图的基础，它适用于顺序功能图中的各种基本结构和各种顺序控制梯形图的编程。

在梯形图中，用编程元件(例如 M)代表步，当某步为活动步时，该步对应的编程元件为1状态。当该步之后的转换条件满足时，转换条件对应的触点或电路接通，因此可以将该触点或电路与代表所有前级步的编程元件常开触点串联，作为与转换实现的两个条件同时满足时对应的电路。

2. 双线圈输出问题

在用户程序中，同一编程元件的线圈使用了两次或多次，称为双线圈输出。

之所以会出现双线圈输出，原因是在同一扫描周期，同一编程元件的两个(或多个)线圈的逻辑运算结果可能刚好相反，一个“断电”，一个“通电”，PLC 只在程序执行完后才将线圈的 ON/OFF 状态送到输出过程映像寄存器，对于该编程元件对应的外部负载来说，真正起作用的是该编程元件对应的最后一个线圈的状态。

只要能够保证在同一扫描周期内只执行其中一个线圈对应的逻辑运算，那么即使同一元件的线圈在程序中出现两次或多次，这种“双线圈”也是允许的。

由 PLC 的循环扫描工作原理可以知道，PLC 程序的执行结果马上就可以被后面的逻辑运算使用，所以双线圈输出问题，不仅对本身的编程元件的线圈有影响，有时通过该编程元件的触点也会影响其他元件的状态。所以，在程序设计过程中应尽量避免双线圈输出问题。

七、习题

1. 设计图 6-14 所示流水线送料小车控制系统的梯形图程序。控制要求如下：按下起动按钮 SB1 后，小车由 SQ1 处前进到 SQ2 处，暂停 5s，再后退到 SQ1 处停止。

2. 设计如图 6-15 所示机械手的顺序动作功能图。

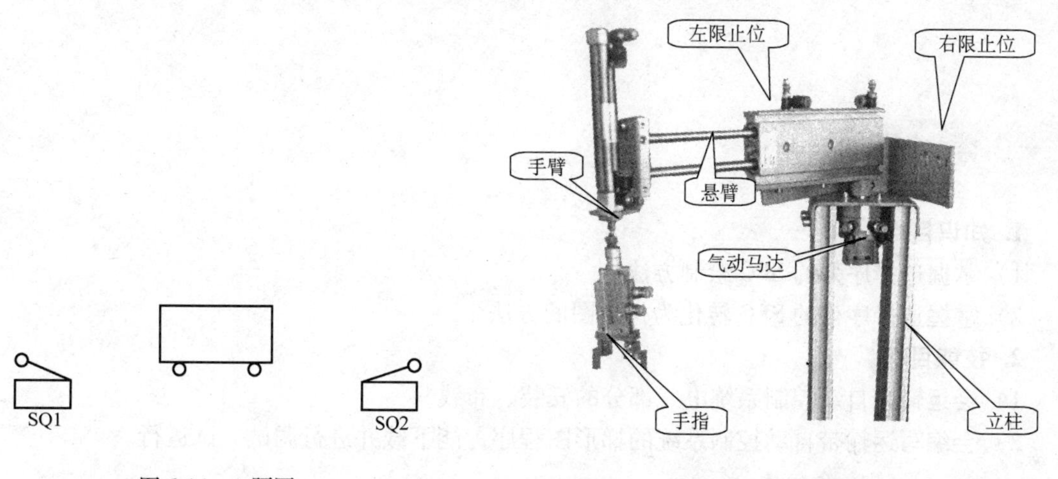

图 6-14　1 题图　　图 6-15　2 题图

要求如下：

初始位置：机械手的悬臂靠在左限止位置，手臂气缸的活塞杆缩回，手指松开。

机械手动作顺序：悬臂伸出→手臂下降→手指合拢→手臂上升→悬臂缩回→机械手向右转动→悬臂伸出→手指松开→悬臂缩回→机械手转回原位后停止。

项目七 运输带自动控制系统

一、学习目标

1. 知识目标

1）掌握选择序列的 SFC 绘制方法。

2）掌握选择序列的 SFC 转化为梯形图的方法。

2. 技能目标

1）会运输带自动控制系统电气部分的安装、布线。

2）会编写运输带自动控制系统的梯形图程序，能下载并进行调试、试运行。

二、项目分析

本项目任务是安装运输带自动控制系统的硬件电路，并调试其 PLC 控制程序。

1. 项目要求

三条运输带按图 7-1 所示顺序相连。为了避免运送的物料在 2 号和 3 号运输带上堆积，要求按下述顺序进行起动和停止：

1）按下起动按钮，1 号运输带开始运行，5s 后 2 号运输带自动起动，再过 5s 后 3 号运输带自动起动。

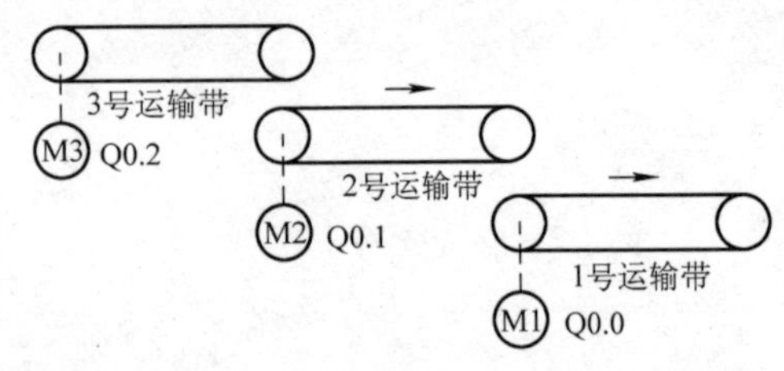

图 7-1　运输带自动控制系统示意图

2）按下停止按钮，停车的顺序与起动的顺序刚好相反，即按了停止按钮后，3 号运输带先停止，5s 后 2 号运输带停止，再过 5s 1 号运输带停止。

3）在顺序起动 3 条运输带的过程中，操作人员如果发现异常情况，可以由起动改为停车。按下停止按钮，已经起动的运输带停止，仍采用后起动的运输带先停车的原则。

2. 任务流程图

本项目的任务流程如图 7-2 所示。

3. 知识点链接

本项目相关的知识点链接如图 7-3 所示。

4. 环境设备

项目运行所需的工具、设备见表 7-1。

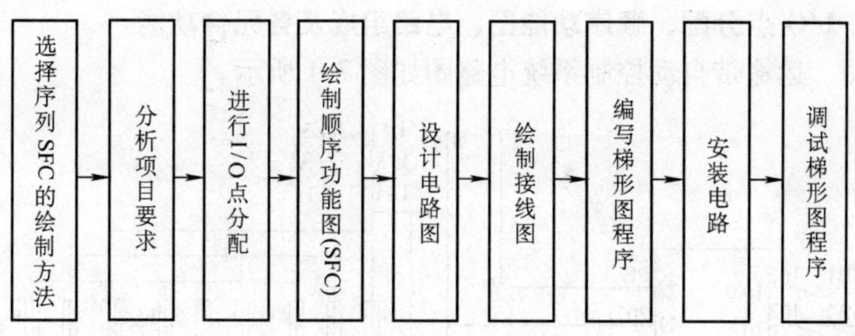

图 7-2　任务流程图

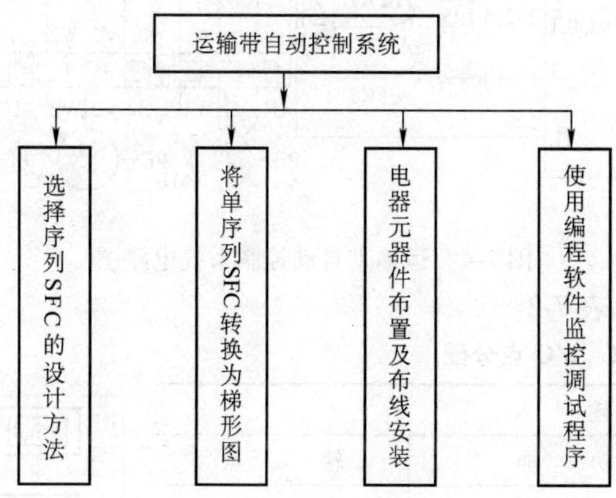

图 7-3　知识点链接

表 7-1　工具、设备清单

序　号	分　类	名　称	型号规格	数　量	单　位	备　注
1	工具	常用电工工具		1	套	
2		万用表	MF47 型	1	只	
3	设备	PLC	S7—200	1	台	
4		断路器	DZ47—63	1	只	
5		熔断器	RT18—32	11	只	
6		熔体	5A	9	只	
7		熔体	2A	2	只	
8		按钮	LA4—3H	2	只	
9		三相异步电动机	380V	3	台	功率自定
10		端子板	TD—1520	1	块	
11		网孔板	600mm×700mm	1	块	
12		导轨	35mm	0.5	m	
13		走线槽	TC3025	若干	m	
14	消耗材料	铜导线	BVR 1.5mm^2	若干	m	双色
15			BVR 1.0mm^2	若干	m	

5. 电路图、I/O 点分配、顺序功能图、电路组成及各元件功能

(1) 电路图　运输带自动控制系统电路图如图 7-4 所示。

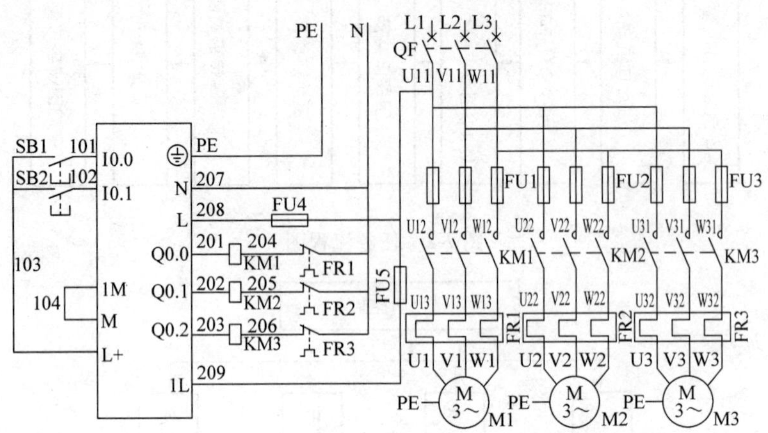

图 7-4　运输带自动控制系统电路图

(2) I/O 点分配　见表 7-2。

表 7-2　I/O 点分配

输　　入		
元器件代号	功　　能	输　入　点
SB1	起动	I0. 0
SB2	停止	I0. 1
输　　出		
元器件代号	功　　能	输　出　点
M1	1 号电动机 拖动 1 号运输带	Q0. 0
M2	2 号电动机 拖动 2 号运输带	Q0. 1
M3	3 号电动机 拖动 3 号运输带	Q0. 2

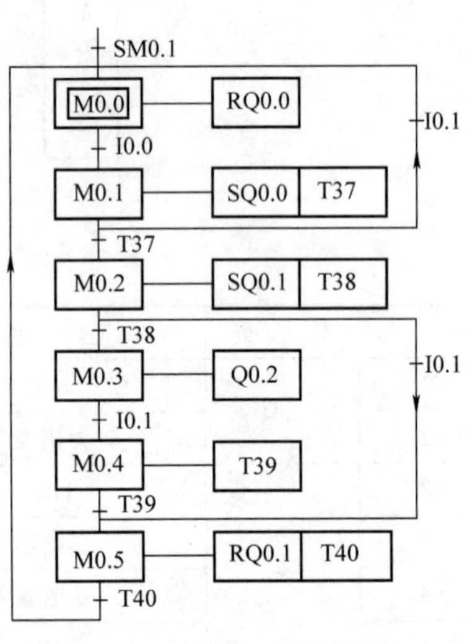

图 7-5　运输带自动控制系统 SFC

(3) 绘制 SFC　剖析各输出信号之间潜在的逻辑关系，绘制 SFC 如图 7-5 所示。

(4) 电路组成及元器件功能　见表 7-3。

表 7-3　电路组成及元器件功能

序　　号	电 路 名 称	电 路 组 成	元器件功能	备　　注
1	电源电路	QF	电源开关	
2		FU1、FU2、FU3	主电路短路保护	
3		FU4	PLC 电路短路保护	
4		FU5	PLC 负载电路短路保护	

（续）

序　号	电路名称		电路组成	元器件功能	备　注
5	控制电路	PLC 输入电路	SB1	起动	
6			SB2	停止	
7		PLC 输出电路	KM1	1 号传输带拖动电动机	
8			KM2	2 号传输带拖动电动机	
9			KM3	3 号传输带拖动电动机	
10		PLC 主机	S7—200 CPU 226	主控	

三、必要知识讲解

从运输带自动控制系统的工作过程可以分析出，如果无意外情况发生，系统是按照初始状态、1 号运输带起动、2 号运输带起动、3 号运输带起动，至 3 号运输带停止、2 号运输带停止，1 号运输带停止的阶段顺序完成的。但当出现突发事件或故障时，系统将以停止按钮的触发为条件进行不同阶段的选择。下面结合运输带自动控制系统，学习选择序列 SFC 设计的基本方法，并用其实现运输带的控制。

1. 选择序列的分支

选择序列SFC 的开始称为分支，转换符号标在水平连线之下。在图 7-6 中，如果步 5 是活动步，并且转换条件 h = 1，则发生由步 5→步 8 的进展；如果步 5 是活动步，并且 k = 1，则发生由步 5→步 10 的进展；如果将选择条件 k 改为 $k\bar{h}$，则当 k 和 h 同时为 ON 时，将优先选择 h 对应的序列。同一时间一般只允许选择一个序列。

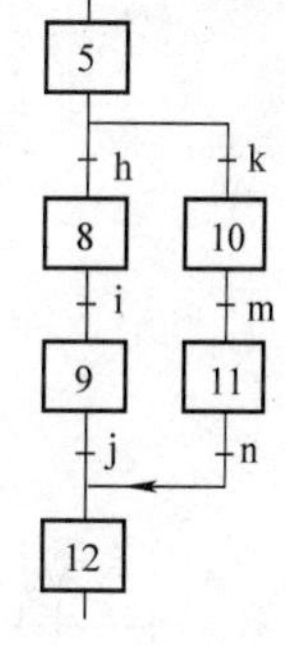

图 7-6　选择序列 SFC 功能图的基本结构

2. 选择序列的结束

选择序列的结束称为合并。几个选择序列合并到一个公共序列时，用与需要重新组合的序列数量相同的转换符号和水平连线来表示，转换符号只允许标在水平连线之上。

例如，在图 7-6 中，如果步 9 是活动步，并且转换条件 j = 1，则发生由步 9→步 12 的进展；如果步 11 是活动步，并且 n = 1，则发生由步 11→步 12 的进展。

3. 选择序列分支的编程方法

1）如图 7-7 所示，步 M0. 0 之后有一个选择序列的分支。设步 M0. 0 为活动步，当它的后续步 M0. 1 或步 M0. 2 变为活动步时，步 M0. 0 都应该变为不活动步，即为 OFF，所以应将步 M0. 1 和步 M0. 2 的常闭触点与步 M0. 0 的线圈串联，作为停止条件。

同样，如果某一步的后面对应一个由 *N* 条分支组成的选择序列，该步可能转换到不同的 *N* 步去，则应该将这 *N* 个后续步对应的存储器位的常闭触点与该步的线圈串联，作为结束该步的条件。

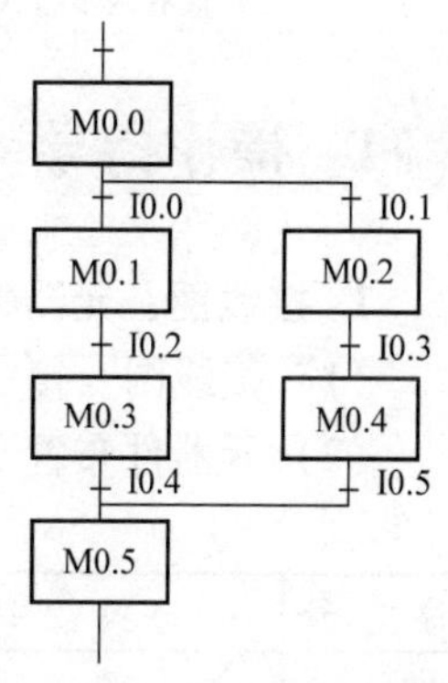

图 7-7　选择序列分支的编程方法

2）如图 7-7 所示，步 M0.5 之前有一个选择序列的合并，当步 M0.3 或步 M0.4 为活动步，并且转换条件 I0.4 或 I0.5 满足时，步 M0.5 都应变为活动步，即控制步 M0.5 的存储器位的起动条件应为 M0.3 · I0.4 + M0.4 · I0.5，对应的起动电路由两条并联支路组成。

对于选择序列的合并，如果某一步之前有 *N* 个转换，即有 *N* 条分支进入该步，则控制代表该步的存储器位的起动电路由 *N* 条支路并联而成，各支路由某一前级步对应的存储器位的常开触点与相应的转换条件对应的触点或电路串联而成。

3）如果在顺序功能图中有仅有两步组成的小闭环，如图 7-8a 所示，用图 7-8b 所示的梯形图不能正常工作。这是因为 M0.2 和 I0.2 均为 ON 状态时，M0.3 线圈应该接通，但此时在梯形图中与 M0.3 线圈串联的 M0.2 的常闭触点却是断开的，所以 M0.3 线圈不能得电。出现上述现象的根本原因就是某一步(M0.2)既是后续步(M0.3)的起动条件，又是后续步(M0.3)的停止条件，从而造成该步的常开、常闭触点串联。

解决此类问题的方法是在小闭环中增设一步，如图 7-9 中的步 M0.5。这一步为虚设步，没有相应的输出，进入该步后，在下一扫描周期即可转换到步 M0.2。

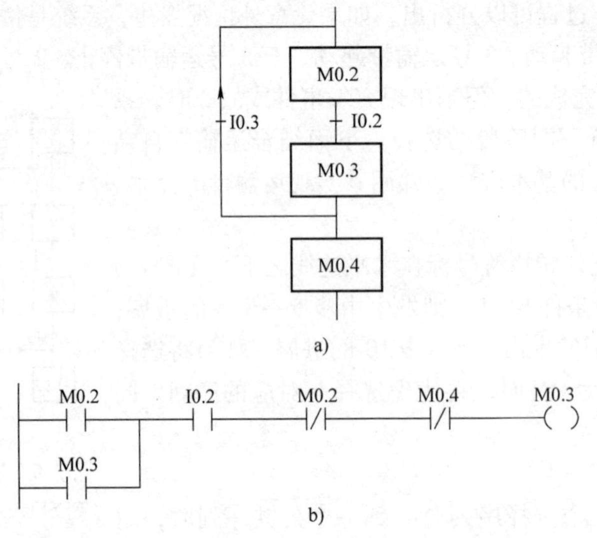

图 7-8　仅有两步组成的小闭环

a）仅有两步组成的小闭环　b）按起保停电路设计的梯形图

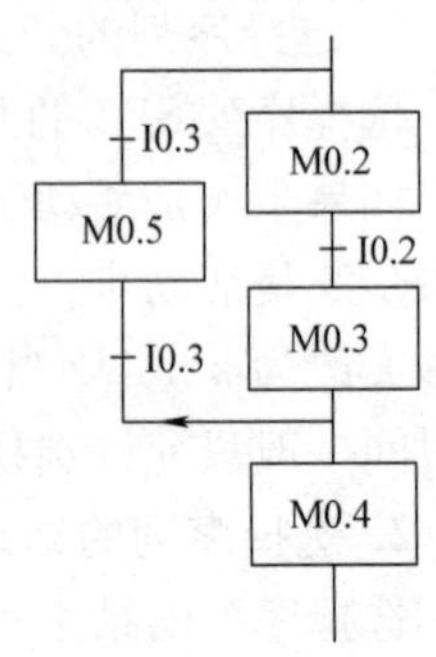

图 7-9　处理办法

四、操作指导

1. 接线图、元器件布置及布线

（1）接线图　接线图如图 7-10 所示。

（2）元器件布置及布线　见表 7-4。

表 7-4　元器件布置及布线

序　号	项　目	具 体 内 容	备　注
1	板内元器件	QF、FU1、FU2、FU3、FU4、FU5、PLC、FR1、FR2、FR3、KM1、KM2、KM3	

（续）

序　号	项　目		具 体 内 容	备　注
2	外围元器件		SB1、SB2、M1、M2、M3、接线端子 XT	
3	电源走线		L1→QF→FU4(208) 　　　　└→FU5(209)	
4			PE→PLC(⏚)	
5			N(207)→PLC(N)	
6	PLC 控制电路走线	输入回路	I0.0(101)→SB1→L+(103)	
7			I0.1(102)→SB2→L+(103)	
8			1M(104)→PLC(M)	
9		输出回路	Q0.0(201)→KM1→FR1 常闭触头→N(207)	
10			Q0.1(202)→KM2→FR2 常闭触头→N(207)	
11			Q0.2(203)→KM3→FR3 常闭触头→N(207)	
12	主电路走线		L1、L2、L3→QF→U11、V11、W11 →FU1→U12、V12、W12→KM1→FR1→U1、V1、W1→M1 →FU2→U21、V21、W21→KM2→FR2→U2、V2、W2→M2 →FU3→U31、V31、W31→KM3→FR3→U3、V3、W3→M3	

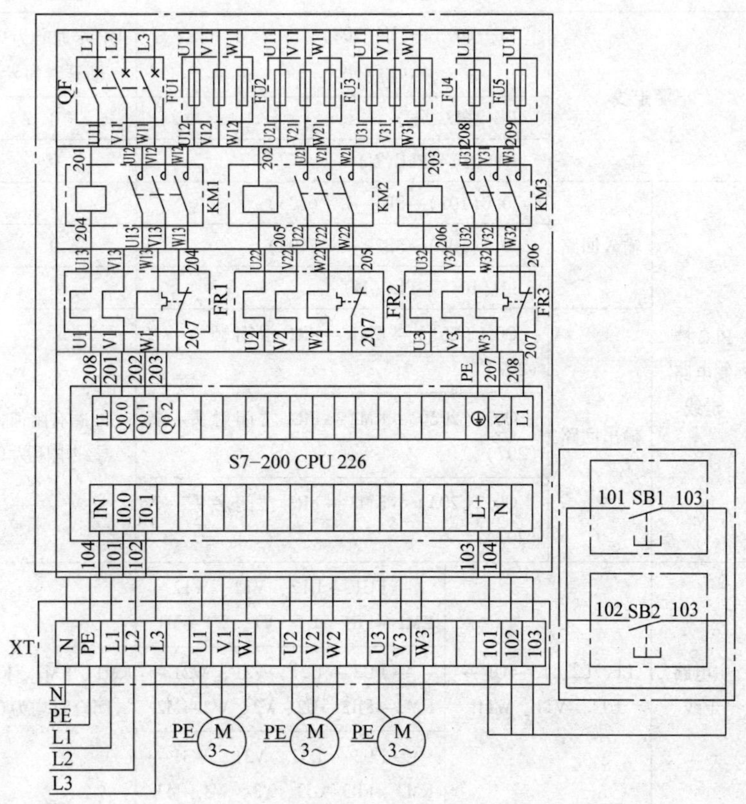

图 7-10　接线图

2. 元器件布局、安装与配线

(1) 检查元器件　根据表7-1提供名称、数量把元器件配齐，并检查元器件的规格是否符合要求、质量是否完好。

(2) 固定元器件　按照绘制的接线图(见图7-10)，固定元器件。

(3) 配线安装　据配线原则及工艺要求，对照绘制的接线图进行板上元器件、外围设备的配线安装。实际元器件布局如图7-11所示。

图7-11　实际元器件布局

3. 自检

(1) 检查布线　对照接线图检查是否掉线、错线，线号是否漏编、错编，接线是否牢固等。

(2) 使用万用表检测电路　在电源插头未插接的情况下，使用万用表按照表7-5检测电路，如果测量阻值与正确结果不符，应根据电路图检查是否有错线、掉线、错位、短路等。

表7-5　用万用表检查电路

<table>
<tr><th>检测任务</th><th colspan="3">操作方法</th><th>正确结果</th><th>备　注</th></tr>
<tr><td rowspan="13">检测电路导线连接是否良好</td><td colspan="3">采用万用表电阻挡(R×1)</td><td>阻值/Ω</td><td rowspan="13">断电情况下测量电阻</td></tr>
<tr><td colspan="2" rowspan="3">电源走线</td><td>L1→QF→FU4(208)
→FU5(209)</td><td>QF接通时为0，断开时为∞</td></tr>
<tr><td>PE→PLC(⏚)</td><td>0</td></tr>
<tr><td>N(207)→PLC(N)</td><td>0</td></tr>
<tr><td rowspan="6">PLC控制电路走线</td><td rowspan="3">输入回路</td><td>I0.0(101)→SB1→L+(103)</td><td>0</td></tr>
<tr><td>I0.1(102)→SB2→L+(103)</td><td>0</td></tr>
<tr><td>1M(104)→PLC(M)</td><td>0</td></tr>
<tr><td rowspan="3">输出回路</td><td>Q0.0(201)→KM1→FR1常闭触头→N(207)</td><td rowspan="3">线圈有阻值，导线电阻为0</td></tr>
<tr><td>Q0.1(202)→KM2→FR2常闭触头→N(207)</td></tr>
<tr><td>Q0.2(203)→KM3→FR3常闭触头→N(207)</td></tr>
<tr><td rowspan="3">主电路走线</td><td rowspan="3">L1、L2、L3→QF→U11、V11、W11</td><td>→FU1→U12、V12、W12→KM1→FR1→U1、V1、W1→M1</td><td rowspan="3">KM1、KM2、KM3闭合时均为0</td></tr>
<tr><td>→FU2→U21、V21、W21→KM2→FR2→U2、V2、W2→M2</td></tr>
<tr><td>→FU3→U31、V31、W31→KM3→FR3→U3、V3、W3→M3</td></tr>
</table>

4. 输入梯形图

（1）绘制梯形图　运输带自动控制系统梯形图如图 7-12 所示。

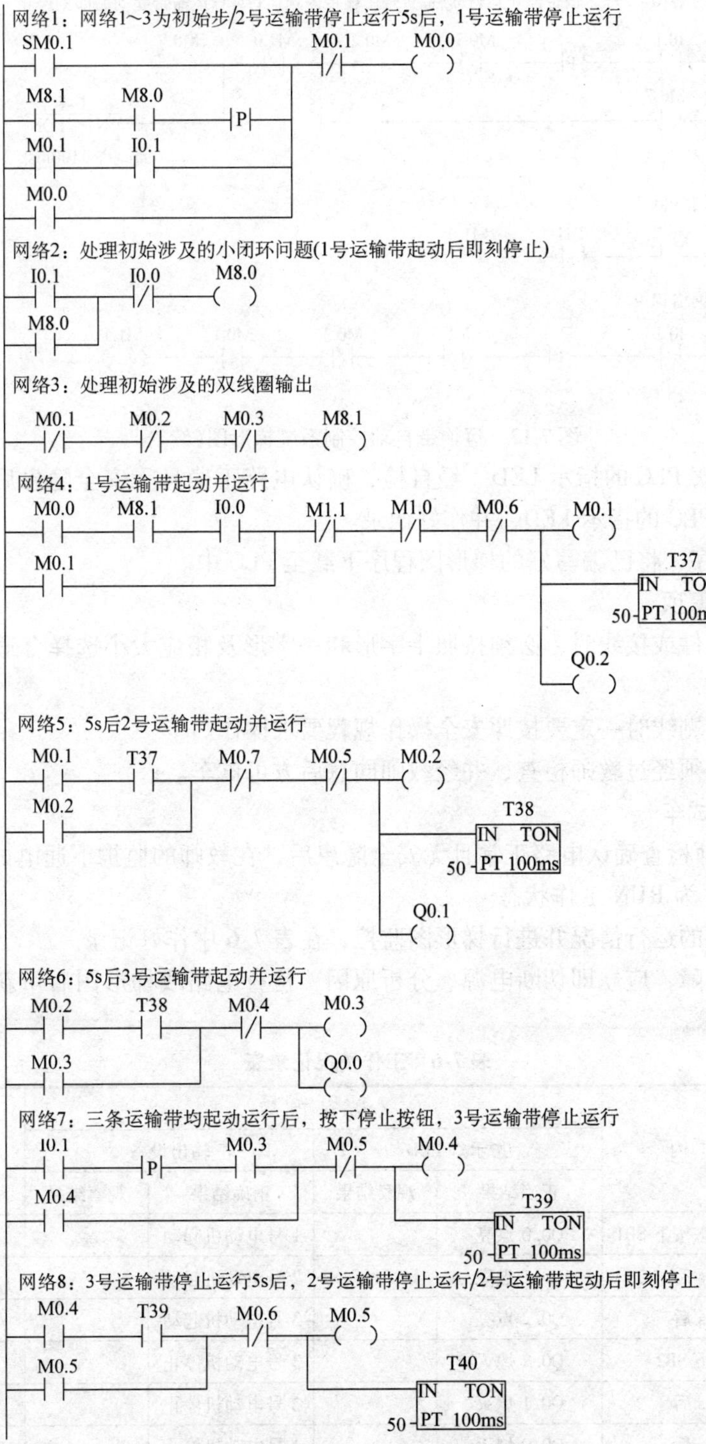

网络1：网络1～3为初始步/2号运输带停止运行5s后，1号运输带停止运行

网络2：处理初始涉及的小闭环问题(1号运输带起动后即刻停止)

网络3：处理初始涉及的双线圈输出

网络4：1号运输带起动并运行

网络5：5s后2号运输带起动并运行

网络6：5s后3号运输带起动并运行

网络7：三条运输带均起动运行后，按下停止按钮，3号运输带停止运行

网络8：3号运输带停止运行5s后，2号运输带停止运行/2号运输带起动后即刻停止

图 7-12　运输带自动控制系统梯形图

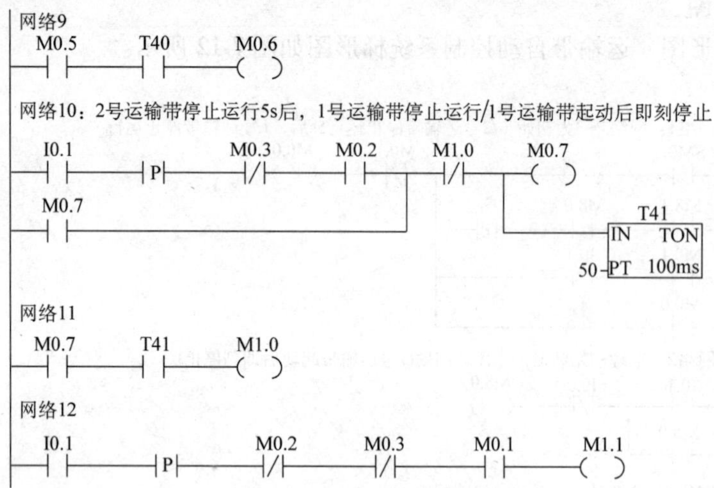

图7-12 运输带自动控制系统梯形图(续)

(2) 通电观察PLC的指示LED 经自检，确认电路正确且无安全隐患后，在教师的监护下，通电观察PLC的指示LED，并作好记录。

(3) 下载程序 将已编写好的梯形图程序下载至PLC中。

5. 操作注意事项

1) 安装元器件或接线时，必须按照十字形和一字形及相应大小选择合适的螺钉旋具进行螺钉拆装。

2) 用电工刀剥线时一定要按照安全操作规程要求操作。

3) 通电前必须经过教师检查，并经教师同意后方可试车。

6. 电路通电试车

经自检、教师检查确认电路正常且无安全隐患后，在教师的监护下通电试车。

1) 调整PLC为RUN工作状态。

2) 观察系统的运行情况并进行梯形图监控，在表7-6中作好记录。

3) 如出现故障，应立即切断电源、分析原因，检查电路或梯形图后重新调试，直至达到项目拟定的要求。

表7-6 工作情况记录表

操作步骤	操作内容	观察内容				备注
		指示灯LED		输出设备		
		正确结果	观察结果	正确结果	观察结果	
1	初始状态按下SB1	Q0.0点亮		1号电动机起动		1号运输带起动
2	5s后	Q0.1点亮		2号电动机起动		2号运输带起动
3	5s后	Q0.2点亮		3号电动机起动		3号运输带起动
4	按下SB2	Q0.2熄灭		3号电动机停止		3号运输带停止
5	5s后	Q0.1熄灭		2号电动机停止		2号运输带停止
6	5s后	Q0.0熄灭		1号电动机停止		1号运输带停止

（续）

操作步骤	操作内容	观察内容				备注
		指示灯 LED		输出设备		
		正确结果	观察结果	正确结果	观察结果	
7	初始状态按下 SB1	Q0.0 点亮		1 号电动机起动		1 号运输带起动
8	5s 后	Q0.1 点亮		2 号电动机起动		2 号运输带起动
9	(5s 内) 按下 SB2	Q0.1 熄灭		2 号电动机停止		2 号运输带停止
10	5s 后	Q0.0 熄灭		1 号电动机停止		1 号运输带停止
11	初始状态按下 SB1	Q0.0 点亮		1 号电动机起动		1 号运输带起动
12	(5s 内) 按下 SB2	Q0.0 熄灭		1 号电动机停止		1 号运输带停止

五、考核评价

项目质量考核要求及评分标准见表 7-7。

表 7-7 项目质量考核要求及评分标准

考核项目	考核要求	配分	评分标准	扣分	得分	备注
元器件安装	1. 能够按元器件表选择和检测元器件 2. 能够按照接线图布置元器件 3. 会正确固定元器件	10	1. 不按接线图固定元器件扣 5 分 2. 元器件安装不牢固，每处扣 3 分 3. 元器件安装不整齐、不均匀、不合理，每处扣 3 分 4. 损坏元器件此项不得分			
线路安装	1. 能够按接线图配线 2. 布线合理，接线美观 3. 布线规范，长短适当，线槽内分布均匀 4. 安装规范，无线头松动、反圈、压皮、露铜过长及损伤绝缘层	50	1. 不按接线图接线，扣 20 分 2. 布线不合理、不美观，每根扣 3 分 3. 走线不横平竖直，每根扣 3 分 4. 线头松动、反圈、压皮和露铜过长，每处扣 3 分 5. 损伤导线绝缘层或线芯，每根扣 5 分			
通电试车	按照要求和步骤正确检查、调试电路	40	1. 主、控制电路配错熔体，每处扣 10 分 2. 一次试车不成功扣 10 分 3. 二次试车不成功扣 15 分 4. 三次试车不成功扣 20 分			
安全生产	自觉遵守安全文明生产规程		1. 漏接接地线，每处扣 10 分 2. 发生安全事故，按 0 分处理			
定额时间	6h		提前正确完成，每 30min 加 5 分；超过定额时间，每 30min 扣 2 分			
开始时间		结束时间	实际时间	小计	小计	总分

六、知识拓展

1. 绘制SFC时的注意事项

1）两个步之间必须用一个转换条件来分隔。

2）两个转换条件必须用一个步来分隔。

3）SFC的初始步一般对应着系统等待起动的初始状态，这一步一般没有处于ON状态的输出。初始步是必不可少的，否则系统无法回到最初的停止状态。

4）自动控制系统应能多次重复执行同一动作过程，因此在SFC中一般应有由步和有向连线构成的闭环，即在完成一次动作过程的全部操作之后，应从最后一步返回到初始状态，系统停留在初始状态(单周期操作)或者从最后一步返回到下一动作周期开始运行的第一步(连续循环操作)。

2. 紧急停车

在设备控制过程中，如果遇到某些突发事件，操作人员需要在最短的时间内对系统执行紧急停车操作，使设备即刻停止当前运行。紧急停车的外设按钮通常为常闭按钮。

(1) 常闭按钮与常闭触点的使用注意事项　常闭按钮与常闭触点在使用上都有取反这一过程。例如：外接常闭按钮，无动作的时候，是接通状态，即外部动作为“0”，对应按钮处于“1”；常闭触点得电断开，断电闭合，所以当电气硬件安装部分出现常闭触点或内部使用常闭触点的时候，都应注意这一问题，表7-8给出了常闭按钮和触点使用时的内外电路状态表。

表7-8　内外电路状态表

外部按钮	PLC内设触点	状　态	备　注
常开按钮	常开触点	内外相同	不取反
	常闭触点	内外相反	一次取反
常闭按钮	常开触点	内外相反	一次取反
	常闭触点	内外相同	两次取反

(2) 紧急停止的实现　将紧急停止按钮所对应的常开触点作顺序功能图中的转换条件，在实现紧急停止的常闭按钮不动作时(闭合)，PLC程序中对应的常开触点得电接通，转换条件得到满足，设备按预设顺序运行；在实现紧急停止的常闭按钮动作时(断开)，PLC程序中对应的常开触点断开，转换条件不满足，设备停止工作。

3. PLC的断电自保持功能

顺序功能图所设计的程序在运行中突然断电，若要求送电后按照停电瞬间的状态继续运行，对顺序功能图中有关的编程元件应该作以下处理：

(1) 用具有断电保持功能的编程元件来代表步　S7—200 CPU提供了多种参数和选项设置以适应其具体应用，这些参数和选项在System Block(系统块)对话框内设置，设置完毕必须经编译并下载到CPU内才起作用。其中，Retentive Ranges(断电数据保持)选项卡就用来设置 CPU 掉电时的数据保存，如图 7-13 所示。

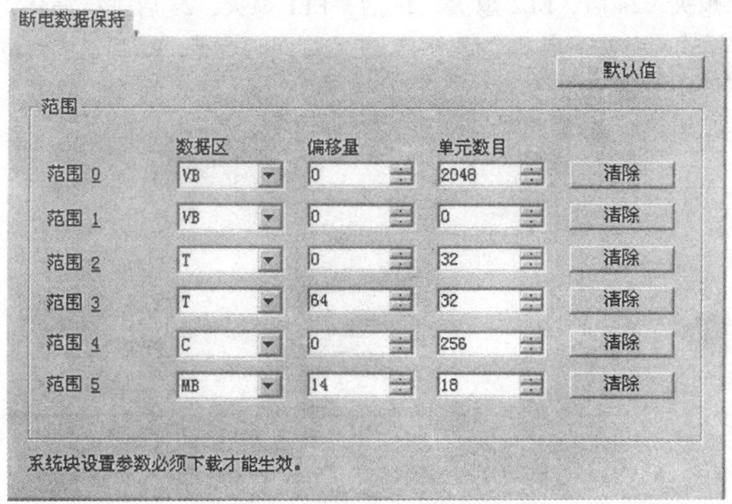

图 7-13　“断电数据保持”选项卡

1）将 M 存储区的前 14 字节(MB0 ~ MB13)设置为数据保持功能，CPU 会在掉电时自动将其中的内容保存到 CPU 内置的 EEPROM 中，达到永久保存的目的。

2）数据保持区设置可用来检验 CPU 的内置 EEPROM 是否正确保存了数据。清除 V 存储区的数据保持设置，关断 CPU 电源后再送电，如果观察到 V 存储区相应的单元内还保存有正确的数据，说明数据已经成功写入 CPU 的 EEPROM。

3）除了 MB0 ~ MB13 数据存储区外，这里的数据都是通过 CPU 内置的超级电容和外插电池卡的机制保存。如果电容或电池放电完毕，数据还是会消失的。

（2）定时器、计数器的断电保持　顺序功能图中的定时器、计数器也应具有断电保持功能。

七、习题

1. 如图 7-14 所示，按下起按钮 SB1，传送带 A 起动，物体开始经过 I0.0 所在位置时，传送带 B 也起动。当物体从 I0.0 离开时，传送带 A 停止；当物体从 I0.1 离开时，传送带 B 停止。按下停止按钮 SB2，在完成当前传送带上的物体运输后传送带停止。

2. 在上题的基础上，增设断电保持功能，即断电时设备立即停止工作，重新送电后，传送带从断电瞬间的状态继续运行。

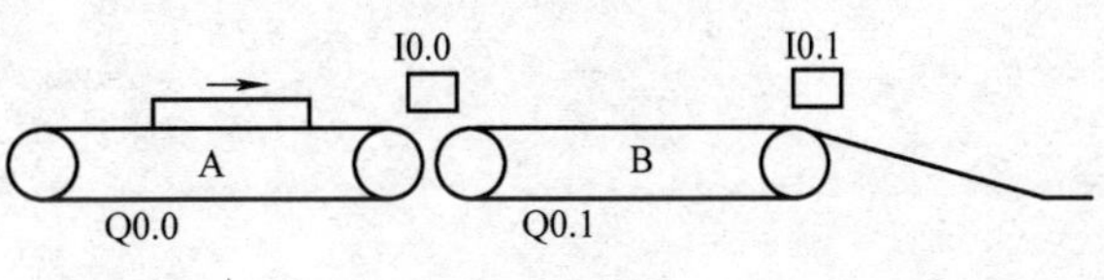

图 7-14　1 题图

3. 在 1 题的基础上，增设断电保持功能，即断电时，设备立即停止工作，手动清除传送带上的物品并重新送电后，传送带回到初始状态。

4. 某建筑物景观灯 EL1、EL2、EL3 有两种不同的闪亮工作模式，启动之前可进行工作模式的选择。工作模式一：按下启动按钮SB1，EL1点亮，2s后，EL2点亮，2s后，EL3点亮，2s后，EL3熄灭，2s后，EL2熄灭，2s后，EL1熄灭，2s后进行循环，直到按下停止按钮SB2。工作模式二：按下启动按钮SB1，三盏灯同时点亮，2s后三盏灯同时熄灭，2s后循环，直到按下停止按钮SB2。

项目八 多种液体自动混合装置

一、学习目标

1. 知识目标

1）掌握并行序列的 SFC 的绘制方法。

2）掌握并行序列的 SFC 转化为梯形图的方法。

2. 技能目标

1）能够进行多种液体自动混合装置的电气部分安装、布线。

2）会编写多种液体自动混合装置的梯形图程序，能够下载并进行调试、试运行。

二、项目分析

本项目的任务是安装多种液体自动混合装置的硬件电路，并调试其 PLC 控制程序。

1. 项目要求

液体混合装置按一定的比例将液体 A 和液体 B 混合，计量泵每一个冲程泵出的液体体积固定不变，用计数器 C0 和 C1 计冲程的次数，按操作人员设定的冲程次数定量添加液体，I0.1 为下限位液体传感器，未被液体淹没时设为 ON。

在初始状态，容器是空的，泵未工作，闸门均关闭，搅拌电动机未工作，下限位液体传感器为 ON。

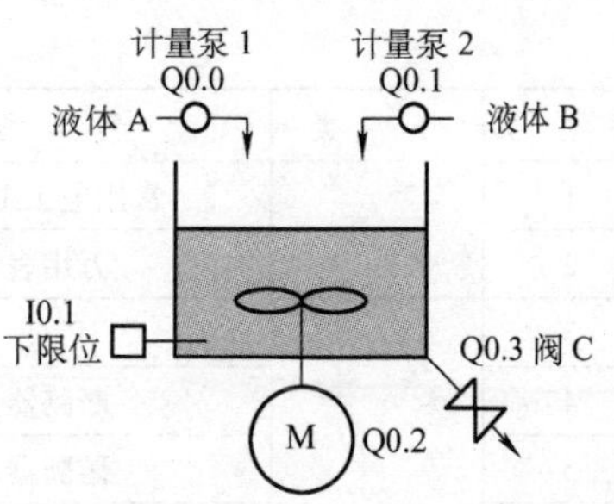

图 8-1 多种液体自动混合装置示意图

按下起动按钮 SB1，两台计量泵同时工作。当两台计量泵均运行完 C0 和 C1 预置的冲程数时，计量泵关闭，搅拌电动机开始搅拌，经过 T37(5s)预置时间后停止搅拌，打开放料阀，放出混合液，至下限位，经 T38(10s)预置时间后，容器放空，关闭放料阀，一个工作循环结束，紧接着下一个工作循环。

按下停止按钮，装置在完成当前工作循环后回到初始状态停止。电动机为单相异步电动机，由于是短时工作，故不设过载保护。

2. 任务流程图

本项目的任务流程如图 8-2 所示。

3. 知识点链接

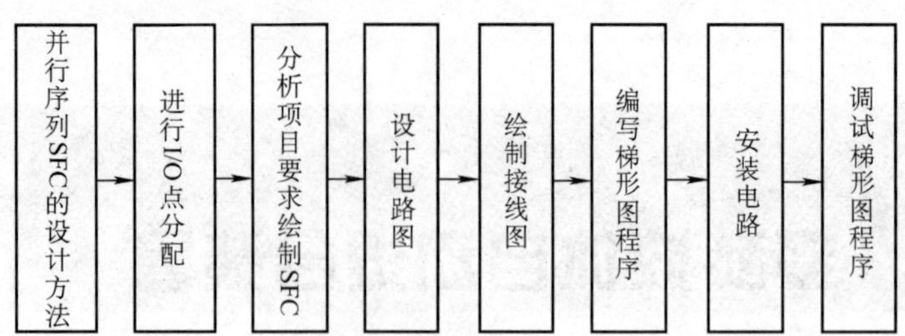

图 8-2　任务流程图

多种液体混合装置相关的知识点链接如图 8-3 所示。

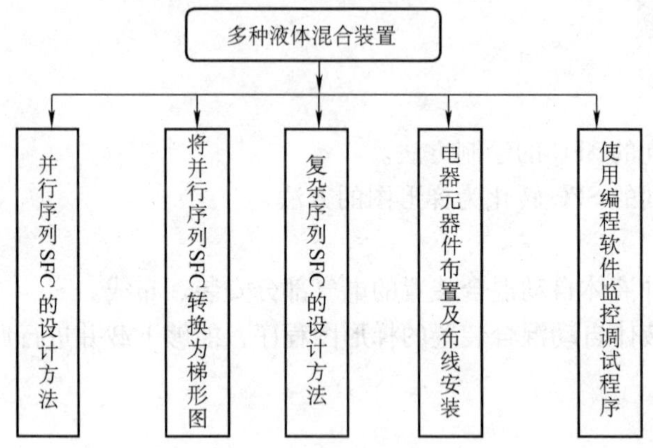

图 8-3　知识点链接

4. 环境设备

项目运行所需的工具、设备见表 8-1。

表 8-1　工具、设备清单

序　号	分　类	名　称	型号规格	数　量	单　位	备　注
1	工具	常用电工工具		1	套	
2		万用表	MF47 型	1	只	
3	设备	PLC	S7—200　CPU 226	1	台	
4		断路器	DZ47—63	1	只	
5		熔断器	RT18—32	3	只	
6		熔体	2A	2	只	
7		熔体	5A	1	只	
8		按钮	LA4—3H	2	只	
9		接触器	CJX1—9，220V	1	只	
10		单相异步电动机	220V	1	台	功率自定
11		普通白炽灯	220V	3	只	
12		端子板	TD—1520	1	块	
13		网孔板	600mm × 700mm	1	块	
14		导轨	35mm	0.5	m	
15		走线槽	TC3025	若干	m	

（续）

序　　号	分　　类	名　　称	型 号 规 格	数　　量	单　　位	备　　注
16	消耗材料	铜导线	BVR 1.5mm^2	若干	m	双色
17			BVR 1.0mm^2	若干	m	

5. 电路图、I/O 点分配、顺序功能图、电路组成及各元器件功能

（1）电路图　多种液体自动混合装置的电路如图 8-4 所示。

（2）I/O 点分配　见表 8-2。

表 8-2　I/O 点分配

输　　入			输　　出		
元器件代号	功　　能	输入点	元器件代号	功　　能	输出点
SB1	系统起动	I0.0	HL1	计量泵 1 指示灯	Q0.0
SB2	下限位液体传感器	I0.1	HL2	计量泵 2 指示灯	Q0.1
SB3	停止	I0.2	KM	液体搅拌电动机	Q0.2
SB4	计量泵 1 的计数脉冲端	I0.3	HL3	放液阀指示灯	Q0.3
SB5	计量泵 2 的计数脉冲端	I0.4			

（3）顺序功能图　剖析各输入、输出信号之间潜在的逻辑关系，设计顺序功能图，如图 8-5 所示。

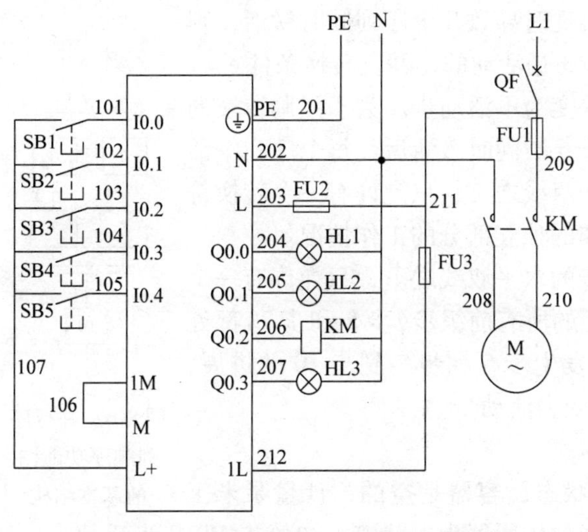

图 8-4　多种液体自动混合装置的电路

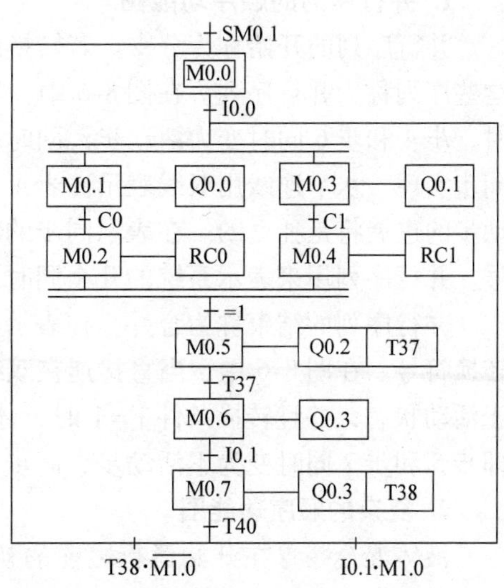

图 8-5　多种液体自动混合装置的顺序功能图

（4）电路组成及各元器件功能　电路组成及各元器件功能见表 8-3。

表 8-3　电路组成及各元器件功能

序　　号	电 路 名 称	电 路 组 成	元 件 功 能	备　　注
1	电源电路	QF	电源开关	
2		FU1	主电路短路保护	

（续）

序　　号	电 路 名 称		电 路 组 成	元 件 功 能	备　　注
3	电源电路		FU2	PLC 电源电路短路保护	
4			FU3	PLC 负载电路短路保护	
5	控制电路	PLC 输入电路	SB1	起动	
6			SB2	下限位液体传感器	
7			SB3	停止	
8			SB4	计量泵 1 的计数脉冲端	
9			SB5	计量泵 2 的计数脉冲端	
10		PLC 输出电路	HL1	计量泵 1 指示灯	
11			HL2	计量泵 2 指示灯	
12			KM	控制液体搅拌电动机	
13			HL3	放液阀指示灯	
14	PLC 主机		S7—200 CPU 226	主控	

三、必要知识讲解

1. 并行序列的顺序功能图

并行序列的开始称为分支。若转换的实现时导致几个序列同时激活，则这些序列称为并行序列。在图 8-6 中，当步 3 是活动的，并且转换条件 e = 1 时，步 4 和步 6 同时变为活动步，同时步 3 变为不活动步。为了强调转换的同步实现，水平连线用双线表示。步 4 和步 6 被同时激活后，每个序列中活动步的进展将是独立的。在表示同步的水平双线之上，只允许有一个转换符号。并行序列用来表示系统的几个同时工作的独立部分的工作情况。

并行序列的结束称为合并，在表示同步的水平双线之下，只允许有一个转换符号。在图 8-6 中，当直接连在双线上的所有前级步（步 5 和步 7）都处于活动状态，并且转换条件 i = 1 时，才会发生步 5 和步 7 到步 10 的进展，即步 5 和步 7 同时变为不活动步，而步 10 变为活动步。

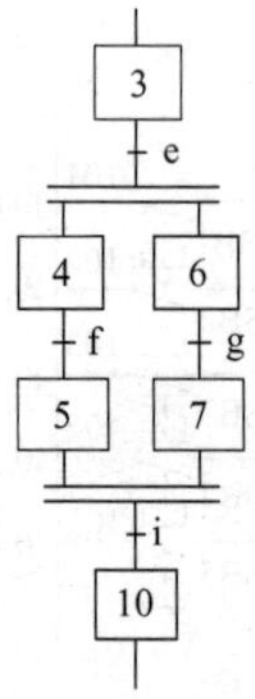

图 8-6　并行序列顺序功能图的基本结构

2. 复杂的顺序功能图

液体混合装置在开始运行之前的初始状态，容器是空的，计量泵未工作，排料阀门关闭，搅拌电动机未工作，液位传感器为 1 状态，初始步 M0.0 为活动步，如图 8-5 所示。

按下起动按钮 I0.0，并行序列中的步 M0.1 和 M0.3 同时变为活动步，Q0.0 和 Q0.1 变为 1 状态，使两台计量泵同时运行。因为两台计量泵同时工作，用并行序列来描述它们的工作情况。在计量泵运行时，计数器对它们的冲程计数，如果 C0 首先计到设定的值，它的常开触点闭合，系统将转换到步 M0.2，Q0.0 变为 0 状态，停止泵入液体 A。同时 C0 被复位，复位操作只需要一个扫描周期就可以完成，实际上是先停止工作的计量泵，且在步 M0.2 或

步 M0.4 等待另一台计量泵停止运行，因此步 M0.2 和步 M0.4 又称为等待步，它们用来实现同时结束并行序列中的两个子序列。

步 M0.2 和步 M0.4 下面的转换条件为“=1”，即转换条件为二进制常数 1，换句话说，当两台计量泵均运行完 C0 和 C1 预置的冲程数时，步 M0.2 和步 M0.4 均变为活动步，就会无条件地发生步 M0.2 和 M0.4 到步 M0.5 的转换，步 M0.2 和 M0.4 同时变为不活动步，而步 M0.5 变为活动步，搅拌电动机开始搅拌液体。经过 T37 预置的时间后，停止搅拌。

打开放料阀，放出混合液。当液面降至下限位开关处，I0.1 变为 1 状态。经过 T38 预置的时间后，容器放空，关闭放料阀，一个工作循环结束。要求按下起动按钮后，按上述的工作过程循环运行；按下停止按钮，在当前工作周期的操作结束(混合液放完)后，才停止操作，返回并停留在初始状态。M1.0 和选择序列用来实现这一要求。用起动按钮 I0.0、停止按钮 I0.2 和起保停电路来控制 M1.0。

按下起动按钮，M1.0 变为 1 状态并保持。步 M0.7 之后有一个选择序列的分支，系统完成一个周期的工作后，转换条件 T38 · M1.0 满足，将从步 M0.7 转换到步 M0.1 和步 M0.3，开始下一次循环的运行。

按下停止按钮 I0.2 之后，M1.0 变为 0 状态。但是要等到完成最后一步 M0.7 的工作后，转换条件 T38 · M1.0 满足，才能返回初始步，系统停止运行。

步 M0.1 和 M0.3 之前有一个选择序列的合并，当步 M0.0 为活动步并且转换条件 I0.0 满足或者步 M0.7 为活动步并且转换条件 T38 · M1.0 满足时，步 M0.1 和 M0.3 都应变为活动步。

四、操作指导

1. 接线图、元器件布置及布线

(1) 接线图　多种液体自动混合装置接线图如图 8-7 所示。

(2) 元器件布置及布线　元器件布置及布线见表 8-4。

表 8-4　元器件布置及布线

序　号	项　目		具体内容	备　注
1	板内元器件		QF、FU1、FU2、FU3、PLC、HL1 ~ HL3、KM	
2	外围元器件		SB1 ~ SB5、接线端子 XT、单相异步电动机 M	
3	电源走线		L1→QF→FU2(203) →FU3(212)	
4			PE→PLC(⊜)	
5			N(202)→PLC(N)	
6	PLC 控制电路走线	输入回路	I0.0(101)→SB1→L+(107)	
7			I0.1(102)→SB2→L+(107)	
8			I0.2(103)→SB3→L+(107)	
9			I0.3(104)→SB4→L+(107)	
10			I0.4(105)→SB5→L+(107)	
11			1M(106)→PLC(M)	

(续)

序　号	项　目		具 体 内 容	备　注
12	PLC 控制电路走线	输出回路	Q0. 0(204)→HL1→N(202)	
13			Q0. 1(205)→HL2→N(202)	
14			Q0. 2(206)→KM→N(202)	
15			Q0. 3(207)→HL3→N(202)	
16	主电路走线		L1→QF→FU1(209)→KM→电动机 M(208) N(202)→KM→电动机 M(208)	

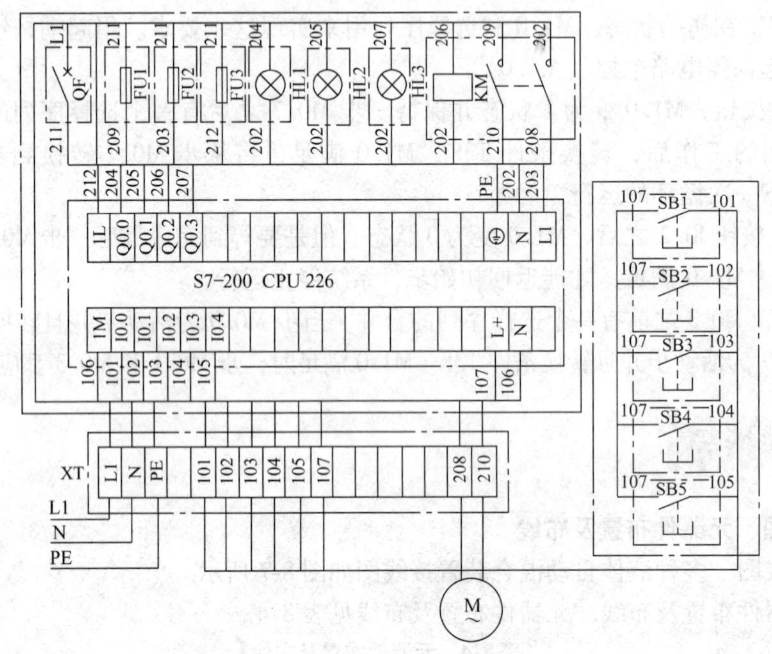

图 8-7　多种液体自动混合装置接线图

2. 元器件布局、安装与配线

(1) 检查元器件　根据表 8-1 提供的名称、数量把元器件配齐，并检查元器件的规格是否符合要求、质量是否完好。

(2) 固定元器件　按照绘制的接线图(见图 8-7)，固定元器件。

(3) 配线　据配线原则及工艺要求，对照绘制的接线图进行板上元器件、外围设备的配线安装，实际元器件布局如图 8-8 所示。

图 8-8　实际元器件布局

3. 自检

(1) 检查布线　对照接线图检查是否掉线、错线，线号是否漏编、错编，接线是否牢固等。

（2）使用万用表检测电路　在电源插头未插接的情况下，使用万用表按表 8-5 的顺序检测电路，如果测量阻值与正确结果不符，应根据线路图检查是否有错线、掉线、错位、短路等。

表 8-5　用万用表检查电路

<table>
<tr><th>检测任务</th><th colspan="3">操作方法</th><th>正确结果</th><th>备注</th></tr>
<tr><td rowspan="15">检测电路导线连接是否良好</td><td colspan="3">采用万用表电阻挡(R×1)</td><td>阻值/Ω</td><td rowspan="15">断电情况下测量电阻</td></tr>
<tr><td colspan="2" rowspan="3">电源走线</td><td>L1→QF→FU2(203)
→FU3(212)</td><td>QF 接通时为 0，
断开时为∞</td></tr>
<tr><td>PE→PLC(⏚)</td><td>0</td></tr>
<tr><td>N(202)→PLC(N)</td><td>0</td></tr>
<tr><td rowspan="10">PLC 控制电路走线</td><td rowspan="6">输入回路</td><td>I0.0(101)→SB1→L+(107)</td><td>0</td></tr>
<tr><td>I0.1(102)→SB2→L+(107)</td><td>0</td></tr>
<tr><td>I0.2(103)→SB3→L+(107)</td><td>0</td></tr>
<tr><td>I0.3(104)→SB4→L+(107)</td><td>0</td></tr>
<tr><td>I0.4(105)→SB5→L+(107)</td><td>0</td></tr>
<tr><td>1M(106)→M(PLC)</td><td>0</td></tr>
<tr><td rowspan="4">输出回路</td><td>Q0.0(204)→HL1→N(202)</td><td rowspan="4">指示灯有阻值，
导线电阻为 0</td></tr>
<tr><td>Q0.1(205)→HL2→N(202)</td></tr>
<tr><td>Q0.2(206)→KM→N(202)</td></tr>
<tr><td>Q0.3(207)→HL3→N(202)</td></tr>
<tr><td colspan="2">主电路走线</td><td>L1→QF→FU1(209)→KM→电动机 M(210)
N(202)→KM→电动机 M(208)</td><td>KM 闭合时均为 0</td></tr>
</table>

4. 输入梯形图

（1）绘制梯形图　梯形图如图 8-9 所示。

（2）通电观察 PLC 的指示 LED　经自检，确认电路正确且无安全隐患后，在教师的监护下，通电观察 PLC 的指示 LED，并作好记录。

（3）下载程序　将已编写好的梯形图程序下载至 PLC 中。

5. 操作注意事项

1）安装元器件或接线时，必须按照十字形和一字形及相应大小选择合适的螺钉旋具进行螺钉拆装。

2）用电工刀剥削导线绝缘层时一定要按照安全操作规程要求操作。

3）通电前必须经过教师检查，经教师同意后方可试车。

6. 电路通电试车

经自检、教师检查确认电路正常且无安全隐患后，在教师的监护下通电试车。

1）调整 PLC 为 RUN 工作状态进行操作。

2）观察系统的运行情况并进行梯形图监控，在表 8-6 中作好记录。

3）如出现故障，应立即切断电源、分析原因，检查电路或梯形图后重新调试，直至达到项目拟定的要求。

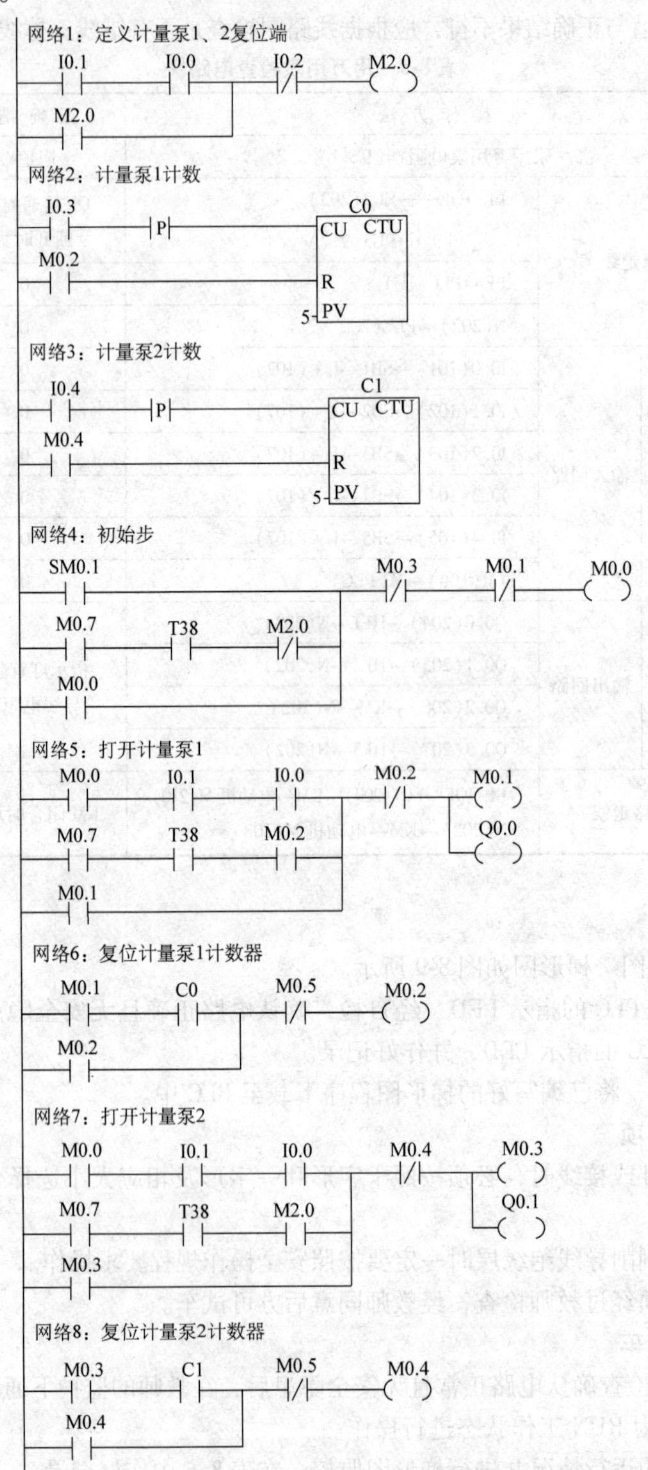

图 8-9　多种液体自动混合装置梯形图程序

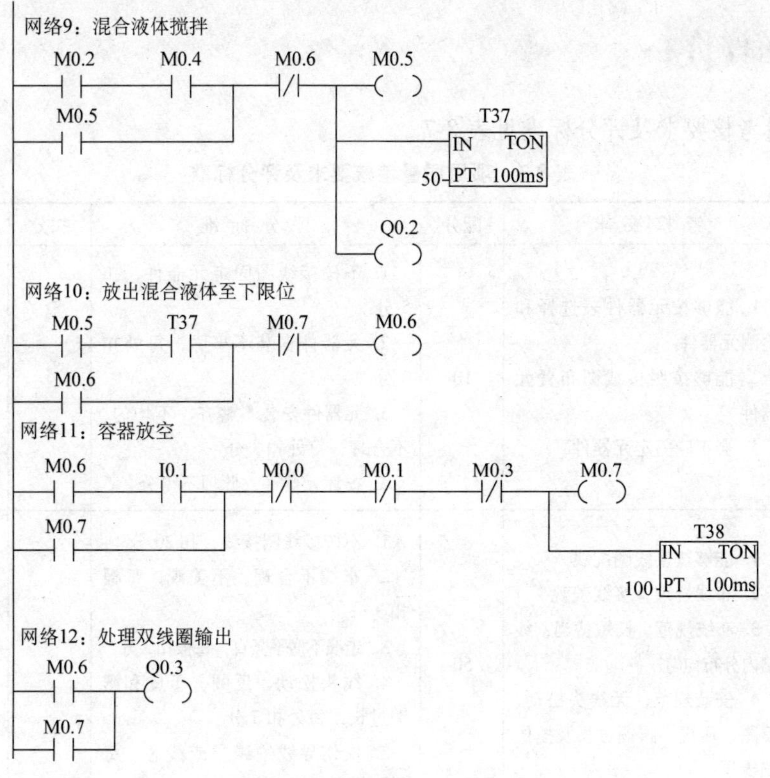

图 8-9　多种液体自动混合装置梯形图程序(续)

表 8-6　工作情况记录表

操作步骤	操 作 内 容	观 察 内 容				备　注
		指示灯 LED		输出设备		
		正确结果	观察结果	正确结果	观察结果	
1	初始状态 按下 SB1	Q0.0 点亮		HL1 点亮		计量泵 1 起动
		Q0.1 点亮		HL2 点亮		计量泵 2 起动
2	按下 SB2 数次 (程序自行设定)	Q0.0 熄灭		HL1 熄灭		计量泵 1 停止
3	按下 SB3 数次 (程序自行设定)	Q0.1 熄灭		HL2 熄灭		计量泵 2 停止
4	Q0.0、Q0.1 均 熄灭后	Q0.2 点亮		KM 吸合, 电动机起动		搅拌电动机起动
5	5s 后	Q0.2 熄灭		电动机停止		搅拌电动机停止
		Q0.3 点亮		HL3 点亮		放料阀打开
6	按下 SB4	Q0.3 点亮		HL3 点亮		继续放料
7	10s 后	Q0.3 熄灭		HL3 熄灭		放料阀关闭
8		循环工作				
9	按下 SB2	完成当前 周期后停止		完成当前 周期后停止		完成当前 周期后停止

五、考核评价

项目质量考核要求及评分标准见表 8-7。

表 8-7　项目质量考核要求及评分标准

考核项目	考核要求	配分	评分标准	扣分	得分	备注
元器件安装	1. 能够按元器件表选择和检测元器件 2. 能够按照接线图布置元器件 3. 会正确固定元器件	10	1. 不按接线图固定元器件，扣 5 分 2. 元器件安装不牢固，每处扣 3 分 3. 元器件安装不整齐、不均匀、不合理，每处扣 3 分 4. 损坏元器件，此项不得分			
线路安装	1. 能够按接线图配线 2. 布线合理，接线美观 3. 布线规范，长短适当，线槽内分布均匀 4. 安装规范，无线头松动、反圈、压皮、露铜过长及损伤绝缘层	50	1. 不按接线图接线，扣 20 分 2. 布线不合理、不美观，每根扣 3 分 3. 走线不横平竖直，每根扣 3 分 4. 线头松动、反圈、压皮和露铜过长，每处扣 3 分 5. 损伤导线绝缘层或线芯，每根扣 5 分			
通电试车	按照要求和步骤正确检查、调试电路	40	1. 主、控制电路配错熔体，每处扣 10 分 2. 一次试车不成功扣 10 分 3. 二次试车不成功扣 15 分 4. 三次试车不成功扣 20 分			
安全生产	自觉遵守安全文明生产规程		1. 漏接接地线，每处扣 10 分 2. 发生安全事故，按 0 分处理			
定额时间	6h		提前正确完成，每 30min 加 5 分；超过定额时间，每 30min 扣 2 分			
开始时间		结束时间	实际时间	小计	小计	总分

六、知识拓展

由于起保停指令与置位、复位指令能实现相同的控制功能，那么可以使用起保停指令进行转化的 SFC 就可以使用置位、复位指令来进行转化。

使用置位、复位指令将顺序功能图转化为梯形图时，用该转换所有的前级步对应的存储器位的常开触点与转换对应的触点或电路串联（即起保停电路中的起动条件），然后实现两项功能：

1）将所有后续步对应的存储器位置位（置位指令）；

2）将所有前级步对应的存储器位复位（复位指令）。

图 8-10 所示就是使用置位、复位指令设计的多种液体自动混合装置梯形图。

网络1：计量1、2复位端
I0.1　I0.0　M2.0 (S) 1

网络2
I0.2　M2.0 (R) 1

网络3：计量泵1计数
I0.3　P　C0 CU CTU
M0.2　R
5-PV

网络4：计量泵2计数
I0.4　P　C1 CU CTU
M0.4　R
5-PV

网络5：初始步
SM0.1　M0.0 (S) 1
M0.7　T38　M2.0 /　M0.7 (R) 1

网络6：打开计量泵1
M0.0　I0.1　I0.0　M0.1 (S) 1
M0.7　T38　M2.0

网络7
M0.1　Q0.0 ( )

网络8：复位计量泵1计数器
M0.1　C0　M0.2 (S) 1
M0.1 (R) 1

网络9：打开计量泵2
M0.0　I0.1　I0.0　M0.3 (S) 1
M0.7　T38　M2.0

网络10
M0.3　Q0.1 ( )

网络11：并行序列的前级步复位
M0.1　M0.3　M0.0 (R) 1
M0.7 (R) 1

网络12：复位计量泵2计数器
M0.3　C1　M0.4 ( )
M0.3 (R) 1

网络13：混合液体搅拌
M0.2　M0.4　M0.5 (S) 1
M0.2 (R) 1
M0.4 (R) 1

网络14
M0.5　Q0.2 ( )
T37 IN TON
50-PT 100ms

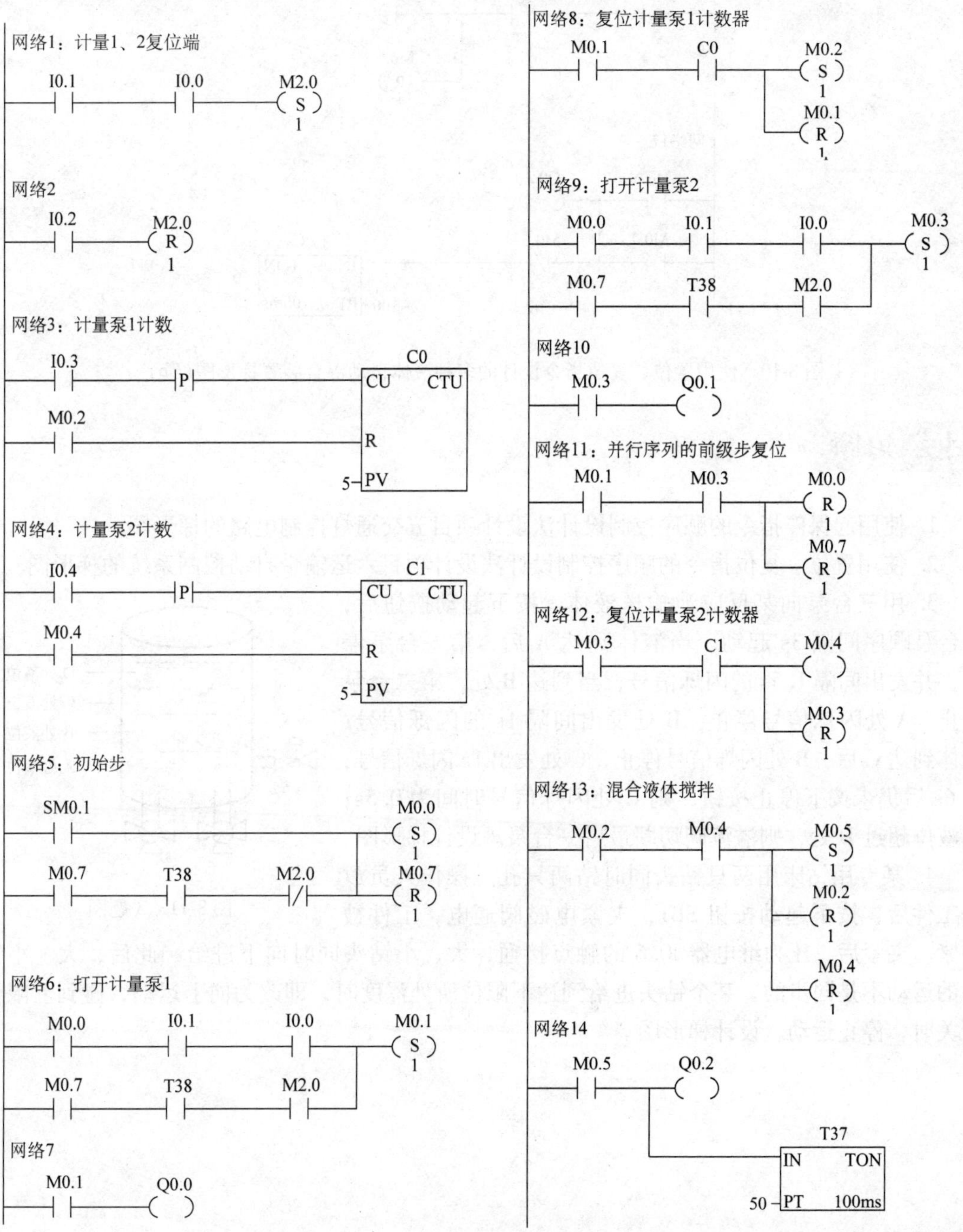

图 8-10　使用置位、复位指令设计的多种液体自动混合装置梯形图

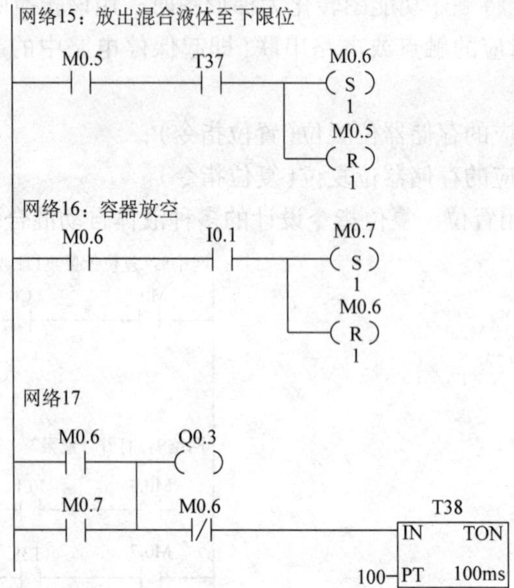

图 8-10　使用置位、复位指令设计的多种液体自动混合装置梯形图（续）

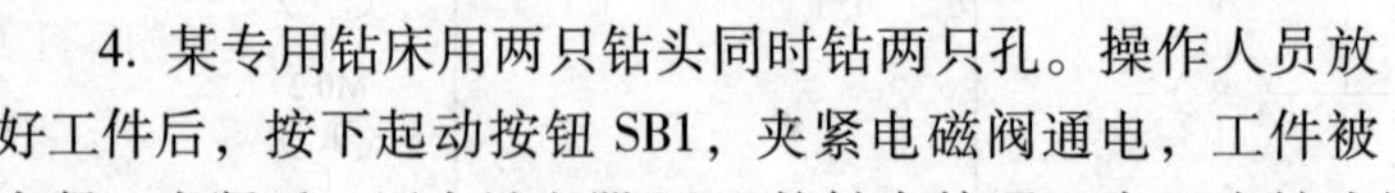

七、习题

1. 使用起保停指令的顺序控制设计法设计项目五交通灯控制电路的梯形图。

2. 使用置位、复位指令的顺序控制设计法设计项目六运输带自动控制系统的梯形图。

3. 用三台泵向某反应池输送液体。按下起动按钮后，三台泵顺序间隔 3s 起动。当液体到达 A 后，第一台泵停止，并发出间隔 1.5s 的闪烁信号；当到达 B 处，第二台泵停止，A 处闪烁信号停止，B 处发出间隔 1s 的闪烁信号；液体到达 C 后，B 处闪烁信号停止，C 处发出 1s 闪烁信号；若 6s 后仍未按下停止按钮，则 C 处闪烁信号时间为 0.5s；当液位超过 D 处，则溢流阀切断最后一台泵。设计梯形图。

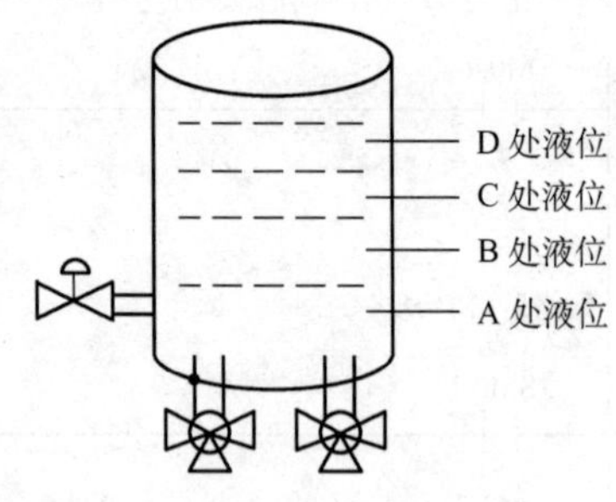

图 8-11　3 题图

4. 某专用钻床用两只钻头同时钻两只孔。操作人员放好工件后，按下起动按钮 SB1，夹紧电磁阀通电，工件被夹紧。夹紧后，压力继电器 I0.6 的触点接通，大、小钻头同时向下进给，此后，大、小钻头的运动不是同步的，某个钻头进给到达下限位所处深度时，即改为向上运动，碰到上限位开关时，停止运动。设计梯形图。

项目九 全自动洗衣机控制系统

一、学习目标

1. 知识目标

1）学习 SCR 指令。

2）掌握使用 SCR 指令的顺序控制梯形图设计方法。

2. 技能目标

1）能进行全自动洗衣机的电气部分安装。

2）能编写全自动洗衣机的控制电路程序，会下载并进行调试、试运行。

二、项目分析

本项目任务是安装全自动洗衣机控制系统的硬件电路，并调试其 PLC 控制程序。

1. 项目要求

1）按下起动按钮 SB1，进水电磁阀打开(HL1 点亮)，洗衣机开始进水。

2）进水到达水位上限(按上限按钮)，进水电磁阀关闭(HL1 熄灭)。波轮电动机进行搅拌，开始洗涤，按照正转 5s→停 2s→反转 5s→停 2s 的顺序循环进行。

3）42s 后洗涤过程结束，排水电磁阀打开(HL2 点亮)，开始自动排水。

4）排水到达水位下限(按下限按钮)，排水电磁阀关闭(HL2 熄灭)。排水电磁阀关闭 2s 后，进水电磁阀打开(HL1 点亮)，开始第二次洗涤，并重复 1)、2)、3)、4)步骤。

5）洗涤过程完成 3 次(第三次按下限按钮)时，开始甩干；3s 后，排水电磁阀打开(HL2 点亮)，洗衣机在甩干的同时自动排水。

6）甩干与排水过程共同进行 5s 后，同时结束，排水电磁阀关闭(HL2 熄灭)。蜂鸣器 HA 进行蜂鸣报警(0. 5s 通,0. 5s 断)，提示洗涤过程结束，直到按下停止按钮停止蜂鸣。

2. 任务流程图

本项目的任务流程如图 9-1 所示。

3. 知识点链接

全自动洗衣机相关的知识点链接如图 9-2 所示。

4. 环境设备

项目运行所需的工具、设备见表 9-1。

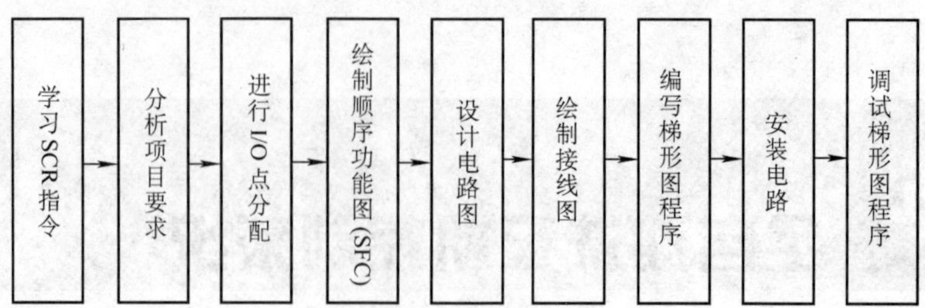

图9-1 任务流程图

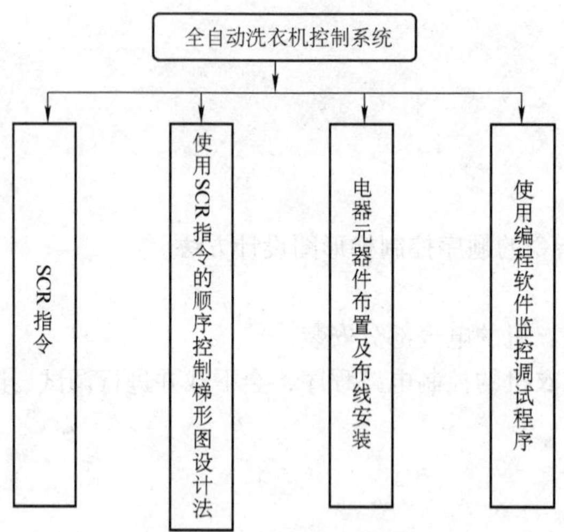

图9-2 知识点链接

表9-1 工具、设备清单

序号	分类	名称	型号规格	数量	单位	备注
1	工具	常用电工工具		1	套	
2		万用表	MF47型	1	只	
3	设备	PLC	S7—200 CPU 226	1	台	
4		断路器	DZ47—63	1	只	
5		熔断器	RT18—32	1	只	
6		熔体	5A	1	只	
7		按钮	LA4—3H	4	只	
8		指示灯	24V	2	只	
9		单相异步电动机	220V	1	台	功率自定
10		蜂鸣器	HYT—3015A	1	只	
11		接触器	CJX1—9，220V	3	只	
12		端子板	TD—1520	1	块	
13		网孔板	600mm×700mm	1	块	
14		导轨	35mm	0.5	m	
15		走线槽	TC3025	若干	m	
16	消耗材料	铜导线	BVR 1.5mm^2	若干	m	双色
17			BVR 1.0mm^2	若干	m	

5. 电路图、I/O点分配、顺序功能图、电路组成及各元器件功能

（1）电路图　全自动洗衣机电路图如图9-3所示。

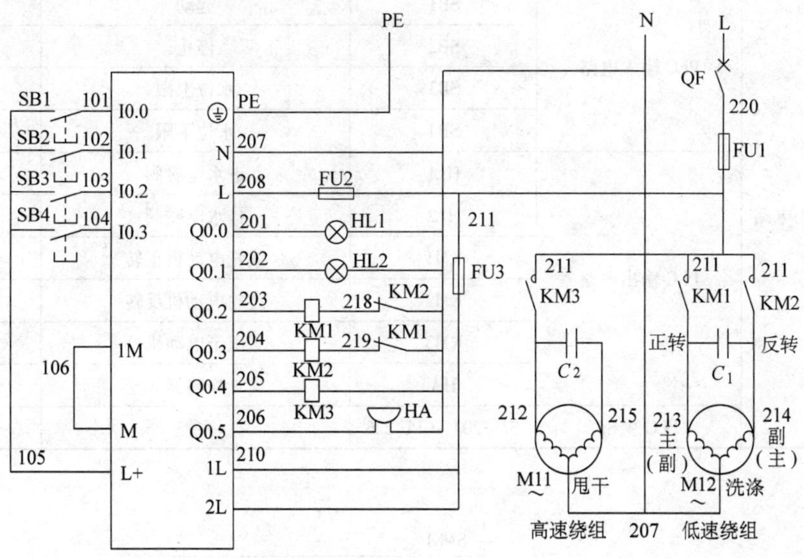

图9-3　全自动洗衣机电路图

（2）I/O点分配　见表9-2。

表9-2　I/O点分配

输　入			输　出		
元器件代号	功能	输入点	元器件代号	功能	输出点
SB1	起动	I0. 0	HL1	进水电磁阀	Q0. 0
SB2	停止	I0. 1	HL2	排水电磁阀	Q0. 1
SB3	水位上限	I0. 2	KM1	波轮电动机正转	Q0. 2
SB4	水位下限	I0. 3	KM2	波轮电动机反转	Q0. 3
			KM3	甩干电动机	Q0. 4
			HA	蜂鸣器	Q0. 5

（3）顺序功能图　剖析各输入、输出信号之间潜在的逻辑关系，绘制顺序功能图，如图9-4所示。

（4）电路组成及各元器件功能　见表9-3。

表9-3　电路组成及各元器件功能

序　号	电路名称	电路组成	元器件功能	备　注
1	电源电路	QF	电源开关	
2		FU1	主电路短路保护	
3		FU2	PLC电源电路短路保护	
4		FU3	PLC负载电路短路保护	

(续)

序　　号	电 路 名 称		电 路 组 成	元器件功能	备　　注
5	控制电路	PLC 输入电路	SB1	起动	
6			SB2	停止	
7			SB3	水位上限	
8			SB4	水位下限	
9		PLC 输出电路	HL1	进水电磁阀	
10			HL2	排水电磁阀	
11			KM1	波轮电动机正转	
12			KM2	波轮电动机反转	
13			KM3	甩干电动机	
14			HA	蜂鸣器	
15		PLC 主机	S7—200　CPU 226	主控	

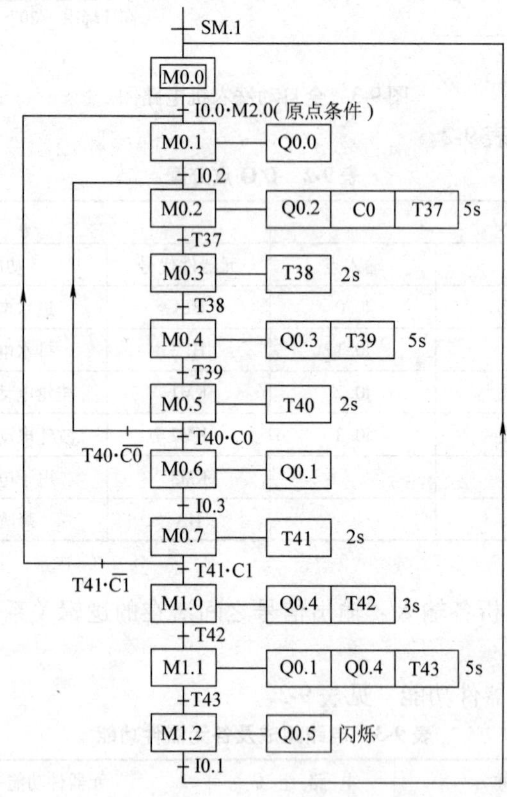

图 9-4　全自动洗衣机顺序功能图

三、必要知识讲解

S7—200 中的顺序控制继电器(S0.0 ~ S31.7)专门用于编制顺序控制程序。

顺序控制程序被顺序控制继电器指令(LSCR)划分为 LSCR 与 SCRE 指令之间的若干个 SCR 段，一个 SCR 段对应于顺序功能图中的一步，见表 9-4。

表 9-4　顺序控制继电器指令

梯 形 图	语 句 表	功 能
??.? SCR	LSCR S _ bit	表示一个 SCR 段的开始，指令操作数 S _ bit 为顺序控制继电器 S(布尔型)的地址，顺序控制继电器为 1 状态时，执行对应的 SCR 段中的程序，反之则不执行
??.? (SCRT)	SCRT S _ bit	表示 SCR 段之间的转换，即步的活动状态的转换，当 SCRT 线圈得电时，SCRT 指令指定的顺序功能图中的后续步对应的顺序控制继电器变为 1 状态，同时当前活动步对应的顺序控制继电器被系统程序复位为 0 状态，当前步变为不活动步
(SCRE)	SCRE	表示 SCR 段的结束

LSCR 指令指定的顺序控制继电器(S)被放入 SCR 堆栈和逻辑堆栈的栈项，SCR 堆栈中 S 位的状态决定对应的 SCR 段是否执行。由于逻辑堆栈的栈顶装入了 S 位的值，所以将 SCR 指令直接连接到左侧母线上。

如图 9-5 所示，首次扫描时 SM0. 1 的常开触点接通一个扫描周期，使顺序控制继电器 S0. 0 置位，初始步变为活动步，只执行 S0. 0 对应的 SCR 段。接通 I0. 0，指令 SCRT S0. 1 对应的线圈得电，使 S0. 1 变为 1 状态，操作系统使 S0. 0 变为 0 状态，系统从初始步转换到第 2 步，只执行 S0. 1 对应的 SCR 段。在 S0. 1 对应的 SCR 段中，SM0. 0 触发的 Q0. 0 线圈得电，直到 I0. 1 接通，指令 SCRT S0. 2 对应的线圈得电，使 S0. 2 变为 1 状态，操作系统使 S0. 1 变为 0 状态，系统从第 2 步转换到第 3 步。SCRE 用来结束对应的 SCR 段。

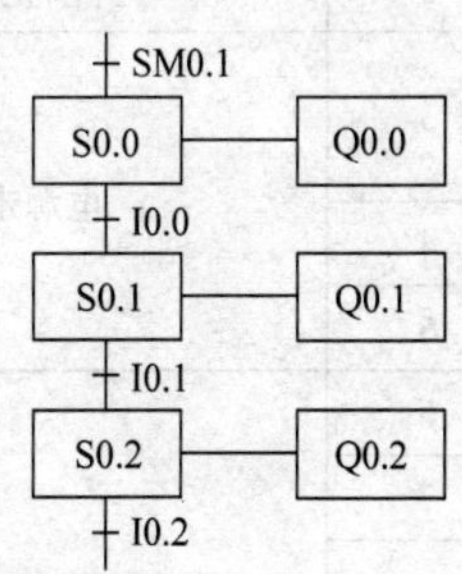

图 9-5　SCR 指令的使用

使用 SCR 指令时有以下的限制：不能在不同的程序中使用相同的 S 位；不能在 SCR 段之间使用 JMP 及 LBL 指令，即不允许用跳转的方法跳入或跳出 SCR 段；不能在 SCR 段中使用 FOR、NEXT 和 END 指令。

四、操作指导

1. 接线图、元器件布置及布线

(1) 接线图　接线图如图 9-6 所示。

(2) 元器件布置及布线　元器件布置及布线见表 9-5。

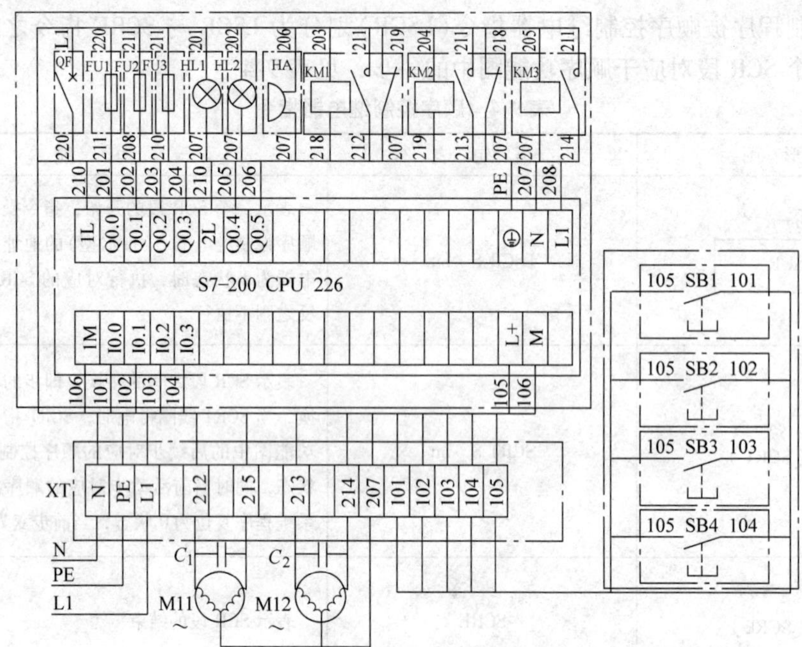

图 9-6　接线图

表 9-5　元器件布置及布线情况

序　号	项　目		具 体 内 容	备注
1	板内元器件		QF、FU1、FU2、FU3、PLC、FR、KM1、KM2、HL1 ~ HL2	
2	外围元器件		SB1 ~ SB4、电动机 M、接线端子 XT	
3	电源走线		L1→QF→FU2(208) →FU3(210)	
4	电源走线		PE→PLC(⏚)	
5	电源走线		N(207)→PLC(N)	
6	PLC 控制电路走线	输入回路	I0.0(101)→SB1→L+(105)	
7	PLC 控制电路走线	输入回路	I0.1(102)→SB2→L+(105)	
8	PLC 控制电路走线	输入回路	I0.2(103)→SB3→L+(105)	
9	PLC 控制电路走线	输入回路	I0.3(104)→SB4→L+(105)	
10	PLC 控制电路走线	输出回路	1M(106)→PLC(M)	
11	PLC 控制电路走线	输出回路	Q0.0(201)→HL1→N(207)	
12	PLC 控制电路走线	输出回路	Q0.1(202)→HL2→N(207)	
13	PLC 控制电路走线	输出回路	Q0.2(203)→KM1 线圈→KM2 常闭触头(218)→N(207)	
14	PLC 控制电路走线	输出回路	Q0.3(204)→KM2 线圈→KM1 常闭触头(219)→N(207)	
15	PLC 控制电路走线	输出回路	Q0.4(205)→KM3 线圈→N(207)	
16	PLC 控制电路走线	输出回路	Q0.5(206)→HA→N(207)	
17	主电路走线		L1→QF→FU1→ KM1→M(电动机) KM2→M(电动机) KM3→M(电动机)	

2. 元器件布局、安装与配线

（1）检查元器件　根据表 9-1 提供名称、数量把元器件配齐，并检查元器件的规格是否符合要求、质量是否完好。

（2）固定元器件　按照绘制的接线图(见图 9-6)，固定元器件。

（3）配线安装　据配线原则及工艺要求，对照绘制的接线图进行板上元器件、外围设备的配线安装(见图 9-7)。

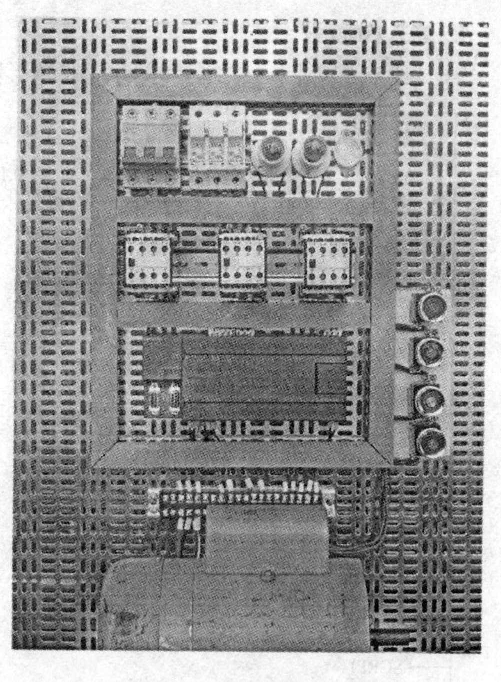

图 9-7　实际元器件布局

3. 自检

（1）检查布线　对照接线图检查是否掉线、错线，线号是否漏编、错编，接线是否牢固等。

（2）使用万用表检查　在电源插头未插接的情况下，使用万用表检查电路，见表 9-6。如果测量阻值与正确结果不符，应根据电路图检查是否有错线、掉线、错位、短路等。

表 9-6　万用表检查过程

<table>
<tr><th>检测任务</th><th colspan="4">操 作 方 法</th><th>正 确 结 果</th><th>备　注</th></tr>
<tr><td rowspan="18">检测导线连接是否良好</td><td colspan="4">采用万用表电阻挡(R×1)</td><td>阻值/Ω</td><td rowspan="18">断电情况下测量电阻</td></tr>
<tr><td colspan="2" rowspan="3">电源走线</td><td colspan="2">L1→QF→FU2(208)
→FU3(210)</td><td>QF 接通时为 0，断开时为∞</td></tr>
<tr><td colspan="2">PE→PLC(⏚)</td><td>0</td></tr>
<tr><td colspan="2">N(207)→PLC(N)</td><td>0</td></tr>
<tr><td rowspan="11">PLC 控制电路走线</td><td rowspan="5">输入回路</td><td colspan="2">I0. 0(101)→SB1→L+(105)</td><td>0</td></tr>
<tr><td colspan="2">I0. 1(102)→SB2→L+(105)</td><td>0</td></tr>
<tr><td colspan="2">I0. 2(103)→SB3→L+(105)</td><td>0</td></tr>
<tr><td colspan="2">I0. 3(104)→SB4→L+(105)</td><td>0</td></tr>
<tr><td colspan="2">1M(106)→PLC(M)</td><td>0</td></tr>
<tr><td rowspan="6">输出回路</td><td colspan="2">Q0. 0(201)→HL1→N(207)</td><td rowspan="6">线圈有阻值、导线电阻为 0</td></tr>
<tr><td colspan="2">Q0. 1(202)→HL2→N(207)</td></tr>
<tr><td colspan="2">Q0. 2(203)→KM1 线圈→KM2 常闭触头(218)→N(207)</td></tr>
<tr><td colspan="2">Q0. 3(204)→KM2 线圈→KM1 常闭触头(219)→N(207)</td></tr>
<tr><td colspan="2">Q0. 4(205)→KM3 线圈→N(207)</td></tr>
<tr><td colspan="2">Q0. 5(206)→HA→N(207)</td></tr>
<tr><td colspan="2" rowspan="3">主电路走线</td><td rowspan="3">L1→QF→FU1→</td><td>KM1→M(电动机)</td><td rowspan="3">QF 闭合时电阻均为 0</td></tr>
<tr><td>KM2→M(电动机)</td></tr>
<tr><td>KM3→M(电动机)</td></tr>
</table>

4. 输入梯形图

（1）绘制梯形图　根据要求绘制的梯形图如图 9-8。

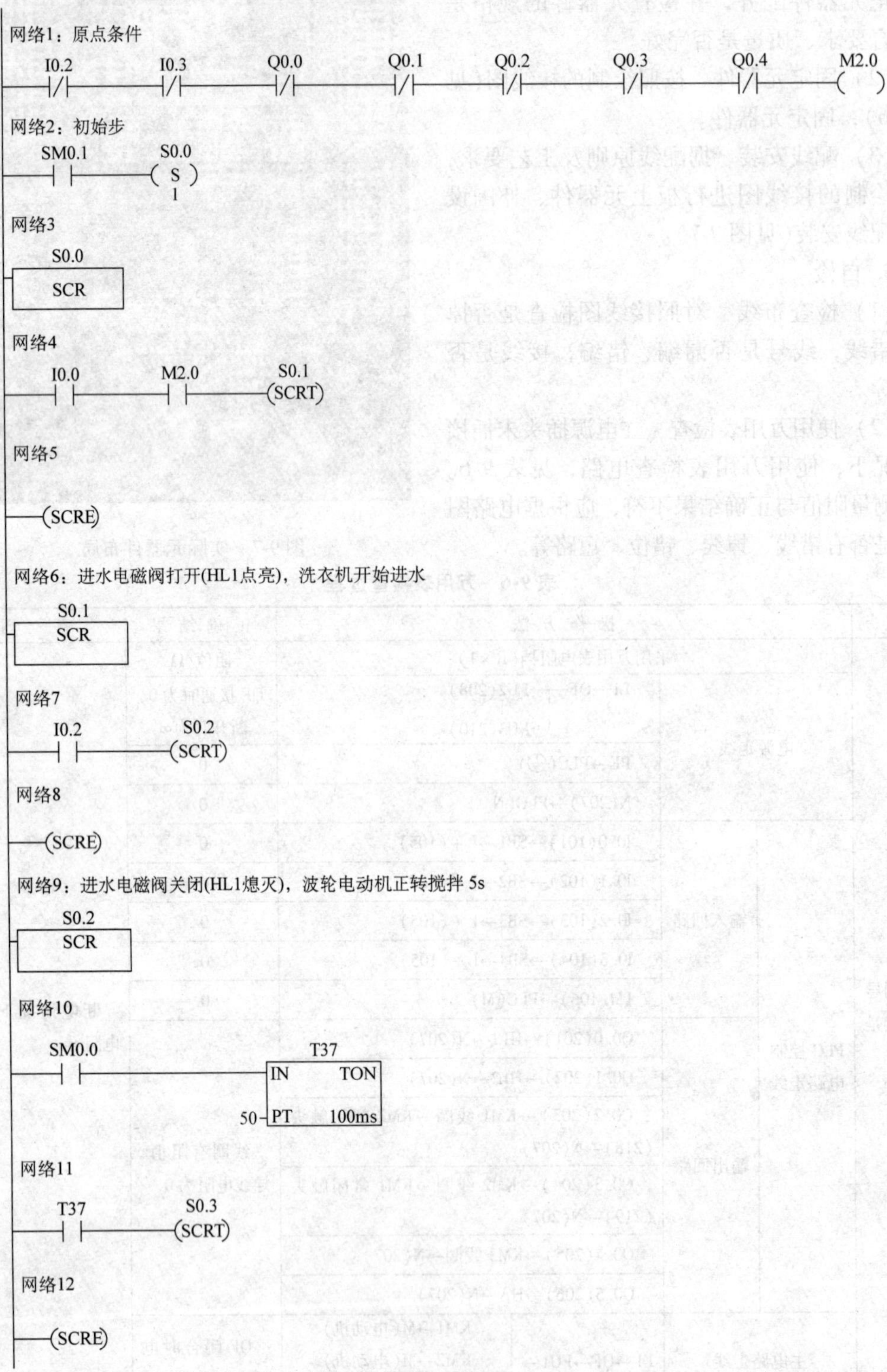

图 9-8　全自动洗衣机控制系统梯形图程序

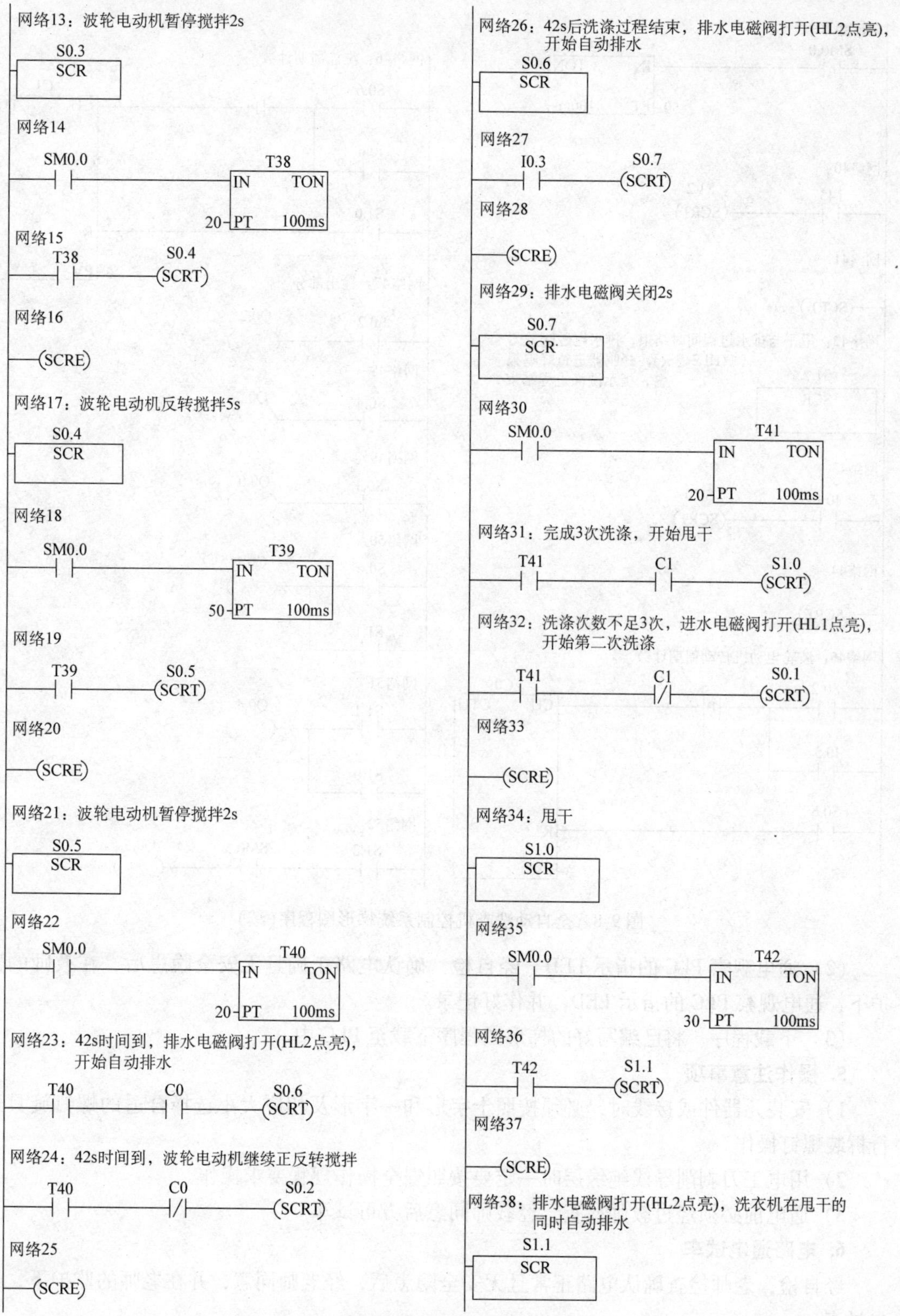

网络13：波轮电动机暂停搅拌2s

S0.3 SCR

网络14

SM0.0 —— T38 IN TON, 20-PT 100ms

网络15

T38 —— S0.4 (SCRT)

网络16

(SCRE)

网络17：波轮电动机反转搅拌5s

S0.4 SCR

网络18

SM0.0 —— T39 IN TON, 50-PT 100ms

网络19

T39 —— S0.5 (SCRT)

网络20

(SCRE)

网络21：波轮电动机暂停搅拌2s

S0.5 SCR

网络22

SM0.0 —— T40 IN TON, 20-PT 100ms

网络23：42s时间到，排水电磁阀打开(HL2点亮)，开始自动排水

T40 —— C0 —— S0.6 (SCRT)

网络24：42s时间到，波轮电动机继续正反转搅拌

T40 —— C0 (/) —— S0.2 (SCRT)

网络25

(SCRE)

网络26：42s后洗涤过程结束，排水电磁阀打开(HL2点亮)，开始自动排水

S0.6 SCR

网络27

I0.3 —— S0.7 (SCRT)

网络28

(SCRE)

网络29：排水电磁阀关闭2s

S0.7 SCR

网络30

SM0.0 —— T41 IN TON, 20-PT 100ms

网络31：完成3次洗涤，开始甩干

T41 —— C1 —— S1.0 (SCRT)

网络32：洗涤次数不足3次，进水电磁阀打开(HL1点亮)，开始第二次洗涤

T41 —— C1 (/) —— S0.1 (SCRT)

网络33

(SCRE)

网络34：甩干

S1.0 SCR

网络35

SM0.0 —— T42 IN TON, 30-PT 100ms

网络36

T42 —— S1.1 (SCRT)

网络37

(SCRE)

网络38：排水电磁阀打开(HL2点亮)，洗衣机在甩干的同时自动排水

S1.1 SCR

图 9-8　全自动洗衣机控制系统梯形图程序(续)

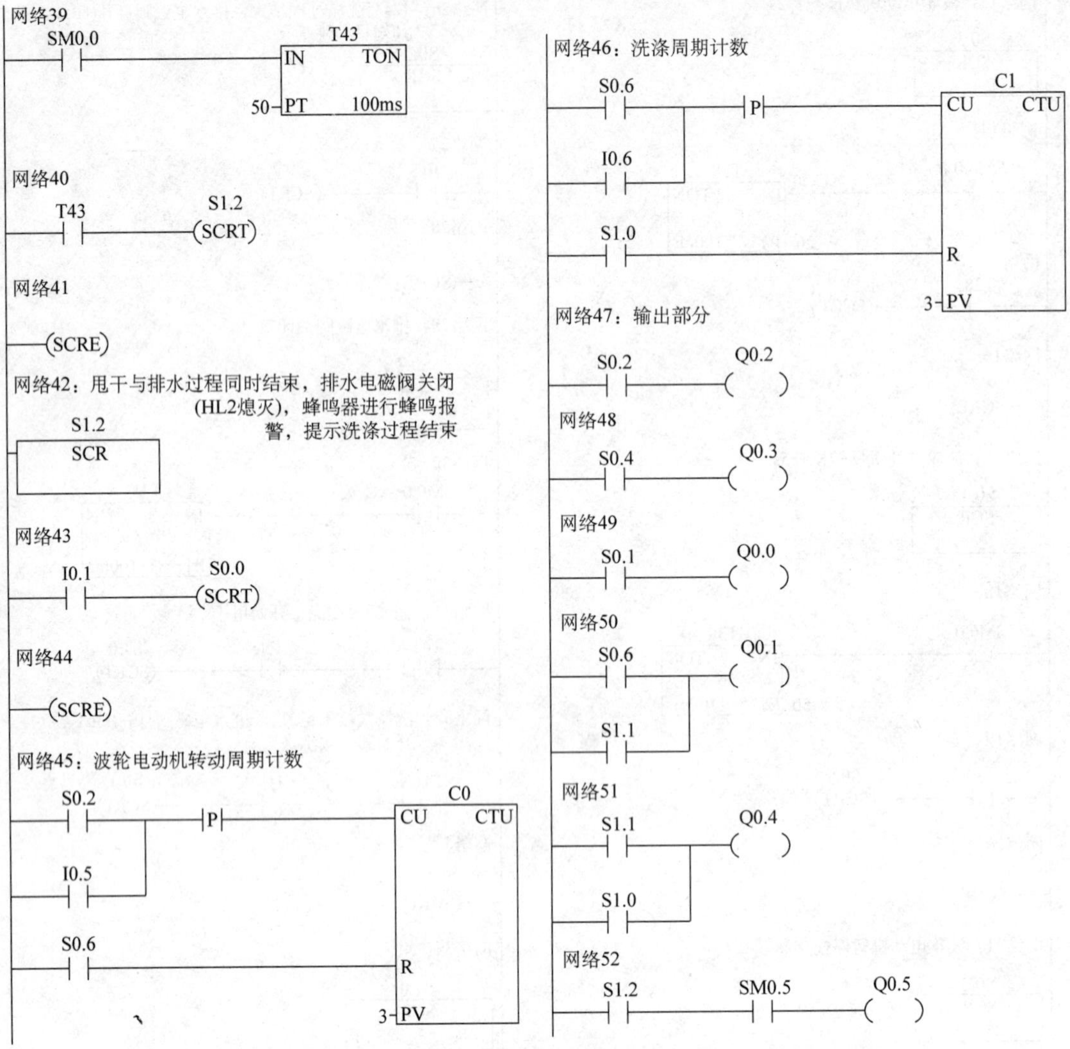

网络39
SM0.0
T43
IN TON
50-PT 100ms

网络40
T43
S1.2
(SCRT)

网络41
(SCRE)

网络42：甩干与排水过程同时结束，排水电磁阀关闭(HL2熄灭)，蜂鸣器进行蜂鸣报警，提示洗涤过程结束
S1.2
SCR

网络43
I0.1
S0.0
(SCRT)

网络44
(SCRE)

网络45：波轮电动机转动周期计数
S0.2
P
C0
CU CTU
I0.5
S0.6
R
3-PV

网络46：洗涤周期计数
S0.6
P
C1
CU CTU
I0.6
S1.0
R
3-PV

网络47：输出部分
S0.2
Q0.2
( )

网络48
S0.4
Q0.3
( )

网络49
S0.1
Q0.0
( )

网络50
S0.6
Q0.1
( )
S1.1

网络51
S1.1
Q0.4
( )
S1.0

网络52
S1.2
SM0.5
Q0.5
( )

图9-8　全自动洗衣机控制系统梯形图程序(续)

(2) 通电观察PLC的指示LED　经自检，确认电路正确且无安全隐患后，在教师的监护下，通电观察PLC的指示LED，并作好记录。

(3) 下载程序　将已编写好的梯形图程序下载至PLC中。

5. 操作注意事项

1) 安装元器件或接线时，必须按照十字形和一字形及相应大小选择合适的螺钉旋具进行拆装螺钉操作。

2) 用电工刀剥削导线绝缘层时一定要按照安全操作规程要求操作。

3) 通电前必须经过教师检查，经教师同意后方可试车。

6. 电路通电试车

经自检，老师检查确认电路正常且无安全隐患后，经老师同意，并在老师的监护下，通电试车。

1) 调整PLC为RUN工作状态进行操作。

2）观察系统的运行情况并进行梯形图监控，在表9-7中作好记录。

3）如出现故障，应立即切断电源、分析原因，检查电路或梯形图后重新调试，直至达到项目拟定的要求。

表9-7　工作情况记录表

<table>
<tr><th rowspan="3">操作步骤</th><th rowspan="3">操作内容</th><th colspan="4">观察内容</th><th rowspan="3">备　注</th></tr>
<tr><th colspan="2">指示灯LED</th><th colspan="2">输出设备</th></tr>
<tr><th>正确结果</th><th>观察结果</th><th>正确结果</th><th>观察结果</th></tr>
<tr><td>1</td><td>按下SB1</td><td>Q0.0点亮</td><td></td><td>HL1点亮</td><td></td><td>开始进水</td></tr>
<tr><td rowspan="2">2</td><td rowspan="2">按下SB3</td><td>Q0.0熄灭</td><td></td><td>HL1熄灭</td><td></td><td>停止进水</td></tr>
<tr><td>Q0.2点亮</td><td></td><td>KM1吸合</td><td></td><td>波轮电动机正转</td></tr>
<tr><td>3</td><td>5s到</td><td>Q0.2熄灭</td><td></td><td>KM1断开</td><td></td><td>波轮电动机停止</td></tr>
<tr><td>4</td><td>2s到</td><td>Q0.3点亮</td><td></td><td>KM2吸合</td><td></td><td>波轮电动机反转</td></tr>
<tr><td>5</td><td>5s到</td><td>Q0.3熄灭</td><td></td><td>KM2断开</td><td></td><td>波轮电动机停止</td></tr>
<tr><td>6</td><td>2s到</td><td>Q0.2点亮</td><td></td><td>KM1吸合</td><td></td><td>波轮电动机正转</td></tr>
<tr><td>7</td><td>5s到</td><td>Q0.2熄灭</td><td></td><td>KM1断开</td><td></td><td>波轮电动机停止</td></tr>
<tr><td>8</td><td>2s到</td><td>Q0.3点亮</td><td></td><td>KM2吸合</td><td></td><td>波轮电动机反转</td></tr>
<tr><td>9</td><td>5s到</td><td>Q0.3熄灭</td><td></td><td>KM2断开</td><td></td><td>波轮电动机停止</td></tr>
<tr><td>10</td><td>2s到</td><td>Q0.2点亮</td><td></td><td>KM1吸合</td><td></td><td>波轮电动机正转</td></tr>
<tr><td>11</td><td>5s到</td><td>Q0.2熄灭</td><td></td><td>KM1断开</td><td></td><td>波轮电动机停止</td></tr>
<tr><td>12</td><td>2s到</td><td>Q0.3点亮</td><td></td><td>KM2吸合</td><td></td><td>波轮电动机反转</td></tr>
<tr><td>13</td><td>5s到</td><td>Q0.3熄灭</td><td></td><td>KM2断开</td><td></td><td>波轮电动机停止</td></tr>
<tr><td>14</td><td>2s到</td><td>Q0.1点亮</td><td></td><td>HL2点亮</td><td></td><td>开始排水</td></tr>
<tr><td>15</td><td>按下SB4</td><td>Q0.1熄灭</td><td></td><td>HL2熄灭</td><td></td><td>停止排水</td></tr>
<tr><td>16</td><td>2s到</td><td colspan="5">重复3次</td></tr>
<tr><td>17</td><td>3次后</td><td>Q0.4点亮</td><td></td><td>HL3点亮</td><td></td><td>开始甩干</td></tr>
<tr><td>18</td><td>3s到</td><td>Q0.1点亮</td><td></td><td>HL2点亮</td><td></td><td>开始排水</td></tr>
<tr><td>19</td><td rowspan="3">5s到</td><td>Q0.1熄灭</td><td></td><td>HL2熄灭</td><td></td><td>停止排水</td></tr>
<tr><td>20</td><td>Q0.4熄灭</td><td></td><td>HL3熄灭</td><td></td><td>停止甩干</td></tr>
<tr><td>21</td><td>Q0.5闪烁</td><td></td><td>HA报警</td><td></td><td>提示结束</td></tr>
<tr><td>22</td><td>按下SB2</td><td>Q0.5熄灭</td><td></td><td>HA熄灭</td><td></td><td>洗涤结束</td></tr>
</table>

五、考核评价

项目质量考核要求及评分标准见表9-8。

表 9-8 项目质量考核要求及评分标准

考核项目	考核要求	配分	评分标准			扣分	得分	备注
元器件安装	1. 能够按元器件表选择和检测元器件 2. 能够按照接线图布置元器件 3. 会正确固定元器件	10	1. 不按接线图固定元器件，扣5分 2. 元器件安装不牢固，每处扣3分 3. 元器件安装不整齐、不均匀、不合理，每处扣3分 4. 损坏元器件，此项不得分					
线路安装	1. 能够按接线图配线 2. 布线合理，接线美观 3. 布线规范，长短适当，线槽内分布均匀 4. 安装规范，无线头松动、反圈、压皮、露铜过长及损伤绝缘层	50	1. 不按接线图接线，扣20分 2. 布线不合理、不美观，每根扣3分 3. 走线不横平竖直，每根扣3分 4. 线头松动、反圈、压皮和露铜过长，每处扣3分 5. 损伤导线绝缘层或线芯，每根扣5分					
通电试车	按照要求和步骤正确检查、调试电路	40	1. 主、控制电路配错熔体，每处扣10分 2. 一次试车不成功扣10分 3. 二次试车不成功扣15分 4. 三次试车不成功扣20分					
安全生产	自觉遵守安全文明生产规程		1. 漏接接地线一处，扣10分 2. 发生安全事故，0分处理					
定额时间	6h		提前正确完成，每30min加5分；超过定额时间，每30min扣2分					
开始时间		结束时间		实际时间		小计	小计	总分

六、知识拓展

除了按照顺序功能图绘制梯形图外，还有其他的梯形图设计方法。

1. 经验设计法设计梯形图

经验设计法在一些典型电路的基础上，根据被控对象对控制系统的具体要求，不断地修改、调试和完善梯形图，在修改的过程中可能要增加触点或中间编程元件，最后才能得到一个较为满意的结果。

经验设计法没有一套固定的方法和步骤可以遵循，具有很大的试探性和随意性，设计所用的时间、设计的质量与设计者的经验有很大关系。

2. 根据继电器电路图设计梯形图

PLC使用与继电器电路图极为相似的梯形图语言。如果用PLC改造继电器控制系统，根据继电器电路图来设计梯形图是一条捷径。这是因为原有的继电器控制系统经过长期使用和考验，已经被证明能完成系统要求的控制功能，而继电器电路图又与梯形图有很多相似之处，因此可以将继电器电路图转化为梯形图，即用 PLC 的外部硬件接线图和梯形图软件来实现继电器系统原有的外部特性。操作人员不用改变长期形成的操作习惯。将继电器电路图转换为功能相同的 PLC 的外部接线图和梯形图的步骤如下：

1）了解和熟悉被控设备的工作原理、工艺过程和机械动作情况，根据继电器电路图分析和掌握控制系统的工作原理。

2）确定 PLC 的输入信号和输出负载。继电器电路图中的交流接触器和电磁阀等执行机构如果用 PLC 的输出位来控制，它们就是 PLC 的输出负载。按钮、操作开关和行程开关、接近开关、压力继电器等提供 PLC 的数字量输入信号。继电器电路图中的中间继电器和时间继电器的功能用 PLC 内部的位元件和定时器来完成，与 PLC 的输入、输出无关。

3）选择 PLC 的型号和所需的硬件，确定 PLC 各开关量输入信号与输出负载分别对应的输入点和输出点的地址，画出 PLC 的外部接线图。各输入量和输出量在梯形图中的地址取决于它们所在模块的起始地址和模块中的接线端子号。

4）确定与继电器电路图的中间继电器、时间继电器对应的梯形图中的存储器位（M）和定时器、计数器的地址，即建立继电器电路图中的元件与梯形图中的地址之间的对应关系。

5）根据上述的对应关系画出梯形图。

七、习题

1. 使用 SCR 指令设计项目五交通灯控制系统的梯形图。
2. 使用 SCR 指令设计项目六旋转工作台的自动控制系统的梯形图。
3. 使用 SCR 指令设计项目七运输带自动控制系统的梯形图。
4. 设计咖啡机加糖控制程序。控制要求如下：

1）按下按钮 SB1，咖啡机执行一次加糖动作。

2）操作面板上的按钮选择咖啡机加糖的量。SB2 为不加糖按钮，SB3 为加 1 份糖按钮，SB4 为加 2 份糖按钮。

项目十 电镀生产线控制系统

一、学习目标

1. 知识目标

1）熟悉电镀生产线的具体工作流程。

2）熟悉手动工作方式。

3）熟悉自动工作方式。

4）熟悉具有多种工作方式的系统顺序控制梯形图的设计方法。

2. 技能目标

1）电镀生产线控制系统电气部分的安装、布线。

2）编写电镀生产线控制系统的梯形图程序，下载并进行调试、试运行。

二、项目分析

1. 项目要求

在电镀生产线左侧，工人将零件装入行车的吊篮并按下起动按钮，行车提升吊篮到上限位后自动右行。按工艺要求在需要停留的槽位停止，并自动下降。在停留一段时间后自动上升，如此完成工艺规定的每一道工序直至生产线末端，行车便自动返回原始位置，并由工人装卸零件，如图 10-1 所示。

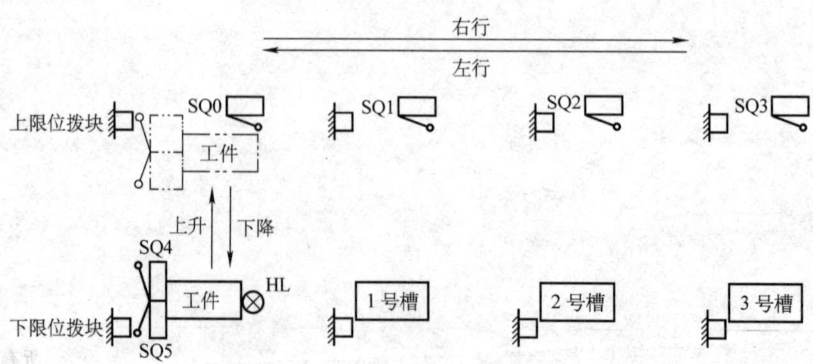

图 10-1　电镀生产线示意图

工作流程如下：

原位：表示设备处于初始状态，吊钩在下限位置，行车在左限位置。

自动工作：起动→吊钩上升→上限位到，SQ4 动作→右行至 1 号槽上方→限位 SQ1 动作→吊钩下降进入 1 号槽内→下限位到，SQ5 动作→电镀延时→吊钩上升……，由 3 号槽内吊钩上升→上限位到，SQ4 动作→左行至 SQ0 限位，吊钩下降至下限位(即原位)。

连续工作：当吊钩回到原点后，延时一段时间(装卸零件)，自动上升右行。按照工作流程要求不停地循环。当按下停止按钮，设备并不立即停车，而是返回原点后停车。

单周期工作：设备始于原点，按下起动按钮，设备工作一个周期，回到原点停止。按下停止按钮，设备立即停车，再按下起动按钮后，设备继续运行。

单步工作：每按一次起动按钮，设备只向前运行一步。

2. 任务流程

本项目的任务流程如图 10-2 所示。

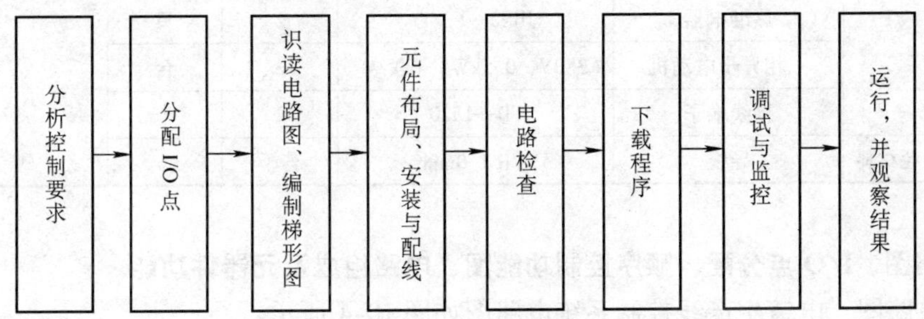

图 10-2　任务流程图

3. 知识点链接

本项目知识点链接如图 10-3 所示。

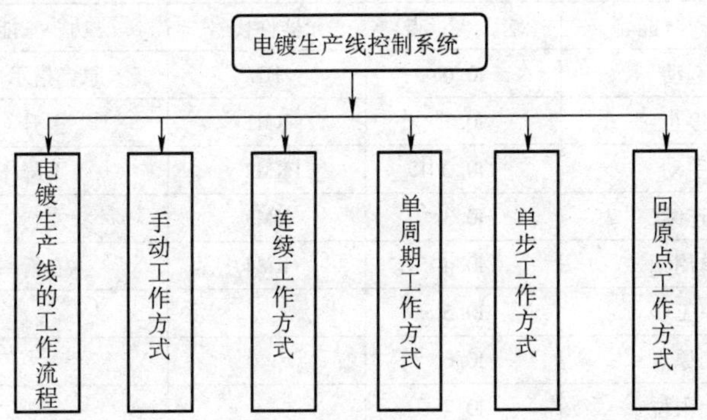

图 10-3　知识点链接

4. 环境设备

本项目运行所需的工具、设备见表 10-1。

表 10-1　工具、设备清单

序　号	分　类	名　称	型号规格	数　量	单　位	备　注
1	工具	常用电工工具		1	套	所有元器件都可以根据实际情况和条件而变化
2		万用表	MF47 型	1	块	
3	设备	PLC	S7—200 CPU 226	1	台	

(续)

序号	分类	名称	型号规格	数量	单位	备注
4	设备	断路器	DZ47—63	1	只	所有元器件都可以根据实际情况和条件而变化
5		熔断器	RT18—32	4	个	
6		熔体	2A	2	只	
7		熔体	5A	6	只	
8		按钮	LA4	11	只	
9		普通白炽灯座	螺口	1	只	
10		普通白炽灯	8W	1	只	
11		行程开关	LXW—11	6	个	
12		接触器	CJX1—9，220V	4	只	
13		热继电器	JRS2—63/F	2	只	
14		三相异步电动机	380V，0.5kW、丫联结	2	台	
15		接线端子	TD—1520	2	个	
16	消耗材料	导线	BVR 1.0mm²	若干	m	

5. 电路图、I/O 点分配、顺序控制功能图、电路组成及元器件功能

（1）电路图　电镀生产线控制系统电路图如图 10-4 所示。

（2）I/O 点分配　见表 10-2。

表 10-2　I/O 点分配

输入			输出		
元器件代号	功能	输入点	元器件代号	功能	输出点
SB1	起动	I0.0	HL	原点指示灯	Q0.0
SB2	停止	I0.1	KM1	上升	Q0.1
SB3	手动	I0.2	KM2	下降	Q0.2
SB4	连续	I0.3	KM3	左行	Q0.3
SB5	单周期	I0.4	KM4	右行	Q0.4
SB6	单工步	I0.5			
SB7	回原点	I0.6			
SQ4	上限位	I0.7			
SQ5	下限位	I1.0			
SQ0	原点限位	I1.1			
SQ1	1 号槽限位	I1.2			
SQ2	2 号槽限位	I1.3			
SQ3	3 号槽限位	I1.4			
SB8	手动右行	I1.5			
SB9	手动左行	I1.6			
SB10	手动上行	I1.7			
SB11	手动下行	I2.0			

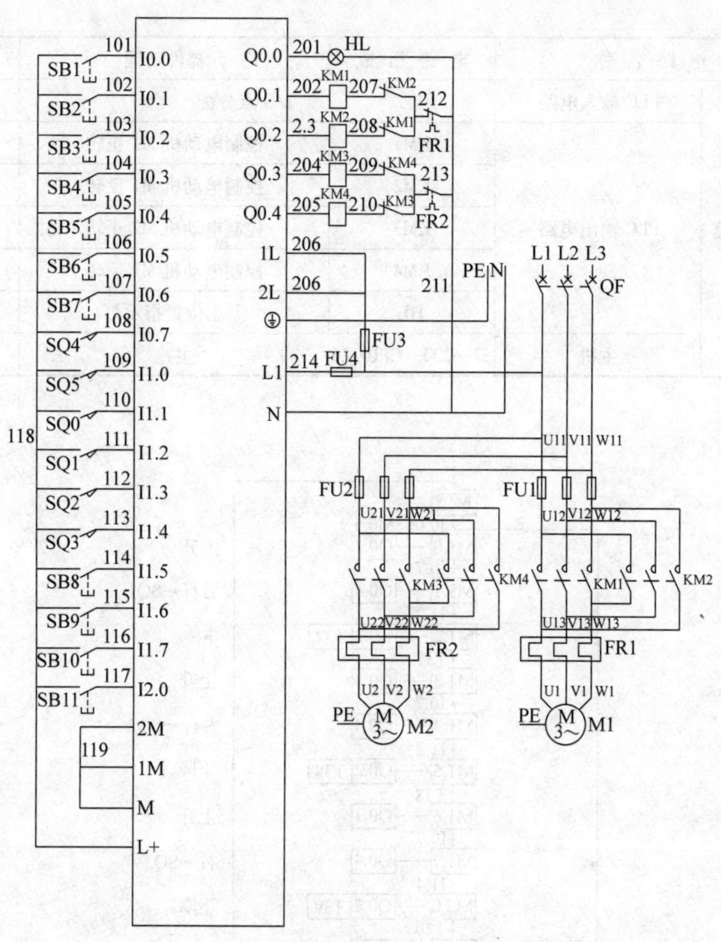

图 10-4　电镀生产线控制系统电路图

（3）电镀生产线顺序功能图（SFC）　如图 10-5 所示。

（4）电路组成及各元器件功能　见表 10-3。

表 10-3　电路组成及各元器件功能

序　号	电 路 名 称	电 路 组 成	元器件功能	备　注
1	电源电路	QF	电源开关	
2		FU4	PLC 输入电路短路保护	
3		FU3	PLC 输出电路短路保护	
4	电动机主电路	FU1	电动机 M1 主电路短路保护	
5		FU2	电动机 M2 主电路短路保护	
6		FR	过载保护	
7		三相异步电动机 M1	把电能转换成机械能	
8		三相异步电动机 M2		

(续)

序　号	电路名称		电路组成	元器件功能	备　注
9	控制电路	PLC 输入电路	见 I/O 点分配		
10		PLC 输出电路	KM1	控制电动机 M1 正转	
11			KM2	控制电动机 M1 反转	
12			KM3	控制电动机 M2 正转	
13			KM4	控制电动机 M2 反转	
14			HL	原点位置指示灯	
15		主机	S7—200　CPU 226	主控	

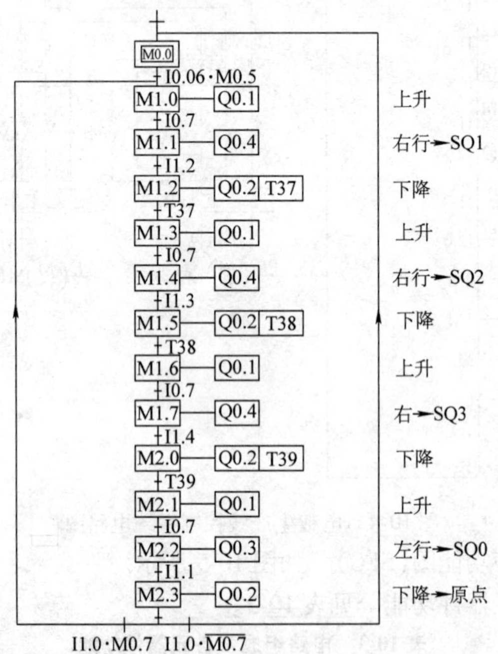

图 10-5　电镀生产线顺序功能图(SFC)

三、必要知识讲解

为了满足生产的需要，很多设备要求设置多种工作方式，例如手动和自动(包括连续、单周期、单步和自动返回初始状态)等。手动工作方式比较简单，一般用经验法设计；复杂的自动工作方式一般用顺序控制法设计。

下面以电镀生产线为例来介绍手动和自动工作方式。

手动工作方式：用 4 个不同的输入点接不同的按钮，分别控制行车吊篮的上升、下降、左行和右行。

工作周期：吊篮从原点(初始状态)开始，将工件从原点按照设计的工序完成相应的工作，最后再返回原点的过程，称为一个工作周期。

单周期工作方式：在原点位置按下起动按钮(输入点)，生产线按要求完成一个周期工作后，返回并停留在原点。

连续工作方式：在原点按下起动按钮，电镀生产线完成一个周期的工作后，继续下一个周期的工作；当按下停止按钮时，电镀生产线并不马上停止工作，而是完成当前周期的工作后，返回原点停止。

单步工作方式：从初始步开始，每按一下起动按钮，程序运行一步即停止；当再次按下起动按钮，程序又运行一步……，即每按一次起动按钮，程序只运行一步。单步工作方式是程序调试最为常用的手段之一。

四、操作指导

1. 接线图、元器件布置及布线

（1）电镀生产线接线图　如图 10-6 所示。

（2）电路组成及各元器件功能　见表 10-4。

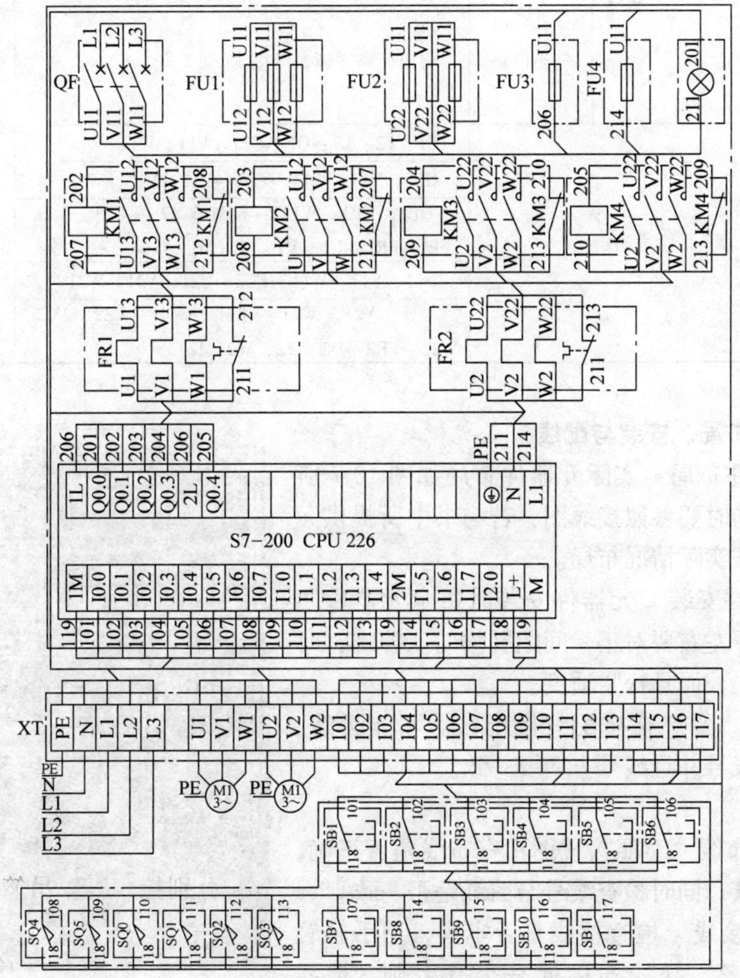

图 10-6　电镀生产线接线图

表 10-4　电路组成及各元器件功能

序　号	项　目		具 体 内 容	备　注
1	板内元器件		QF、FU1、FU2、FU3、FU4、HD、KM1、KM2、KM3、KM4、PLC	
2	外围元器件		SB1、SB2、SB3、SB4、SB5、SB6、SB7、SB8、SB9、SB10、SB11、SQ4、SQ5、SQ0、SQ1、SQ2、SQ3、电动机 M1、电动机 M2、接线端子 XT	
3	电源走线		L1→QF→FU4(214) →FU3(206)	
4			PE→PLC(⏚)	
5			N(211)→PLC(N)	
6	PLC 控制电路走线	输入回路	I0.0(101)→SB1→L+(118) 其他输入回路详细参考接线图	
7				
8				
9		输出回路	输出回路详细参考接线图	
10				
11				
12	主电路走线		L1、L2、L3→QF→U11、V11、W11	
13			U11、V11、W11→FU1→U12、V12、W12	
14			U12、V12、W12 → KM1/KM2 → U13、V13、W13→FR1→U1、V1、W1(M1)	
15			U11、V11、W11→FU2→U21、V21、W21	
16			U21、V21、W21 → KM3/KM4 → U22、V22、W22→FR2→U2、V2、W2(M2)	

2. 元器件布局、安装与配线

(1) 元器件布局　实际元器件布局如图 10-7 所示。元器件布局时要参照接线图，若与书中所提供元器件不同，则按实际情况布局。

(2) 元器件安装　元器件安装时每个元器件要摆放整齐，上下左右要对正，间距要均匀。拧螺钉时一定要加弹簧垫，而且松紧适度。

(3) 配线　要严格按配线图配线。不能丢线、漏线，要穿好线号并且线号方向要一致。

3. 自检

(1) 检查布线　对照接线图检查布线是否正确，有否漏接、错接，同时检查线号与图纸是否一致。

(2) 检查接线　检查接线是否牢固，用手轻轻拽一下能否脱落。导线连接处是否有毛刺、裸线头等。

图 10-7　实际元器件布局

（3）使用万用表检查　对照电路图、接线图及表 10-4 对布线进行检查。

4. 输入梯形图

（1）绘制梯形图　本项目梯形图如图 10-8 所示。

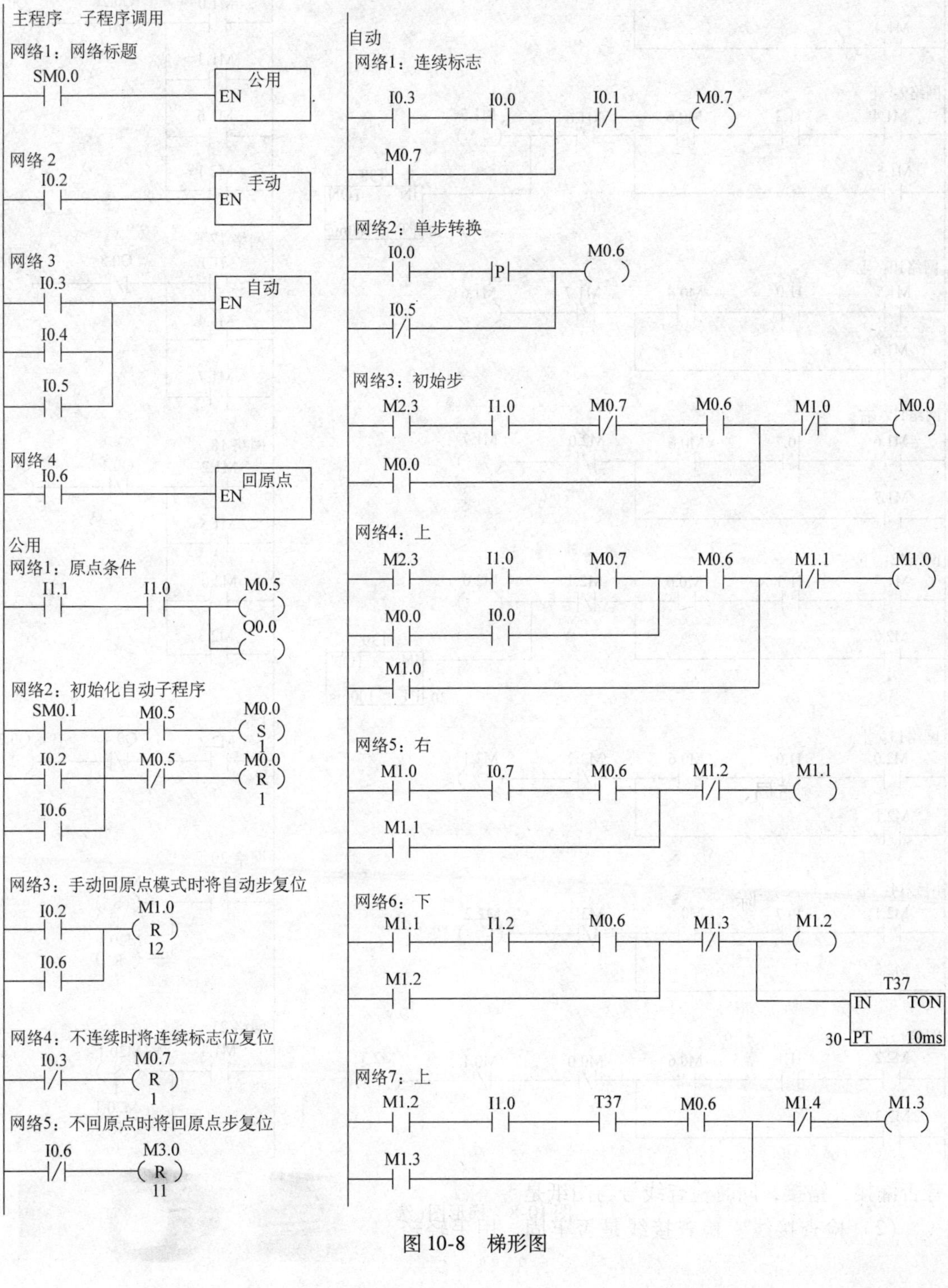

主程序　子程序调用

网络1：网络标题
SM0.0　公用 EN

网络 2
I0.2　手动 EN

网络 3
I0.3　I0.4　I0.5　自动 EN

网络 4
I0.6　回原点 EN

公用

网络1：原点条件
I1.1　I1.0　M0.5　Q0.0

网络2：初始化自动子程序
SM0.1　M0.5　M0.0 S 1
I0.2　M0.5　M0.0 R 1
I0.6

网络3：手动回原点模式时将自动步复位
I0.2　M1.0 R 12
I0.6

网络4：不连续时将连续标志位复位
I0.3　M0.7 R 1

网络5：不回原点时将回原点步复位
I0.6　M3.0 R 11

自动

网络1：连续标志
I0.3　I0.0　I0.1　M0.7
M0.7

网络2：单步转换
I0.0　P　M0.6
I0.5

网络3：初始步
M2.3　I1.0　M0.7　M0.6　M1.0　M0.0
M0.0

网络4：上
M2.3　I1.0　M0.7　M0.6　M1.1　M1.0
M0.0　I0.0
M1.0

网络5：右
M1.0　I0.7　M0.6　M1.2　M1.1
M1.1

网络6：下
M1.1　I1.2　M0.6　M1.3　M1.2
M1.2　T37 IN TON　30-PT 10ms

网络7：上
M1.2　I1.0　T37　M0.6　M1.4　M1.3
M1.3

图 10-8　梯形图

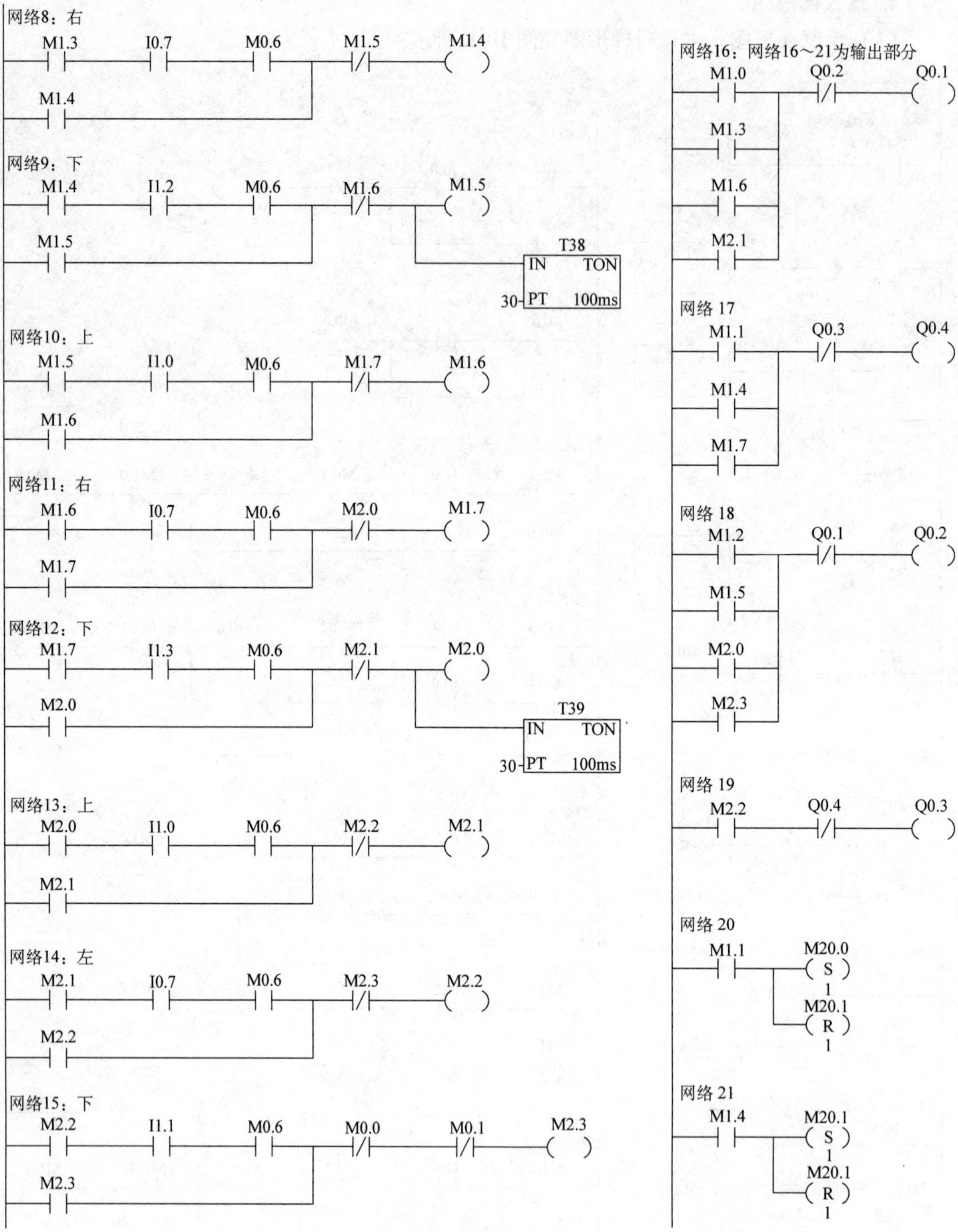

网络8：右
M1.3 I0.7 M0.6 M1.5 M1.4
M1.4

网络9：下
M1.4 I1.2 M0.6 M1.6 M1.5
M1.5
T38
IN TON
30-PT 100ms

网络10：上
M1.5 I1.0 M0.6 M1.7 M1.6
M1.6

网络11：右
M1.6 I0.7 M0.6 M2.0 M1.7
M1.7

网络12：下
M1.7 I1.3 M0.6 M2.1 M2.0
M2.0
T39
IN TON
30-PT 100ms

网络13：上
M2.0 I1.0 M0.6 M2.2 M2.1
M2.1

网络14：左
M2.1 I0.7 M0.6 M2.3 M2.2
M2.2

网络15：下
M2.2 I1.1 M0.6 M0.0 M0.1 M2.3
M2.3

网络16：网络16～21为输出部分
M1.0 Q0.2 Q0.1
M1.3
M1.6
M2.1

网络 17
M1.1 Q0.3 Q0.4
M1.4
M1.7

网络 18
M1.2 Q0.1 Q0.2
M1.5
M2.0
M2.3

网络 19
M2.2 Q0.4 Q0.3

网络 20
M1.1 M20.0
S
1
M20.1
R
1

网络 21
M1.4 M20.1
S
1
M20.1
R
1

图 10-8　梯形图(续)

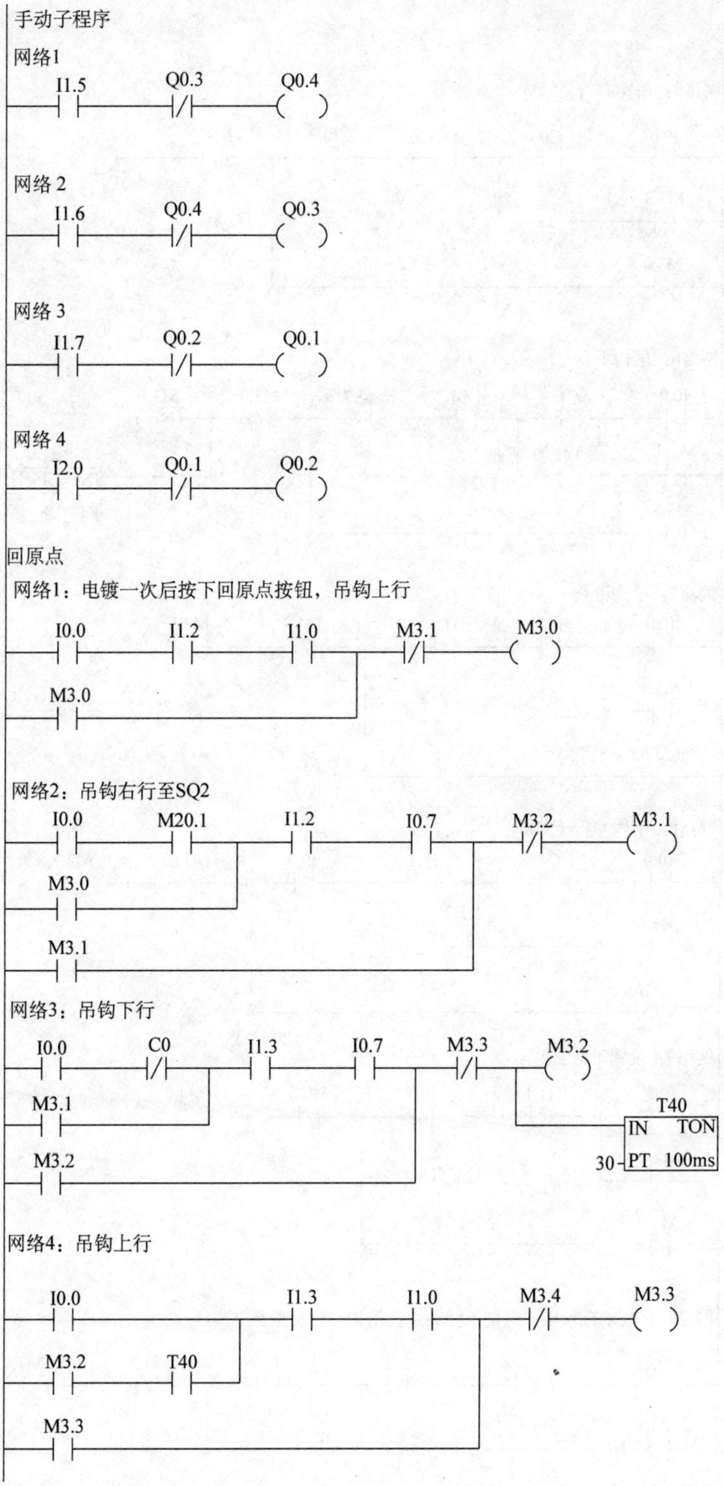

手动子程序

网络1

I1.5 Q0.3 Q0.4

网络 2

I1.6 Q0.4 Q0.3

网络 3

I1.7 Q0.2 Q0.1

网络 4

I2.0 Q0.1 Q0.2

回原点

网络1：电镀一次后按下回原点按钮，吊钩上行

I0.0 I1.2 I1.0 M3.1 M3.0

M3.0

网络2：吊钩右行至SQ2

I0.0 M20.1 I1.2 I0.7 M3.2 M3.1

M3.0

M3.1

网络3：吊钩下行

I0.0 C0 I1.3 I0.7 M3.3 M3.2

M3.1

M3.2

T40

IN TON

30-PT 100ms

网络4：吊钩上行

I0.0 I1.3 I1.0 M3.4 M3.3

M3.2 T40

M3.3

图 10-8　梯形图(续)

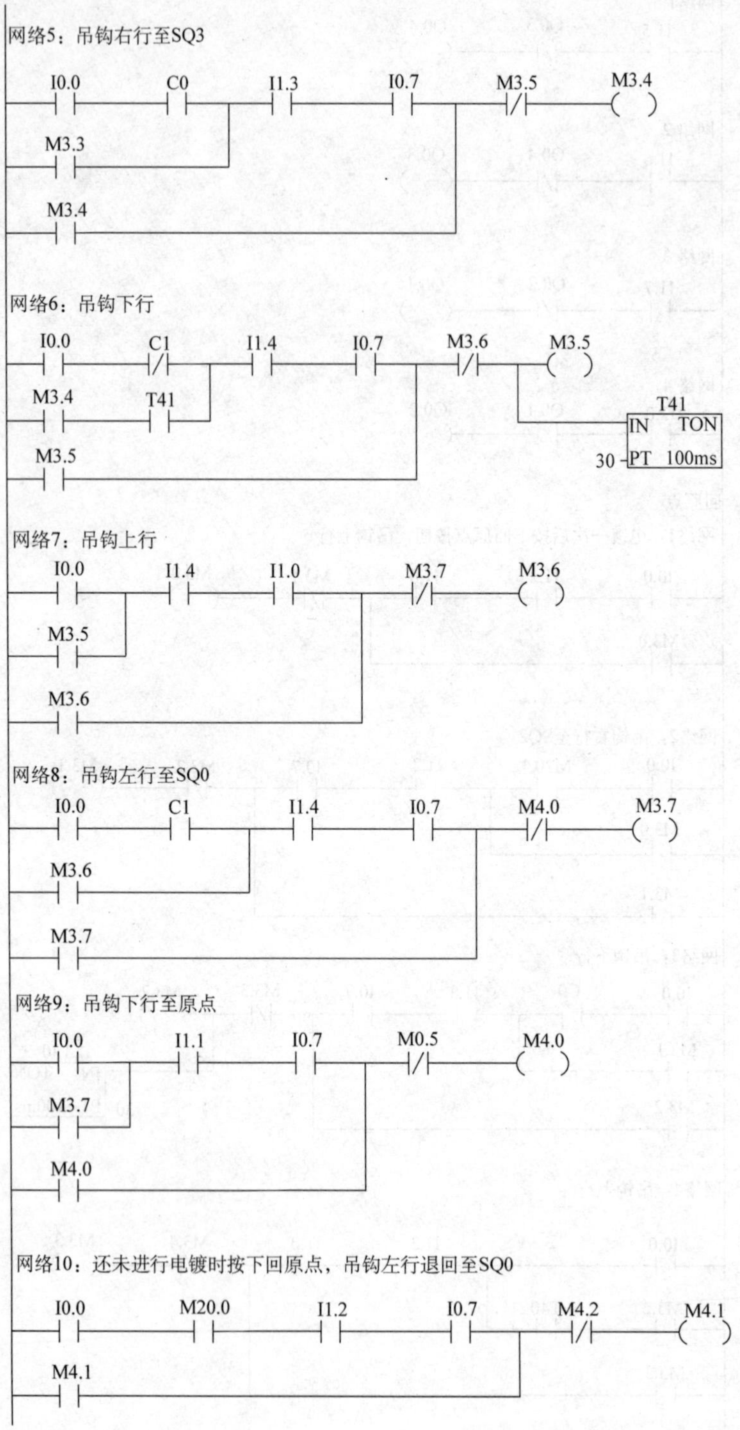

网络5：吊钩右行至SQ3
I0.0
C0
I1.3
I0.7
M3.5
M3.4
M3.3
M3.4
网络6：吊钩下行
I0.0
C1
I1.4
I0.7
M3.6
M3.5
M3.4
T41
M3.5
T41
IN TON
30 PT 100ms
网络7：吊钩上行
I0.0
I1.4
I1.0
M3.7
M3.6
M3.5
M3.6
网络8：吊钩左行至SQ0
I0.0
C1
I1.4
I0.7
M4.0
M3.7
M3.6
M3.7
网络9：吊钩下行至原点
I0.0
I1.1
I0.7
M0.5
M4.0
M3.7
M4.0
网络10：还未进行电镀时按下回原点，吊钩左行退回至SQ0
I0.0
M20.0
I1.2
I0.7
M4.2
M4.1
M4.1

图 10-8 梯形图(续)

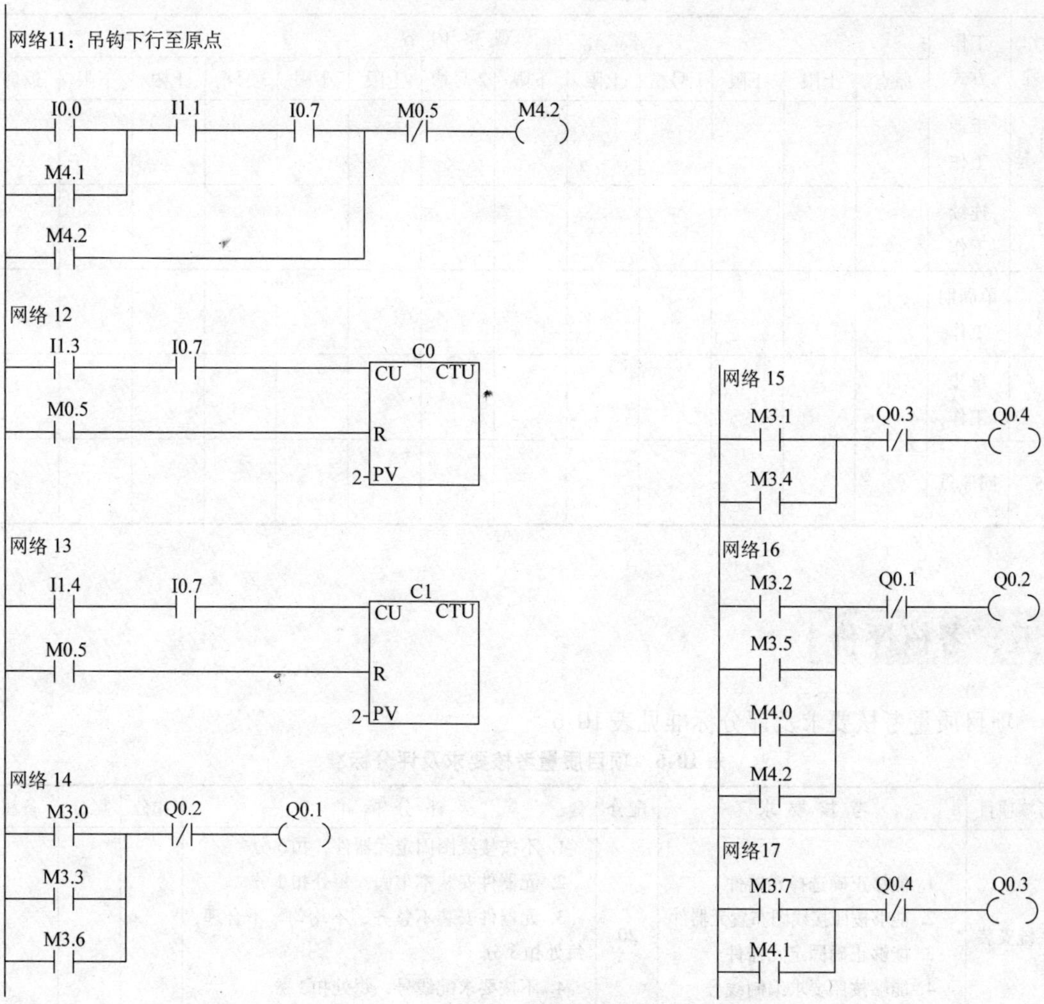

网络11：吊钩下行至原点

网络 12

网络 13

网络 14

网络 15

网络16

网络17

图 10-8　梯形图(续)

(2) 连接系统　连接好计算机与 PLC 的通信系统。

(3) 下载程序　将已编好的梯形图程序下载至 PLC 主机中。

5. 操作注意事项

1) 安装元器件或接线时，必须按照十字形和一字形及相应大小选择合适的螺钉旋具进行螺钉拆装。

2) 用电工刀剥削导线绝缘层时一定要按照安全操作规程要求操作。

3) 通电前必须经过教师检查，并经教师同意后方可试车。

6. 通电试车

经自检、教师检查确认电路正常且无安全隐患后，在教师的监护下通电试车。

1) 调整 PLC 为 RUN 工作状态进行操作。

2) 观察系统的运行情况并进行梯形图监控，在表 10-5 中作好记录。

3) 如出现故障，应立即切断电源、分析原因、检查电路或梯形图后重新调试，直至达到项目拟定的要求。

表 10-5　电镀生产线控制系统工作情况记录

操作步骤	工作方式	观察内容												
		原点	上限	下限	1 号槽	上限	下限	2 号槽	上限	下限	3 号槽	上限	下限	返回
1	手动工作													
2	连续工作													
3	单周期工作													
4	单步工作													
5	回原点													

五、考核评价

项目质量考核要求及评分标准见表 10-6。

表 10-6　项目质量考核要求及评分标准

考核项目	考 核 要 求	配分	评 分 标 准	扣分	得分	备注
系统安装	1. 能够正确选择元器件 2. 能够按照接线图布置元器件 3. 能够正确固定元器件 4. 能够按照要求编制线号	20	1. 不按接线图固定元器件，扣 5 分 2. 元器件安装不牢固，每处扣 2 分 3. 元器件安装不整齐、不均匀、不合理，每处扣 3 分 4. 不按要求配线号，每处扣 1 分 5. 损坏元器件此项不得分			
编程练习	1. 能够建立程序新文件 2. 能够正确输入梯形图 3. 能够正确保存文件 4. 能够下载和上传程序	40	1. 不能建立程序新文件或建立错误，扣 5 分 2. 梯形图符号错，每处扣 3 分 3. 保存文件错误，扣 5 分 4. 不会下载和上传程序，扣 5 分			
运行操作	1. 正确操作运行系统，分析运行结果 2. 能够正确修改程序并监控程序 3. 能够编辑程序并验证输入输出和自保控制	40	1. 首次试车不成功扣 10 分 2. 运行结果有错误扣 5 分 3. 不会监控扣 10 分 4. 不正确分析结果扣 5 分			
安全生产	自觉遵守安全文明生产规程		1. 漏接接地线，每处扣 10 分 2. 不按操作规程运作扣 10 分 3. 发生安全事故，按 0 分处理			

（续）

<table>
<tr><th>考核项目</th><th>考 核 要 求</th><th>配分</th><th colspan="4">评 分 标 准</th><th>扣分</th><th>得分</th><th>备注</th></tr>
<tr><td>定额时间</td><td>6h</td><td></td><td colspan="4">提前正确完成，每 30min 加 5 分；超过定额时间，每 30min 扣 10 分</td><td></td><td></td><td></td></tr>
<tr><td rowspan="2">开始时间</td><td rowspan="2" colspan="2"></td><td rowspan="2">结束时间</td><td rowspan="2"></td><td rowspan="2">实际时间</td><td rowspan="2"></td><td>小计</td><td>小计</td><td>总分</td></tr>
<tr><td></td><td></td><td></td></tr>
</table>

六、知识拓展

具有多种工作方式的系统除了电镀生产线以外，比较典型的控制系统还有机械手控制系统，下面简单介绍一个常见的、具有多种工作方式的机械手。机械手示意图如图 10-9 所示。

机械手的工作流程为：

按下起动按钮→机械手下降到下限位（Q0.2 得电）→机械手夹紧工件（Q0.5 得电）→机械手上升到上限位（Q0.1 得电）→右行至右限位处（Q0.4 得电）→下降到 B 点（Q0.2 得电）→机械手松开工件（Q0.5 失电）→机械手上升到上限位（Q0.1 得电）→返回至原点。通过对电镀生产线控制系统的学习，读者可以编写机械手控制系统的梯形图程序。

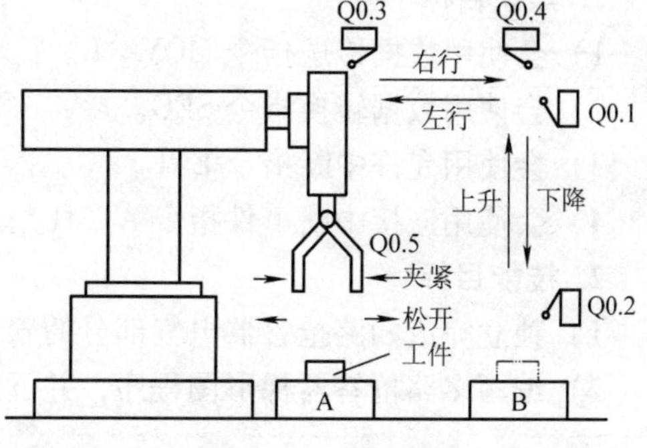

图 10-9　机械手示意图

七、习题

1. 为什么要设置手动工作方式？

2. 有自动和手动工作方式的系统一般采用什么样的程序结构？

3. 控制系统可能有哪些工作方式？

4. 具有多种工作方式的系统一般允许用户在运行过程中切换工作方式。设计公用程序时应该注意哪些问题？

5. 如图 10-9 所示，将机械手控制系统按照其工作流程进行 PLC 的 I/O 点分配，画出自动工作方式的顺序功能图，并编写出手动和自动的梯形图程序。

项目十一 多路抢答器

一、学习目标

1. 知识目标

1）会使用数据传送指令 MOV _ B。

2）会使用数据转换指令 SEG。

3）会使用允许中断指令 ENI。

4）会使用连接中断事件指令 ATCH。

2. 技能目标

1）独立完成四路抢答器电气部分的安装、布线。

2）编写多路抢答器梯形图程序，并下载、调试、监控及运行。

二、项目分析

1. 项目要求

本项目任务是安装与调试四路抢答器 PLC 电气控制系统，并编写、调试 PLC 程序。

系统控制要求如下：

如图 11-1 所示，抢答器共有四路抢答按钮，主持人处有 1 路复位按钮。当四人抢答时，显示屏上显示抢答人的编号(例如，1 号选手第一个按下按钮则显示器上显示字形“1”)。抢答完毕后，主持人可以按下复位按钮，开始下一轮的抢答。具体要求如下：

（1）初始状态　显示器无数字显示。

（2）抢答过程　四路抢答时，抢答按钮依次为 SB1、SB2、SB3、SB4，其中任何一人按下对应抢答按钮，其他抢答按钮均失效，显示器显示相应的字形。答题完毕后，主持人按复位按钮 SB5，控制系统回到初始状态。

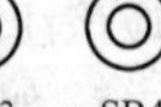

图 11-1　抢答器示意图

2. 任务流程图

本项目的任务流程如图 11-2 所示。

3. 知识点链接

多路抢答器控制系统相关的知识点链接如图 11-3 所示。

4. 环境设备

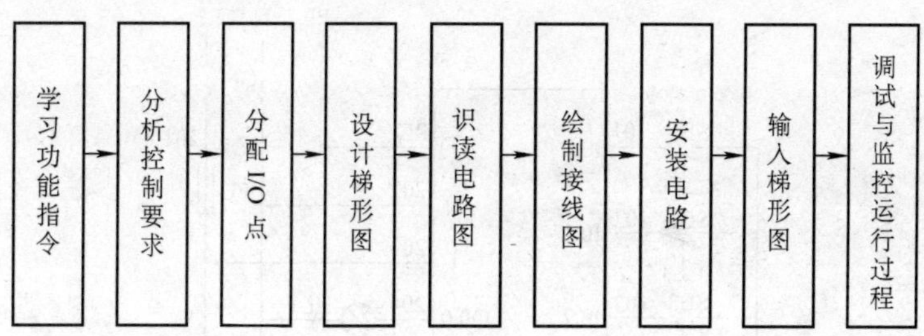

图 11-2　任务流程图

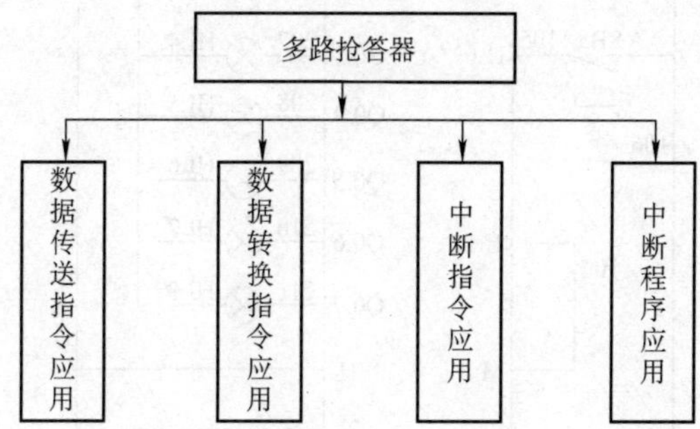

图 11-3　知识点链接

项目运行所需设备的工具、设备见表 11-1。

表 11-1　工具、设备清单

序　号	分　类	名　称	型号规格	数　量	单　位	备　注
1	工具	常用电工工具		1	套	
2		万用表	MF47 型	1	块	
3	设备	PLC	S7—200　CPU 226	1	台	
4		熔断器	RT18—32	1	只	
5		熔体	2A	1	只	
6		按钮	LA4—3H	5	只	
7		普通白炽灯座	普通螺口	8	只	
8		普通白炽灯	8W/220V	8	只	本项目中使用 8 个白炽灯代替数码管显示
9		断路器	DZ47—63	1	个	
10	消耗材料	导线	BVR 1.0mm^2	若干	m	

5. 电路图、I/O 点分配、电路组成及各元器件功能

（1）电路图　四路抢答器电路图　如图 11-4 所示。

（2）I/O 点分配　见表 11-2。

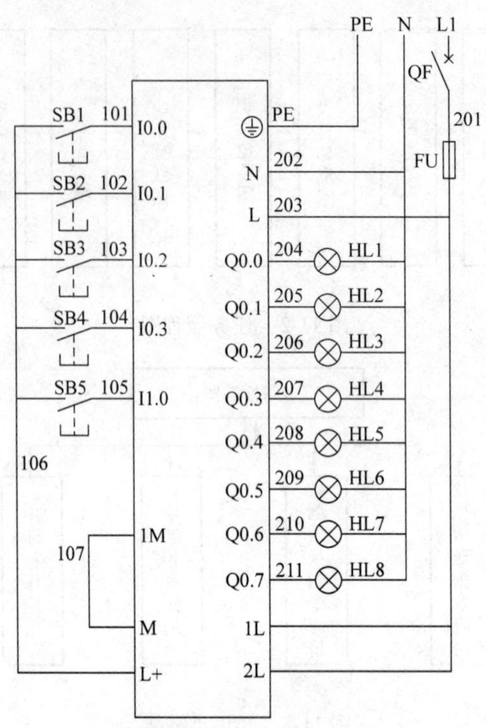

图 11-4　四路抢答器电路图

表 11-2　I/O 点分配

输　入			输　出		
元器件代号	功　能	输入点	元器件代号	功　能	输出点
SB1	1 号抢答按钮	I0. 0	HL1	段码 a	Q0. 0
SB2	2 号抢答按钮	I0. 1	HL2	段码 b	Q0. 1
SB3	3 号抢答按钮	I0. 2	HL3	段码 c	Q0. 2
SB4	4 号抢答按钮	I0. 3	HL4	段码 d	Q0. 3
SB5	主持人复位按钮	I1. 0	HL5	段码 e	Q0. 4
			HL6	段码 f	Q0. 5
			HL7	段码 g	Q0. 6
			HL8	段码 h	Q0. 7

（3）电路组成及各元器件功能　见表 11-3。

表 11-3　电路组成及元器件功能

序　号	电 路 名 称	电 路 组 成	元器件功能	备　注
1	电源电路	QF	电源开关	
2		FU	PLC 和负载电路短路保护	

（续）

序　号	电路名称		电路组成	元器件功能	备　注
3	控制电路	PLC 输入电路	SB1	1 号抢答按钮	
4			SB2	2 号抢答按钮	
5			SB3	3 号抢答按钮	
6			SB4	4 号抢答按钮	
7			SB5	复位	
8		PLC 输出电路	HL1	段码 a	
9			HL2	段码 b	
10			HL3	段码 c	
11			HL4	段码 d	
12			HL5	段码 e	
13			HL6	段码 f	
14			HL7	段码 g	
15			HL8	段码 h	小数点
16		主机	S7—200　CPU 226	主控	

三、必要知识讲解

在以前的项目中，我们所学到的位逻辑指令、定时器与计数器指令是 PLC 最基本的、也是最常用的指令。本项目中所涉及到的指令为功能指令，又称作应用指令，通常应用于较为复杂的控制程序。

功能指令数量繁多，一般可以分为两大类：

1）第一类属于基本的数据操作，它包括数据和数据块的传送，数据的比较、移位、循环移位，数学运算和逻辑运算等，本项目所涉及到的为数据的传送及处理指令。

2）第二类属于子程序、中断、高速计数、位置控制、闭环控制和通信等指令，本项目所涉及到的为中断指令，其他的功能指令将在知识扩展中给大家作一介绍。

功能指令的使用涉及到很多的细节问题，可在 STEP 7 Micro WIN 编程软件中，选中该功能指令，按 F1 打开软件的帮助菜单，可帮助更好地理解该指令。

1. 数据传送指令（MOV _ B）

MOV _ B 指令见表 11-4。

表 11-4　MOV _ B 指令

梯形图	MOV_B EN　ENO ???? - IN　OUT - ????
语句表	MOVB IN，OUT
功能	将字节从输入（IN）传送到输出（OUT）

MOV _ B 指令的输入/输出见表 11-5。

表 11-5　MOV _ B 指令的输入/输出

输入/输出	操　作　数	数 据 类 型
IN	VB、IB、QB、MB、SB、SMB、LB、AC、常量、* VD、* LD、* AC	字节
OUT	VB、IB、QB、MB、SB、SMB、LB、AC、* VD、* LD、* AC	字节

注：* 间接寻址。

这种单字节的数据传送指令通常应用于控制系统程序的初始化。

【例 11-1】　程序执行，我们希望把输出的 Q0.0 ~ Q0.7 中数据清“0”以方便后面使用。

解：梯形图和语句表见表 11-6。

表 11-6　例 11-1 表

梯形图	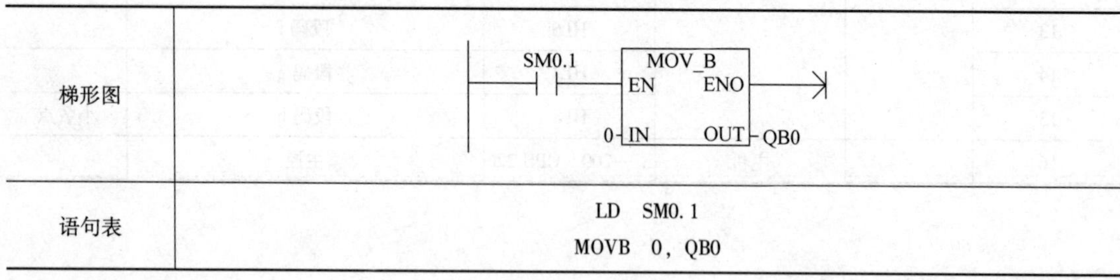
语句表	LD　SM0.1 MOVB　0，QB0

2. 数据转换指令应用

下面以段译码指令为例介绍数据转换指令的应用。

段译码指令 SEG 将输入字节(IN)低 4 位的 16 进制数(0 ~ F)转换为七段数码管显示对应的共阴极码(对应数码管各段的逻辑关系为“1”亮、“0”灭)，并送到输出字节 OUT。图 11-5 所示的七段数码管的 a、b、c、d、e、f、g 段分别顺序对应输出字节的最低位到第 6 位(最高位补 0)。如果对应的某段被点亮，则表示该段所对应的位为“1”，否则为“0”。若显示数字“1”，则输出字节代码为“0000 0110”，SEG 指令见表 11-7。

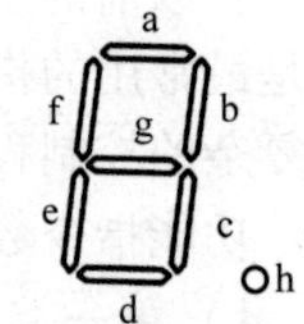

图 11-5　七段数码管

表 11-7　SEG 指令

梯形图	SEG EN　ENO ????-IN　OUT-????
语句表	SEG IN，OUT
功能	根据输入字节(IN)的低四位的二进制码转换成七段数码管显示码输出(OUT)

SEG 指令的输入/输出见表 11-8。

表 11-8　SEG 指令的输入/输出

输入/输出	操 作 数	数 据 类 型
IN	VB、IB、QB、MB、SB、SMB、LB、AC、常量、*VD、*LD、*AC	字节
OUT	VB、IB、QB、MB、SB、SMB、LB、AC、*VD、*LD、*AC	字节

注：*间接寻址。

【例 11-2】　当输入点 I0.0 有效时，使能流输入 EN 有效，段译码指令将 IN 输入的“1”转换为相应的七段数码管显示码，并将其输出给输出继电器 Q0.0 ~ Q0.7，将输出与对应的数码管顺序连接，显示数码“1”字形。

解：设计的梯形图和语句表见表 11-9。

表 11-9　例 11-2 表

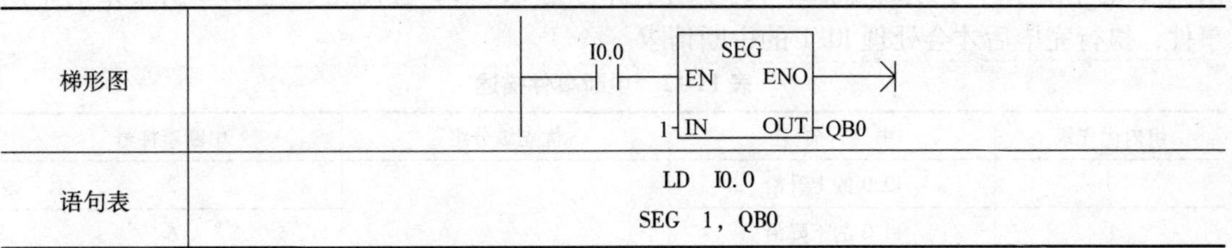

七段数码管显示码及对应代码见表 11-10。

表 11-10　七段数码管显示码及对应代码

IN(LSD)	OUT	IN(LSD)	OUT	IN(LSD)	OUT	IN(LSD)	OUT
0	3F	4	66	8	7F	C	39
1	06	5	6D	9	6F	D	5E
2	5B	6	7D	A	77	E	79
3	4F	7	07	B	7C	F	71

3. 中断指令

所谓中断就是当控制系统执行程序时，若出现急需处理的事件，则系统暂时中断正在执行的程序，转去处理中断事件，且当该中断事件执行完毕后，系统自动回到原来被中断的程序继续执行。

(1) 中断指令　见表 11-11。

表 11-11　中断指令

	开 中 断	中 断 连 接
梯形图	—(ENI)	ATCH：EN　END；????-IN；????-EVNT
语句表	ENI	ATCH　INT，EVNT
功能	允许所有被连接的中断事件	将中断事件 EVNT 与中断服务程序号 INT 相连接，并启用该中断事件

（2）中断源　中断源是能够向 CPU 发出中断请求的中断事件。S7—200 共有 34 个中断源，每个中断源都有一个中断事件号，本项目只涉及到其中一部分。中断源分为三类：通信中断、I/O 中断和定时中断。

其中 I/O 中断属于外部中断，是系统利用输出 I0.0 ~ I0.3 的上升沿或者下降沿产生的中断(详见表 11-12)。一旦这些外部信号满足了中断产生的条件，系统就会转去执行该中断事件。

（3）中断优先级及中断响应顺序　在控制系统执行程序过程中，有时会出现多个中断，如果同时向 CPU 申请中断，则需要根据中断事件的重要性依次排序以决定执行哪个中断。我们把中断事件的重要性称为中断优先级，不同类型的中断源有不同的中断优先组别，见表 11-12。在相同的组别内也有不同的优先级控制，例如当 I0.0 和 I0.1 的上升沿同时有效时，因 I0.0 的中断事件号为 2，而 I0.1 的中断事件号为 3，CPU 会优先处理 I0.0 所带来的中断事件，执行完毕后才会处理 I0.1 的中断请求。

表 11-12　中断事件描述

组内优先级	中 断 描 述	优先级分组	中断事件号
0	I0.0 的上升沿	I/O 中断(中等优先级)	2
1	I0.0 的下降沿		6
2	I0.1 的上升沿		3
3	I0.1 的下降沿		7
4	I0.2 的上升沿		4
5	I0.2 的下降沿		8
6	I0.3 的上升沿		5
7	I0.3 的下降沿		9

（4）中断程序　中断程序是用户为处理中断事件而编写的程序，每个中断程序都有一个中断程序号，当主程序执行到中断连接指令时，只要满足中断的前提条件，系统就会依照中断程序号来执行相应的中断程序。执行结束后，系统无条件返回，指令结束。用户也可以根据自己的需要以条件返回指令结束中断程序(在返回指令前加相应的逻辑条件)。S7—200 系统的中断程序中不允许出现中断的嵌套，即中断程序内不能出现另外的中断程序。

中断程序中不允许出现 DISI、ENI、CALL、HDEF、FOR … NEXT、LSCR、SCRE、SCRT、END 等指令。

使用中断程序时，值得注意的问题是中断程序应尽量优化、简洁，以减少中断程序的执行时间，否则很容易产生主程序控制设备的异常。

四、操作指导

1. 接线图、元器件布置及布线情况

（1）接线图　四路抢答器控制系统接线图如图 11-6 所示。

（2）元器件布置及布线情况　元器件布置及布线情况见表 11-13。

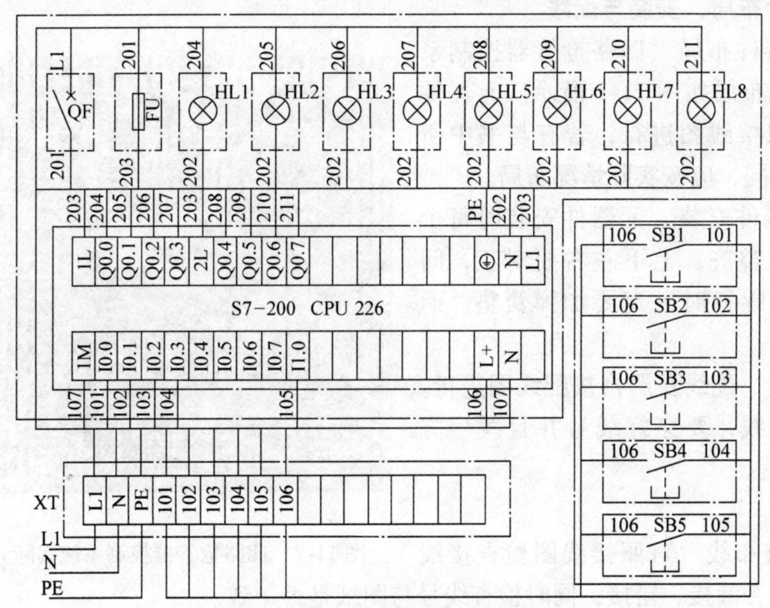

图 11-6　四路抢答器控制系统接线图

表 11-13　元器件布置及布线情况

序号	项　目		具 体 内 容	备注
1	板内元器件		QF、FU、HL1、HL2、HL3、HL4、HL5、HL6、HL7、HL8	
2	外围元器件		SB1、SB2、SB3、SB4、SB5、接线端子 XT	
3	电源走线		L1→QF→FU(201)→PLC(L)(203) PLC(1L)(203)→PLC(2L)(203)	
4			N(202)→N(PLC)	
5			PE→PLC(PE)	
6	PLC 控制电路走线	输入回路	I0.0(101)→SB1→L+(106)	
7			I0.1(102)→SB2→L+(106)	
8			I0.2(103)→SB3→L+(106)	
9			I0.3(104)→SB4→L+(106)	
10			I1.0(105)→SB5→L+(106)	
11		输出回路	Q0.0(204)→HL1→N(202)	
12			Q0.1(205)→HL2→N(202)	
13			Q0.2(206)→HL3→N(202)	
14			Q0.3(207)→HL4→N(202)	
15			Q0.4(208)→HL5→N(202)	
16			Q0.5(209)→HL6→N(202)	
17			Q0.6(210)→HL7→N(202)	
18			Q0.7(211)→HL8→N(202)	

2. 元器件布局、安装与配线

（1）元器件布局　四路抢答器控制系统实际元器件布局如图11-7所示。元器件布局时要参照接线图进行，若有与书中所提供元器件不同，应按实际情况布局。

（2）元器件安装　元器件安装时每个元器件要摆放整齐，上下左右要对正，间距要均匀。拧螺钉时一定要加弹簧垫，而且松紧适度。

（3）配线　配线要严格按配线图进行。不能丢线、漏线，要穿好线号并且线号方向要保持一致。

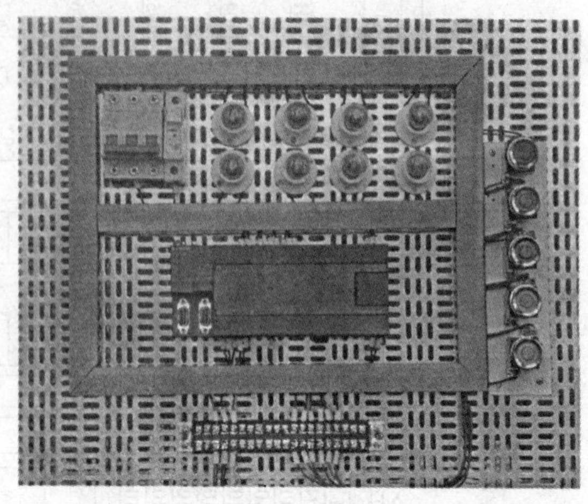

图11-7　四路抢答器控制系统实际元器件布局

3. 自检

（1）检查布线　对照接线图检查接线是否正确，有否漏接、错接，同时检查线号与图纸是否一致。

（2）检查接线　检查接线是否牢固，用手轻轻拽一下能否脱落。检查导线连接处是否有毛刺、裸线头等。

（3）用万用表检查电路　用万用表对照电路图、接线图及表11-14对布线进行检查。

表11-14　万用表检查电路

<table>
<tr><th>检测任务</th><th colspan="3">操作方法</th><th>正确结果</th><th>备注</th></tr>
<tr><td rowspan="17">检测电路导线连接是否良好</td><td colspan="3">采用万用表电阻挡(R×1)</td><td>阻值/Ω</td><td rowspan="17">断电情况下测量电阻</td></tr>
<tr><td colspan="2" rowspan="3">电源走线</td><td>L1→QF→FU(201)→PLC(L)(203)
PLC(1L)(203)→PLC(2L)(203)</td><td>QF接通时为0，断开时为∞</td></tr>
<tr><td>N(202)→PLC(N)</td><td>0</td></tr>
<tr><td>PE→PLC(⏚)</td><td>0</td></tr>
<tr><td rowspan="13">PLC控制电路走线</td><td rowspan="5">输入回路</td><td>I0.0(101)→SB1→L+(106)</td><td>0</td></tr>
<tr><td>I0.1(102)→SB2→L+(106)</td><td>0</td></tr>
<tr><td>I0.2(103)→SB3→L+(106)</td><td rowspan="3">0</td></tr>
<tr><td>I0.3(104)→SB4→L+(106)</td></tr>
<tr><td>I1.0(105)→SB5→L+(106)</td></tr>
<tr><td rowspan="8">输出回路</td><td>Q0.0(204)→HL1→N(202)</td><td rowspan="8">指示灯有阻值，导线电阻为0</td></tr>
<tr><td>Q0.1(205)→HL2→N(202)</td></tr>
<tr><td>Q0.2(206)→HL3→N(202)</td></tr>
<tr><td>Q0.3(207)→HL4→N(202)</td></tr>
<tr><td>Q0.4(208)→HL5→N(202)</td></tr>
<tr><td>Q0.5(209)→HL6→N(202)</td></tr>
<tr><td>Q0.6(210)→HL7→N(202)</td></tr>
<tr><td>Q0.7(211)→HL8→N(202)</td></tr>
</table>

4. 输入梯形图

（1）绘制梯形图　根据控制要求绘制的四路抢答器控制系统梯形图如图 11-8 所示。

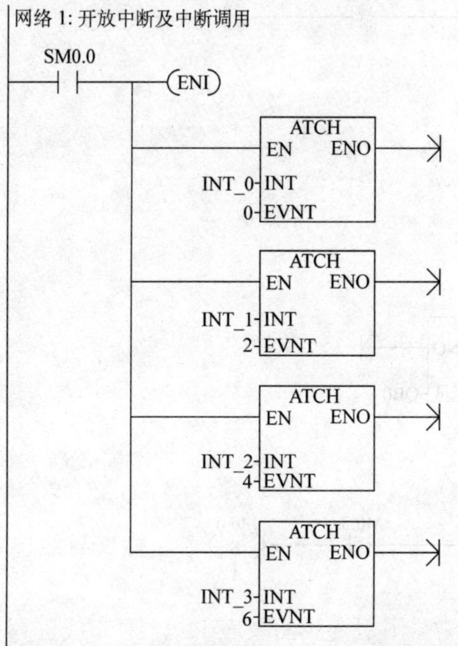

符号	地址	注释
INT_0	INT0	中断程序注释
INT_1	INT1	中断程序注释
INT_2	INT2	中断程序注释
INT_3	INT3	中断程序注释

网络2：七段译码显示

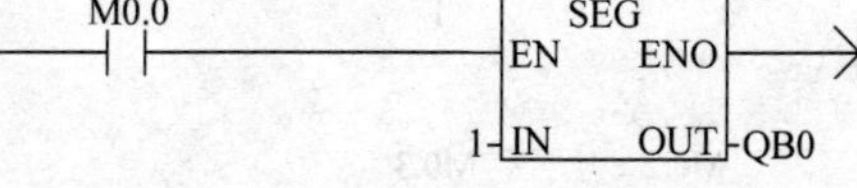

网络3：七段译码显示

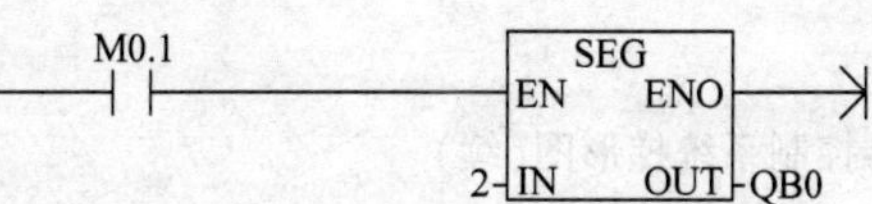

网络4：七段译码显示

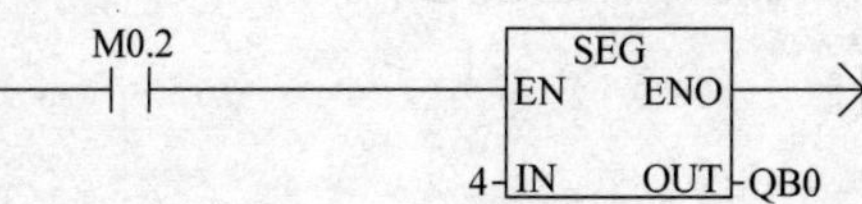

网络5：七段译码显示

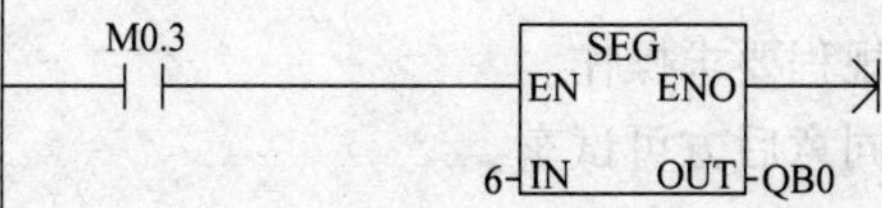

图 11-8　四路抢答器控制系统梯形图

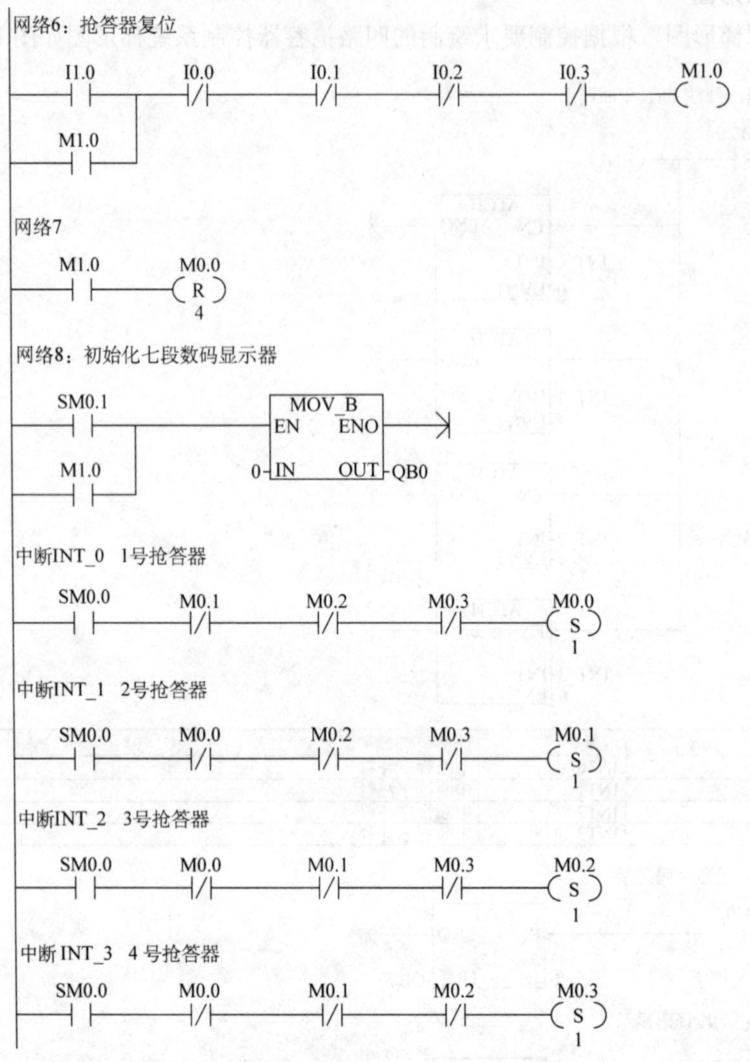

图 11-8 四路抢答器控制系统梯形图(续)

(2) 输入梯形图 梯形图由学生输入。

(3) 连接系统 用 PC/PPI 编程电缆把计算机与 PLC 连接起来。

(4) 下载程序 在教师的监护下下载程序。

5. 操作注意事项

1) 安装元器件或接线时，必须按照十字形和一字形及相应大小选择合适的螺钉旋具进行拆装螺钉操作。

2) 用电工刀剥线时一定要按照安全操作规程要求操作。

3) 通电前必须经过教师检查，并经教师同意后方可试车。

6. 通电试车

经自检，教师检查确认电路正常且无安全隐患后，在教师的监护下，通电试车。

1) 调整 PLC 为 RUN 工作状态。

2）观察系统的运行情况并进行梯形图监控，在表11-15中作好记录。

表11-15　四路抢答器控制系统工作情况记录

操作步骤	操作内容	观察内容								备注
		a	b	c	d	e	f	g	h	
1	按下SB5									每次按下SB1～SB4中的一个按钮，需要按下SB5才能进行再次抢答
2	按下SB1									
3	按下SB2									
4	按下SB3									
5	按下SB4									

3）如出现故障，应立即切断电源、分析原因，检查电路或梯形图后重新调试，直至达到项目拟定的要求。

五、考核评价

项目质量考核要求及评分标准见表11-16。

表11-16　项目质量考核要求及评分标准

考核项目	考核要求	配分	评分标准	扣分	得分	备注
系统安装	1. 能够正确选择元器件 2. 能够按照接线图布置元器件 3. 能够正确固定元器件 4. 能够按照要求编制线号	20	1. 不按接线图固定元器件扣5分 2. 元器件安装不牢固，每处扣2分 3. 元器件安装不整齐、不均匀、不合理，每处扣3分 4. 不按要求配线号，每处扣1分 5. 损坏元器件此项不得分			
编程练习	1. 能够建立新程序文件 2. 能够正确输入梯形图 3. 能够正确保存文件 4. 能够下载和上传程序	40	1. 不能建立程序新文件或建立错误扣5分 2. 梯形图符号错，每处扣3分 3. 保存文件错误扣5分 4. 不会下载和上传程序扣5分			
运行操作	1. 能够正确操作运行系统，并能分析运行结果 2. 能够正确修改与监控程序 3. 能够编辑程序并验证输入、输出和自保控制	40	1. 首次试车不成功扣10分 2. 运行结果有错误扣5分 3. 不会监控扣10分 4. 不正确分析结果扣5分			
安全生产	自觉遵守安全文明生产规程		1. 漏接接地线一处，扣10分 2. 不按操作规程运作扣10分 3. 发生安全事故，0分处理			
定额时间	6h		提前正确完成，每30min加5分；超过定额时间，每30min扣10分			
开始时间		结束时间	实际时间	小计	小计	总分

六、知识拓展

在四路抢答器项目当中，除了使用一些功能指令进行编程外，还可以通过起保停电路的设计方法进行设计，一切都根据个人的编程习惯。如果以前有汇编语言的基础，那么功能指令就比较容易；如果对位逻辑控制指令比较熟悉，应用图 11-9 所示的编程方法就是更好的选择。

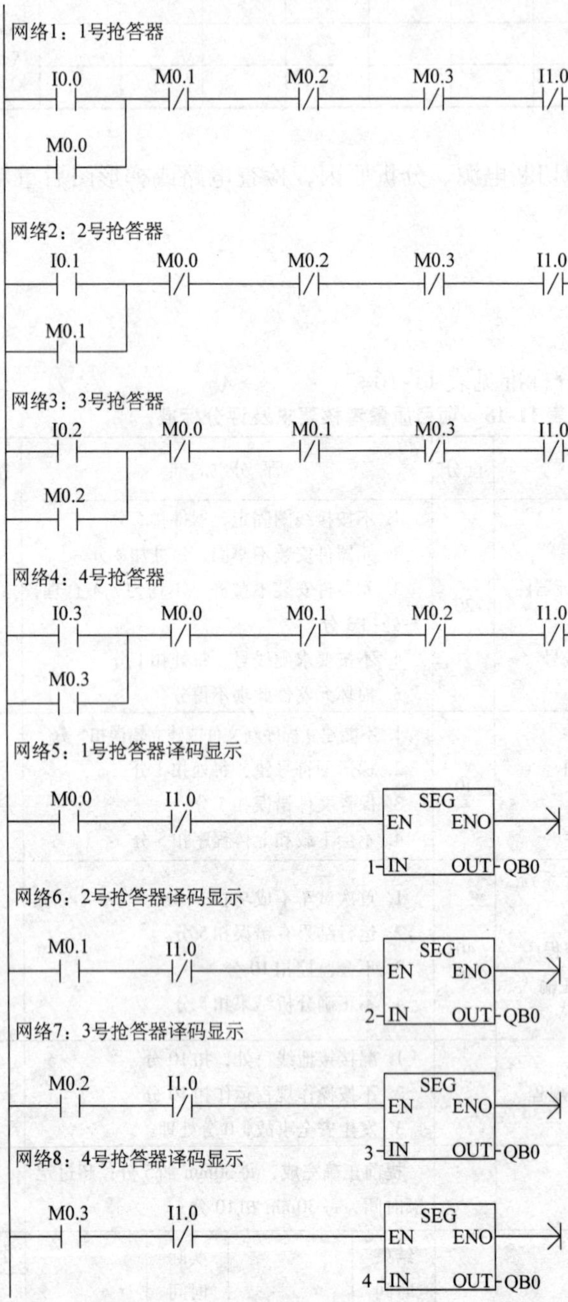

网络1：1号抢答器

I0.0 M0.1 M0.2 M0.3 I1.0 M0.0

M0.0

网络2：2号抢答器

I0.1 M0.0 M0.2 M0.3 I1.0 M0.1

M0.1

网络3：3号抢答器

I0.2 M0.0 M0.1 M0.3 I1.0 M0.2

M0.2

网络4：4号抢答器

I0.3 M0.0 M0.1 M0.2 I1.0 M0.3

M0.3

网络5：1号抢答器译码显示

M0.0 I1.0 SEG EN ENO 1-IN OUT-QB0

网络6：2号抢答器译码显示

M0.1 I1.0 SEG EN ENO 2-IN OUT-QB0

网络7：3号抢答器译码显示

M0.2 I1.0 SEG EN ENO 3-IN OUT-QB0

网络8：4号抢答器译码显示

M0.3 I1.0 SEG EN ENO 4-IN OUT-QB0

图 11-9　用起保停电路设计法设计的四路抢答器梯形图

七、习题

1. 请编写程序实现在 I0.0 下降沿通过数据传送指令将 VB0 中的数据传送给 QB0，并在七段数码管上显示字形“8”。

2. 在 I0.1 上升沿通过中断使 Q0.0 和 Q0.1 置位；在 I0.2 下降沿使 Q0.0 和 Q0.1 复位。试写出相应的梯形图程序。

3. 用定时中断 0 实现周期为 2s 的定时，并每隔 2s 将 QB0 加 1。试画出相应的梯形图。

项目十二 天塔之光控制系统

一、学习目标

1. 知识目标

1）学会使用 INC 字节递增指令。

2）学会使用 ROL 循环移位指令。

2. 技能目标

1）完成天塔之光控制系统电气部分的安装、布线。

2）编写天塔之光的梯形图程序，并下载、调试、监控及运行。

二、项目分析

本项目的任务是制作天塔之光控制系统。

1. 项目要求

当按下起动按钮 SB1，灯光按照一定的规律进行闪烁，形成美丽的天塔之光，灯光闪烁的顺序为 HL1→HL2→HL3→HL4→HL5→HL6→HL7→HL8→HL9→HL1→HL2→HL3→HL4→HL5→HL6→HL7→HL8→HL9→……循环闪烁。在任意时刻按下停止按钮 SB2，灯光停止闪烁。天塔之光示意图如图 12-1 所示。

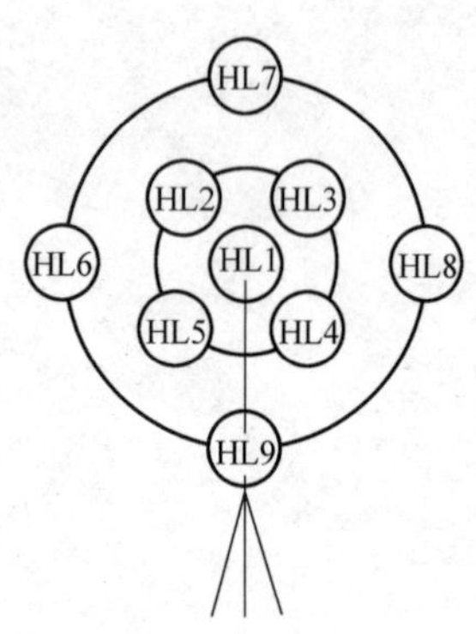

图 12-1 天塔之光示意图

2. 任务流程图

任务流程如图 12-2 所示。

3. 知识点链接

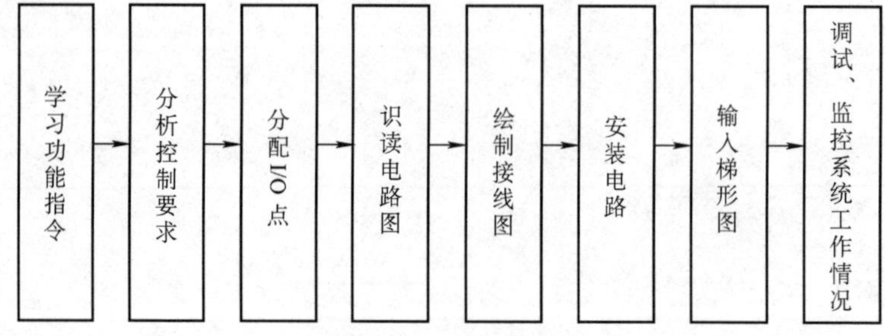

图 12-2 任务流程图

天塔之光控制系统相关的知识点链接如图 12-3 所示。

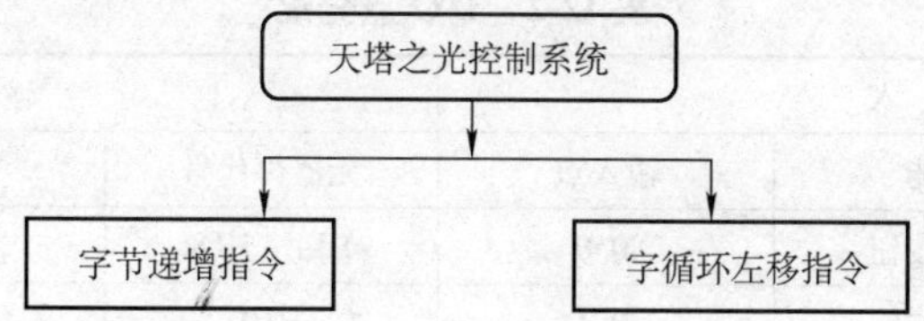

图 12-3　知识点链接

4. 环境设备

项目运行所需的工具、设备见表 12-1。

表 12-1　工具、设备清单

序　号	分　类	名　称	型 号 规 格	数　量	单　位	备　注
1	工具	常用电工工具		1	套	
2		万用表	M47	1	块	
3	设备	PLC	S7—200　CPU 226	1	台	
4		熔断器	RT18—32	1	只	
5		熔体	2A	1	只	
6		按钮	2A	2	只	
7		普通白炽灯座	普通螺口	9	只	
8		普通白炽灯	8W	9	个	
9	消耗材料	导线	BVR 1.0mm^2	若干	m	

5. 电路图、I/O 点分配、电路组成及元器件功能

（1）电路图　天塔之光电路图如图 12-4 所示。

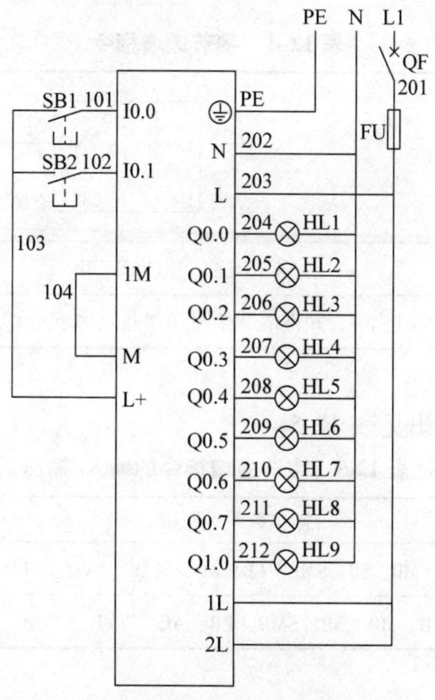

图 12-4　天塔之光电路图

(2) I/O 点分配　I/O 点分配见表 12-2。

表 12-2　I/O 点分配

输　入			输　出		
元器件代号	功能	输入点	元器件代号	功能	输出点
SB1	起动按钮	I0. 0	HL1 ~ HL8	输出显示	Q0. 0 ~ Q0. 7
SB2	停止按钮	I0. 1	HL9	输出显示	Q1. 0

(3) 电路组成及各元器件功能　电路组成及各元器件功能见表 12-3。

表 12-3　电路组成及各元器件功能

序　号	电 路 名 称		电 路 组 成	元器件功能	备　注
1	电源电路		QF	电源开关	
2			FU	PLC 电源电路短路保护	
3	控制电路	PLC 输入电路	SB1	起动按钮	
4			SB2	停止按钮	
5		PLC 输出电路	HL1 ~ HL9	输出显示	
6		主机	S7—200　CPU 226	主控	

三、必要知识讲解

1. 字节递增指令

字节递增指令见表 12-4。

表 12-4　字节递增指令

梯形图	INC_B EN　ENO ????-IN　OUT-????
语句表	INCB　IN
功能	在输入字节(IN)上加 1，并将结果存入 OUT 指定的单元中。字节递增和递减运算不带符号

字节递增指令的输入/输出见表 12-5。

表 12-5　字节递增指令的输入/输出

输入/输出	操作数寻址范围	数据类型
IN	VB、IB、QB、MB、SB、SMB、LB、AC、常量、*VD、*LD、*AC	字节
OUT	VB、IB、QB、MB、SB、SMB、LB、AC、*VD、*LD、*AC	字节

注：*间接寻址。

【例 12-1】　当 I0.0 接通时，VB0 中的内容加 1。设计梯形图和语句表。

解：梯形图和语句表见表 12-6。

表 12-6　例 12-1 表

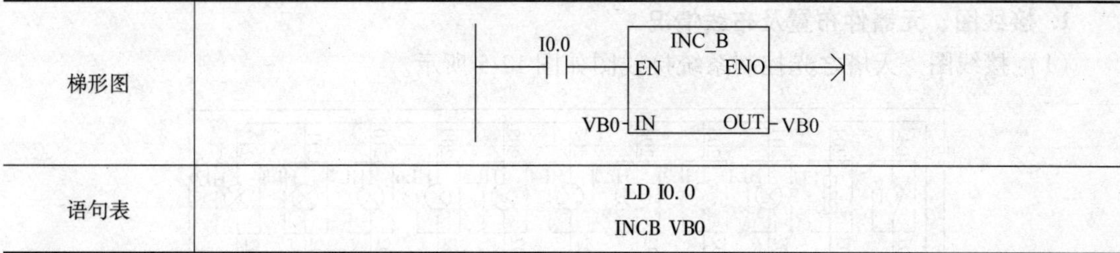

梯形图	
语句表	LD I0.0 INCB VB0

2. 字循环左移指令

字循环左移指令见表 12-7。

表 12-7　字循环左移指令

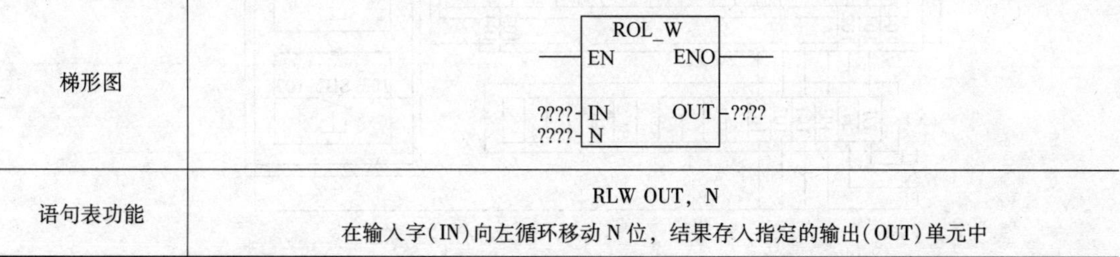

梯形图	
语句表功能	RLW OUT，N 在输入字(IN)向左循环移动 N 位，结果存入指定的输出(OUT)单元中

字循环左移指令的输入/输出见表 12-8。

表 12-8　字循环左移指令的输入/输出

输入/输出	操作数寻址范围	数据类型
IN	VW、T、C、IW、QW、MW、SW、SMW、LW、AC、AIW、常量、* VD、* LD、* AC	字
OUT	VW、T、C、IW、QW、MW、SW、SMW、LW、AC、* VD、* LD、* AC	字
N	VB、IB、QB、MB、SB、SMB、LB、AC、常量、* VD、* LD、* AC	字节

注：* 间接寻址。

【例 12-2】　当 I0.0 接通时，将 VW100 的内容循环向左移动 2 位。设计梯形图和语句表。

解：梯形图和语句表见表 12-9。

表 12-9　例 12-2 表

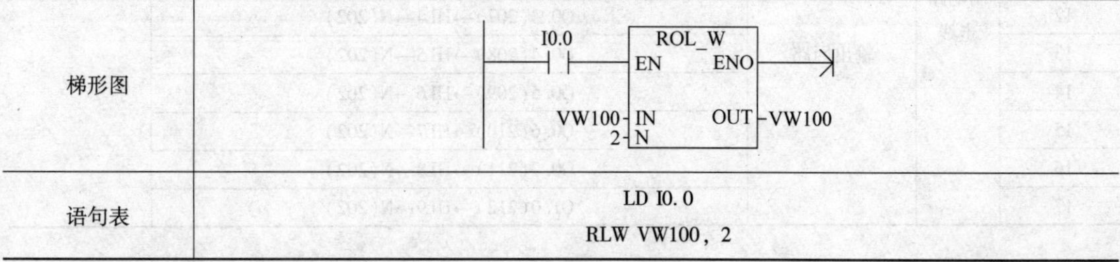

梯形图	
语句表	LD I0.0 RLW VW100，2

四、操作指导

1. 接线图、元器件布置及布线情况

(1) 接线图　天塔之光控制系统接线图如图 12-5 所示。

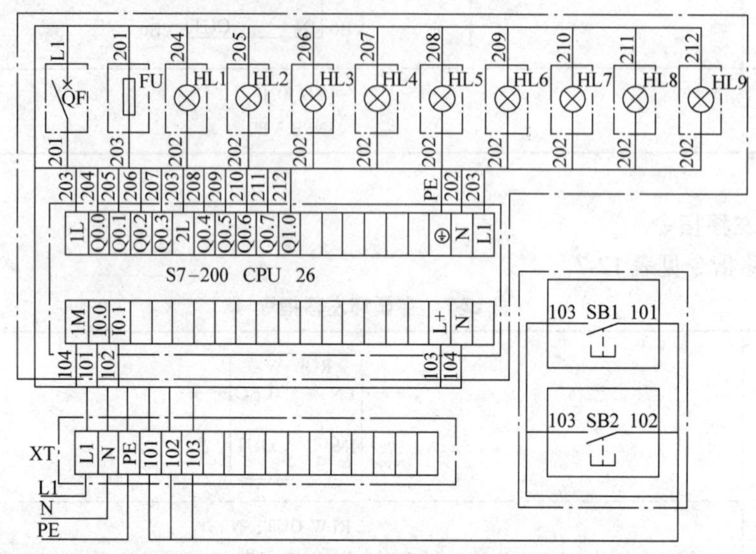

图 12-5　天塔之光控制系统接线图

(2) 元器件布置及布线情况　元器件布置及布线情况见表 12-10。

表 12-10　元器件布置及布线情况

序　号	项　目		具体内容	备　注
1	板内元器件		QF、FU、PLC、HL1 ~ HL8	
2	外围元器件		SB1、SB2、接线端子 XT	
3	电源走线		L1→QF→FU(203)	
4			PE→PLC(PE)	
5			N(202)→N(PLC)	
6	PLC 控制电路走线	输入回路	I0.0(101)→SB1→L+(103)	
7			I0.1(102)→SB2→L+(103)	
8			1M(104)→M(PLC)	
9		输出回路	Q0.0(204)→HL1→N(202)	
10			Q0.1(205)→HL2→N(202)	
11			Q0.2(206)→HL3→N(202)	
12			Q0.3(207)→HL4→N(202)	
13			Q0.4(208)→HL5→N(202)	
14			Q0.5(209)→HL6→N(202)	
15			Q0.6(210)→HL7→N(202)	
16			Q0.7(211)→HL8→N(202)	
17			Q1.0(212)→HL9→N(202)	

2. 元器件布局、安装与配线

（1）检查元器件　根据表 12-1 提供的元器件名称、数量，把元器件配齐。检查元器件的规格是否符合要求及其质量是否完好。

（2）固定元器件　按照接线图固定元器件。

（3）配线　根据配线原则及工艺要求，对照接线图进行板上元器件、外围设备的配线。天塔之光控制系统实际元器件布局如图 12-6 所示。

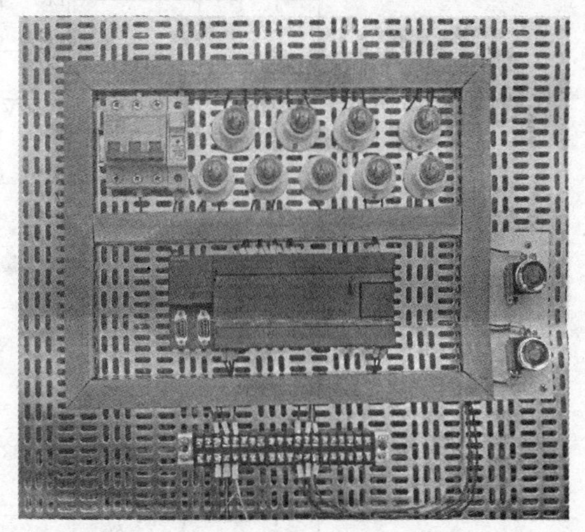

图 12-6　天塔之光控制系统实际元器件布局

3. 自检

（1）检查布线　对照接线图检查是否掉线、错线，线号是否漏编、错编，接线是否牢固等。

（2）使用万用表检测　在电源插头未插接的情况下，使用万用表检测安装好的电路，如果测量阻值与正确结果不符，应根据线路图检查是否有错线、掉线、错位、短路等。万用表检查过程见表 12-11。

表 12-11　万用表检查过程

<table>
<tr><th>检测任务</th><th colspan="3">操 作 方 法</th><th>正 确 结 果</th><th>备　注</th></tr>
<tr><td rowspan="14">检测电路导线连接是否良好</td><td colspan="3">采用万用表电阻挡(R×1)</td><td>阻值/Ω</td><td rowspan="14">断电情况下测量电阻</td></tr>
<tr><td colspan="2" rowspan="3">电源走线</td><td>L1→QF→FU(203)</td><td>QF 接通时为 0，QF 断开时为∞</td></tr>
<tr><td>PE→PLC(PE)</td><td>0</td></tr>
<tr><td>N(202)→PLC(N)</td><td>0</td></tr>
<tr><td rowspan="12">PLC 控制电路走线</td><td rowspan="3">输入回路</td><td>I0.0(101)→SB1→L+(103)</td><td>0</td></tr>
<tr><td>I0.1(102)→SB2→L+(103)</td><td>0</td></tr>
<tr><td>1M(104)→M(PLC)</td><td>0</td></tr>
<tr><td rowspan="9">输出回路</td><td>Q0.0(204)→HL1→N(202)</td><td rowspan="9">指示灯有阻值，导线电阻为 0</td></tr>
<tr><td>Q0.1(205)→HL2→N(202)</td></tr>
<tr><td>Q0.2(206)→HL3→N(202)</td></tr>
<tr><td>Q0.3(207)→HL4→N(202)</td></tr>
<tr><td>Q0.4(208)→HL5→N(202)</td></tr>
<tr><td>Q0.5(209)→HL6→N(202)</td></tr>
<tr><td>Q0.6(210)→HL7→N(202)</td></tr>
<tr><td>Q0.7(211)→HL8→N(202)</td></tr>
<tr><td>Q1.0(212)→HL9→N(202)</td></tr>
</table>

4. 输入梯形图

（1）绘制梯形图　天塔之光梯形图程序如图 12-7 所示。

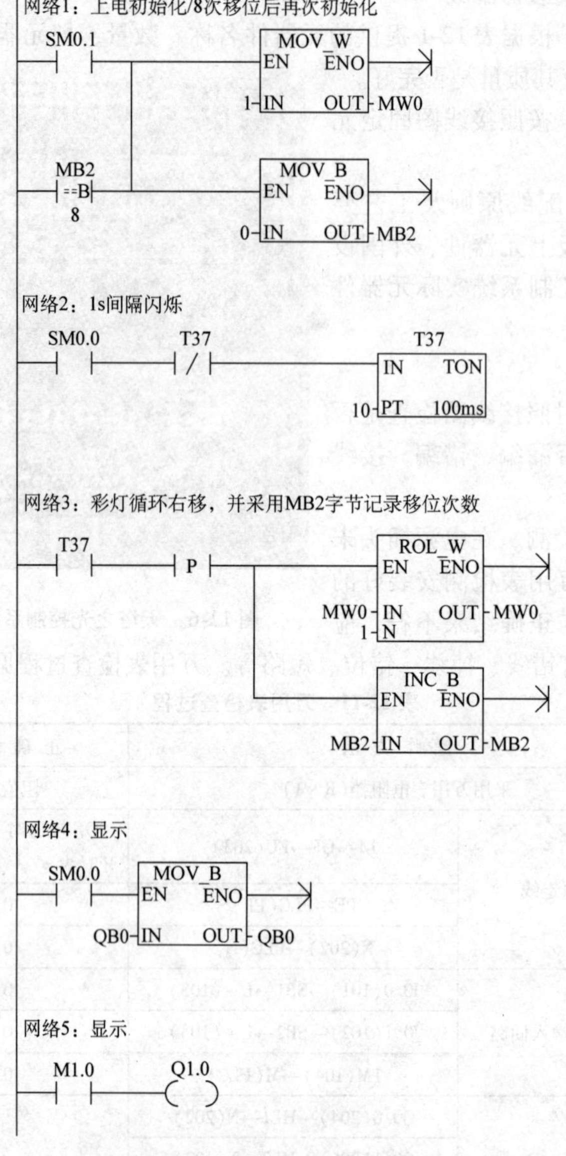

图12-7 天塔之光梯形图程序

（2）输入梯形图 梯形图由学生编写输入。

（3）连接系统 用PC/PPI编程电缆把计算机与PLC连接起来。

（4）下载程序 在教师的监护下，下载程序。

5. 操作注意事项

1）安装元器件或接线时，必须按照十字形和一字形及相应大小选择合适的螺钉旋具进行拆装螺钉操作。

2）用电工刀剥线时一定要按照安全操作规程要求操作。

3）通电前必须经过教师检查，并经教师同意后方可试车。

6. 通电试车

经自检、教师检查确认电路正常且无安全隐患后，在教师的监护下通电试车。

1）调整 PLC 为 RUN 工作状态。

2）观察系统的运行情况并进行梯形图监控，在表 12-12 中作好记录。

3）如出现故障，应立即切断电源、分析原因，检查电路或梯形图后重新调试，直至达到项目拟定的要求。

表 12-12　天塔之光控制系统工作情况记录

操作步骤	操作内容	观察内容				备　注
		指示灯 LED		输出设备		
		正确结果	观察结果	正确结果	观察结果	
1	按下 SB1 1s 后	Q0.0 点亮			HL1 点亮	
2	1s 后	Q0.1 点亮		HL2 点亮		
3	1s 后	Q0.2 点亮		HL3 点亮		
4	1s 后	Q0.3 点亮		HL4 点亮		
5	1s 后	Q0.4 点亮		HL5 点亮		
6	1s 后	Q0.5 点亮		HL6 点亮		
7	1s 后	Q0.6 点亮		HL7 点亮		
8	1s 后	Q0.7 点亮		HL8 点亮		
9	1s 后	Q1.0 点亮		HL9 点亮		
10		循环工作				
11	按下 SB2	系统停止工作				

五、考核评价

项目质量考核要求及评分见表 12-13。

表 12-13　项目质量考核要求及评分标准

考核项目	考核要求	配分	评分标准	扣分	得分	备注
系统安装	1. 能够正确选择元器件 2. 能够按照接线图布置元器件 3. 能够正确固定元器件 4. 能够按照要求编制线号	20	1. 不按接线图固定元器件扣 5 分 2. 元器件安装不牢固，每处扣 2 分 3. 元器件安装不整齐、不均匀、不合理，每处扣 3 分 4. 不按要求配线号，每处扣 1 分 5. 损坏元器件此项不得分			
编程练习	1. 能够建立程序新文件 2. 能够正确输入梯形图 3. 能够正确保存文件 4. 能够下载和上传程序	40	1 不能建立程序新文件或建立错误扣 5 分 2. 梯形图符号错误，每处扣 3 分 3. 保存文件错误扣 5 分 4. 不会下载和上传程序扣 5 分			

（续）

<table>
<tr><th>考核项目</th><th>考 核 要 求</th><th>配分</th><th colspan="3">评 分 标 准</th><th>扣分</th><th>得分</th><th>备注</th></tr>
<tr><td>运行操作</td><td>1. 能够正确操作运行系统，并能分析运行结果
2. 能够正确修改程序并监控程序
3. 能够编辑程序并验证输入输出和自保控制</td><td>40</td><td colspan="3">1. 首次试车不成功扣10分
2. 运行结果有错误扣5分
3. 不会监控扣10分
4. 不能正确分析结果扣5分</td><td></td><td></td><td></td></tr>
<tr><td>安全生产</td><td>自觉遵守安全文明生产规程</td><td></td><td colspan="3">1. 漏接接地线，每处扣10分
2. 不按操作规程运作扣10分
3. 发生安全事故按0分处理</td><td></td><td></td><td></td></tr>
<tr><td>定额时间</td><td>6h</td><td></td><td colspan="3">提前正确完成，每30min加5分；
超过定额时间，每30min扣10分</td><td></td><td></td><td></td></tr>
<tr><td rowspan="2">开始时间</td><td rowspan="2"></td><td rowspan="2">结束时间</td><td rowspan="2"></td><td rowspan="2">实际时间</td><td rowspan="2"></td><td>小计</td><td>小计</td><td>总分</td></tr>
<tr><td></td><td></td><td></td></tr>
</table>

六、知识拓展

在必要知识讲解中，介绍了字节递增指令和字循环左移指令，与其对应的还有字节递减指令和字循环右移指令以及字、双字递增、递减和循环左移、右移指令，下面简单介绍一下字节的递减指令和字循环右移指令。其他相关指令可参见附录A。

1. 字节递减指令

字节递减指令见表12-14。

表12-14　字节递减指令

梯形图	DEC_B —EN ENO— ????-IN OUT-????
语句表	DECB IN1
功能	输入字节(IN)减1后，并将结果存入OUT指定的单元中。字节递增和递减运算不带符号

字节递减指令的输入/输出见表12-15。

表12-15　字节递减指令的输入/输出

输入/输出	操作数寻址范围	数据类型
IN	VB、IB、QB、MB、SB、SMB、LB、AC、常量、*VD、*LD、*AC	字节
OUT	VB、IB、QB、MB、SB、SMB、LB、AC、*VD、*LD、*AC	字节

注：*间接寻址。

【例 12-3】　当 I0.0 接通时，将 IB0 的内容减 1，并将结果输出给 IB0。设计梯形图和语句表。

解：梯形图和语句表见表 12-16。

表 12-16　例 12-3 表

梯形图	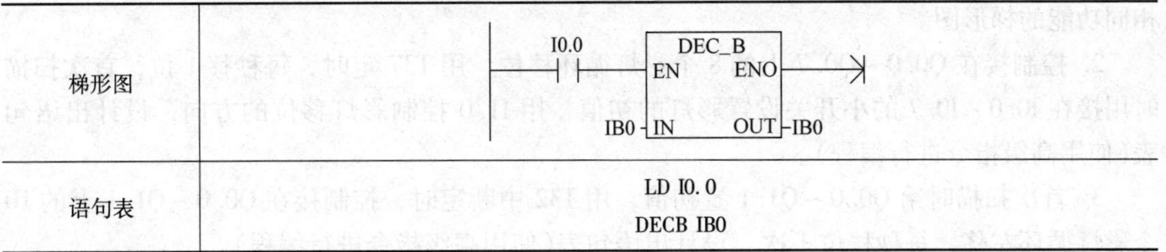
语句表	LD I0.0 DECB IB0

2. 字循环右移指令

字循环右移指令见表 12-17。

表 12-17　字循环右移指令

梯形图	ROR_W EN　ENO ????-IN　OUT-???? ????-N
语句表	RRW OUT，N
功能	在输入字(IN)向右循环移动 N 位，结果存入指定的输出(OUT)单元中

字循环右移指令的输入/输出见表 12-18。

表 12-18　字循环右移指令的输入/输出

输入/输出	操作数寻址范围	数据类型
IN	VW、T、C、IW、QW、MW、SW、SMW、LW、AC、AIW、常量、*VD、*LD、*AC	字
OUT	VW、T、C、IW、QW、MW、SW、SMW、LW、AC、*VD、*LD、*AC	字
N	VB、IB、QB、MB、SB、SMB、LB、AC、常量、*VD、*LD、*AC	字节

注：*间接寻址。

【例 12-4】　当 I0.0 接通时，将 VW100 的内容循环向右移动 2 位。设计梯形图和语句表。

解：梯形图和语句表见表 12-19。

表 12-19　例 12-4 表

梯形图	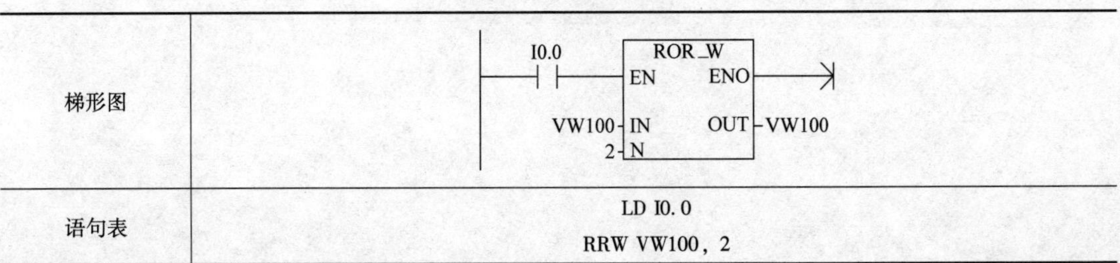
语句表	LD I0.0 RRW VW100，2

七、习题

1. 根据工作流程，试用起保停电路、以转换为中心或SCR指令等编程方法实现本项目相同功能的梯形图。

2. 控制接在Q0.0~Q0.7上的8个彩灯循环移位，用T37定时，每秒移1位，首次扫描时用接在I0.0~I0.7的小开关设置彩灯的初值，用I1.0控制彩灯移位的方向，设计出语句表(使用高级指令进行编程)。

3. 首次扫描时给Q0.0~Q1.1置初值，用T32中断定时，控制接在Q0.0~Q1.1上的10个彩灯循环左移，每秒移位1次，设计出语句表(使用高级指令进行编程)。

项目十三 电梯控制系统

一、学习目标

1. 知识目标

1）了解变频器的外形、基本结构。

2）掌握主电路接线端子的情况。

3）掌握信号控制变频器工作端子的情况。

4）掌握变频器基本原理。

5）掌握交流异步电动机变频调速的基本原理。

6）掌握电梯的运行原则及基本控制原理。

2. 技能目标

1）会识别、选择元器件，并能鉴别元器件的好坏。

2）会进行元器件的布局、布线及配线。

3）会下载 PLC 程序，并调试与监控。

4）进一步培养电路检查与检修能力。

5）掌握电梯结构，能够对电梯常见故障进行维修。

二、项目分析

本项目的任务是制做、安装与调试 PLC 控制的电梯控制系统。

1. 项目要求

1）当轿厢停于 1 层、2 层或者 3 层时，按 SB4 按钮，轿厢上升至 SQ4 后停止。

2）当轿厢停于 4 层或 3 层，或者 2 层时，按 SB1 按钮，轿厢下降至 SQ1 后停止。

3）当轿厢停于 1 层，按 SB2 按钮，则轿厢上升至 SQ2 后停止；若按 SB3 按钮，则轿厢上升至 SQ3 后停止。

4）当轿厢停于 4 层，按 SB3 按钮，则轿厢下降至 SQ3 后停止；若按 SB2 按钮，则轿厢下降至 SQ2 后停止。

5）当轿厢停于 1 层，而 SB2、SB3、SB4 均按下时，轿厢上升至 SQ2 暂停 4s 后继续上升至 SQ3，在 SQ3 暂停 4s 后，继续上升至 SQ4 停止。

6）当轿厢停于 4 层，而 SQ1、SQ2、SQ3 均按下时，轿厢下降至 SQ3 暂停 4s 后继续下降至 SQ2，在 SQ2 暂停 4s 后，继续下降至 SQ1 停止。

7）若轿厢在楼层间运行时间超过 12s，则电梯停止运行。

8）轿厢在上升(或下降)途中，任何反方向下降(或上升)的按钮呼叫电梯均无效，楼层显示灯亮表征有该楼层信号请求，灯灭表征该楼层请求信号消除。其中“△”亮表示电梯上升；“▽”亮表示电梯下降。

9）变频器控制异步电动机拖动系统。

2. 任务流程图

本项目的任务流程图如图 13-1 所示。

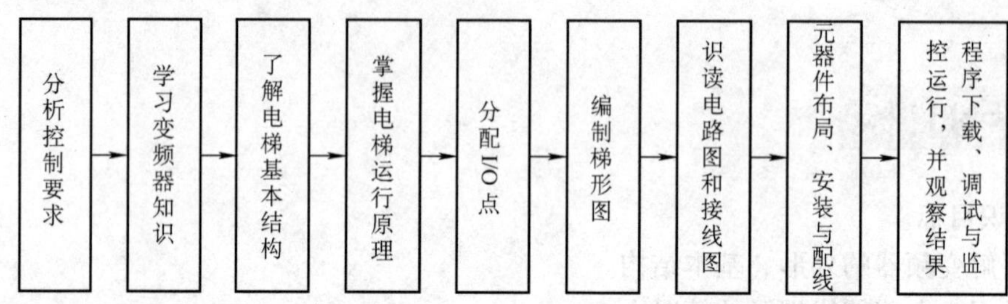

图 13-1 任务流程图

3. 知识点链接

本项目的知识点链接如图 13-2 所示。

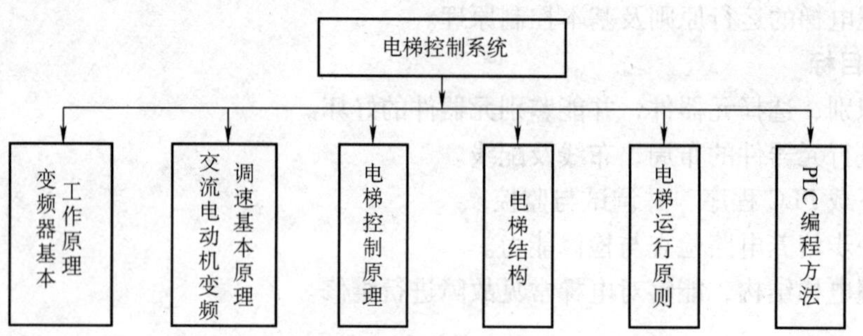

图 13-2 知识点链接

4. 环境设备

项目运行所需的工具、设备见表 13-1。

表 13-1 工具、设备清单

序 号	分 类	名 称	型 号 规 格	数 量	单 位	备 注
1	工具	常用电工工具		1	套	
2		万用表	MF47 型或其他	1	块	
3	设备	PLC	S7—200 CPU 226	1	台	所有元器件都可以根据实际情况和条件而变化
4		断路器	DZ47—63	1	只	
5		熔断器	RT18—32	5	个	
6		熔体	2A	2	只	
7		熔体	5A	3	只	
8		按钮	LA4	4	只	
9		行程开关	LXW—11	4	个	
10		楼层指示灯	普通白炽灯	4	个	

（续）

序　号	分　类	名　　称	型号规格	数　量	单　位	备　　注
11	设备	变频器	MM420	1	台	所有元器件都可以根据实际情况和条件而变化
12		三相异步电动机	380V，0.5kW，Y联结	1	台	
13		接线端子	TD—1520	1	个	
14	消耗材料	导线	BVR 1.5mm²	若干	m	
15		导线	BVR 1.0mm²	若干	m	

5. 电路图、I/O 点分配、电路组成及各元器件功能

（1）电路图　电梯控制系统的电路图如图 13-3 所示。

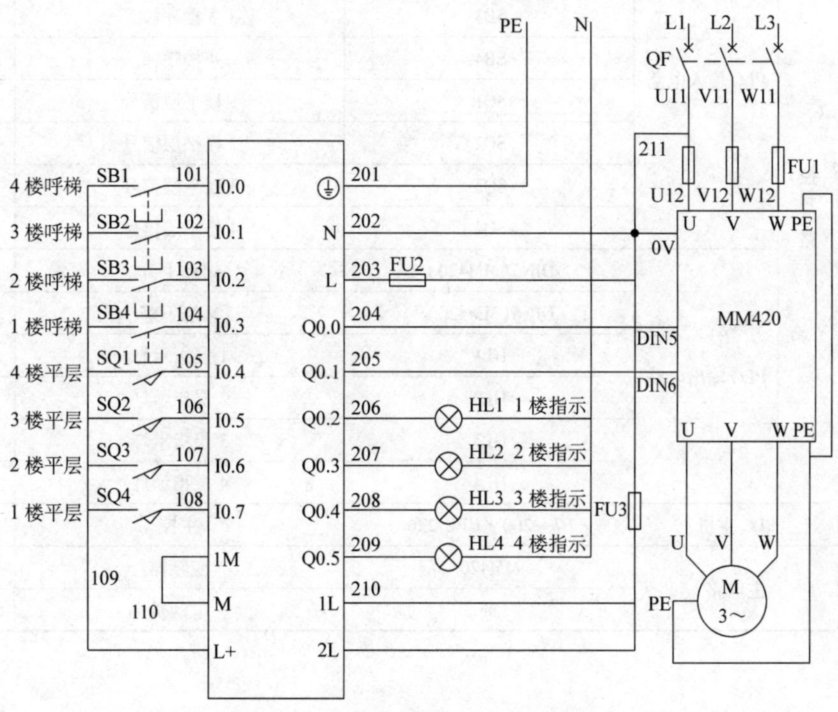

图 13-3　电梯控制系统的电路图

（2）I/O 点分配　I/O 点分配见表 13-2。

表 13-2　I/O 点分配

输　入			输　出		
元器件代号	功能	输入点	元器件代号	功能	输出点
SB1	4 楼呼梯	I0.0	MM420（DIN5）	电动机正转	Q0.0
SB2	3 楼呼梯	I0.1	MM420（DIN6）	电动机反转	Q0.1
SB3	2 楼呼梯	I0.2	HL1	1 层指示灯	Q0.2
SB4	1 楼呼梯	I0.3	HL2	2 层指示灯	Q0.3
SQ1	4 楼平层信号	I0.4	HL3	3 层指示灯	Q0.4
SQ2	3 楼平层信号	I0.5	HL4	4 层指示灯	Q0.5
SQ3	2 楼平层信号	I0.6			
SQ4	1 楼平层信号	I0.7			

(3) 电路组成及元器件功能。电路组成及元器件功能见表 13-3。

表 13-3 电路组成及元器件功能

序 号	电路名称		电路组成	元器件功能	备 注
1	电源电路		QF	电源开关	
2			FU1	主电路短路保护	
3			FU2	PLC 短路保护	
4			FU3	PLC 负载短路保护	
5	控制电路	PLC 输入电路	SB1	1 楼呼梯	
6			SB2	2 楼呼梯	
7			SB3	3 楼呼梯	
8			SB4	4 楼呼梯	
9			SQ1	1 楼平层信号	
10			SQ2	2 楼平层信号	
11			SQ3	3 楼平层信号	
12			SQ4	4 楼平层信号	
13		PLC 输出电路	DIN5(MM420)	轿厢上升	
14			DIN6(MM420)	轿厢下降	
15			HL1	1 层指示灯	
16			HL2	2 层指示灯	
17			HL3	3 层指示灯	
18			HL4	4 层指示灯	
19	PLC 主机		S7—200 CPU 226	主控	
20	主电路		MM420	变频器	
21			M	电动机	

三、必要知识讲解

1. 变频器的基本外形结构

变频器是把电压和频率固定的交流电变成电压和频率分别可调交流电的变换器。变频器外形如图 13-4 所示。

图 13-4 变频器外形

变频器的框图如图 13-5 所示。变频器与外界的联系主要是通过接线端子进行的，端子基本上分三类：

(1) 主电路接线端子　工频电网输入端(R、S、T)，输出端(U、V、W)。

(2) 信号控制变频器工作端子　变频调速器工作状态指示端子、变频器与计算机或其他变频器的通信接口。

(3) 操作面板　液晶显示屏和键盘。

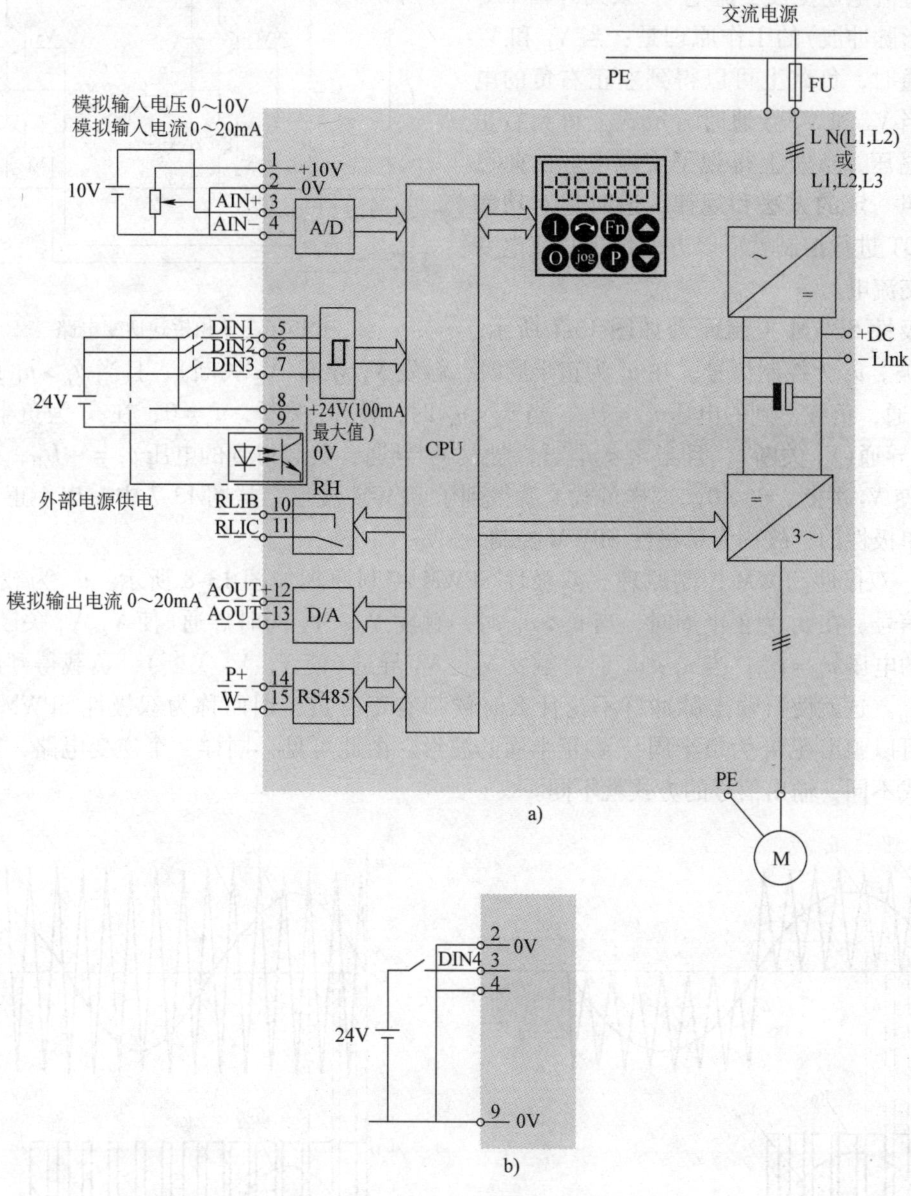

a)

b)

图 13-5　变频器的框图

2. 变频器基本原理

变频器基本原理就是逆变工作原理，就是把直流电变成电压和频率都能变化的交流电。就目前技术而言，还不能直接制造功率大、体积小、控制方便的直接输出电压和频率可变的正弦波生产设备。相反，利用逆变的方法把直流电变成一系列等幅不等宽的矩形脉冲来等效正弦波，很容易做到。这种方法被称为正弦波脉宽调制技术(SPWM)。

正弦波脉宽调制(SPWM)变频器是目前应用最广泛的变频器，通常使用单极性和双极性两种控制原理，现介绍如下：

(1) 单极性 SPWM 控制原理　单相桥式逆变电路如图 13-6 所示。从电路图上可以看出，把直流电逆变成交流电(一系列等幅不等宽的矩形脉冲波)的工作原理是：当 V_1 和 V_4 同时导通时，负载上可以得到左正右负的电压；而当 V_3 和 V_2 导通时，负载上得到右正左负的电压，负载上得到了交流电。由此可见，按照一定的方法和规律，适时地对功率器件 IGBT 进行控制就可以方便地把直流电变成正弦交流电。

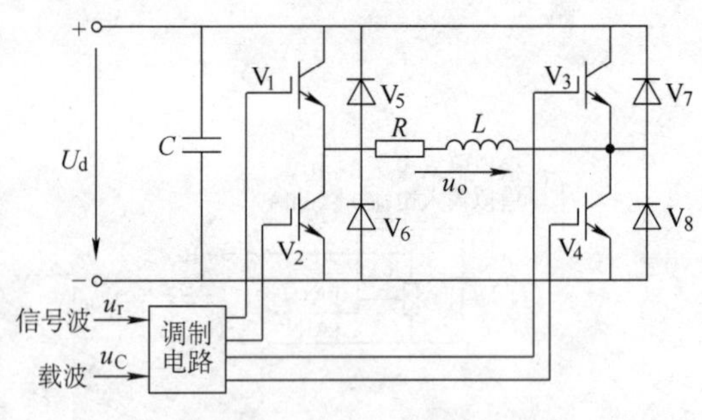

图 13-6 单相桥式逆变电路

单极性 SPWM 控制原理如图 13-7 所示。u_C 为载波，u_r 为控制信号。在 u_r 为正半周时，触发 V_1 导通(V_2 关断)，且当 $u_r > u_C$ 时，触发 V_4 导通，负载得到的电压 $u_o = U_D$，当 $u_r < u_C$ 时，使 V_4 关断，$u_o = 0$；在 u_r 为负半周时，触发 V_2 导通(V_1 关断)，且当 $u_r < u_C$ 时，触发 V_3 导通，负载得到的电压 $u_o = -U_D$，当 $u_r > u_C$ 时，使 V_3 关断，$u_o = 0$。这样负载上就得到了 SPWM 波形。从图 13-7 中看出，正、负脉冲群是单极性的，故称为单极性 SPWM 控制。

(2) 双极性 SPWM 控制原理　双极性 SPWM 控制原理如图 13-8 所示。u_C 为载波，u_r 为控制信号。在 u_r 为正半周时，当 $u_r > u_C$ 时，触发 V_1、V_4 同时导通(使 V_2、V_3 关断)，负载得到的电压 $u_o = U_D$；当 $u_r < u_C$ 时，触发 V_2、V_3 导通(使 V_1、V_4 关断)，负载得到的电压 $u_o = -U_D$。这就使得输出脉冲群不论什么时候都有正有负，因而称为双极性 SPWM 控制。同理，可以画出在 u_r 为负半周与 u_r 正半周的波形。由此可见，同样一个逆变电路，采用的控制方式不同，输出信号的方式就不同。

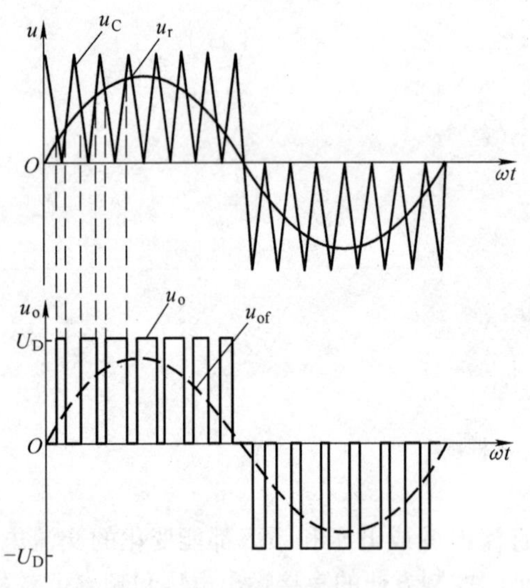

图 13-7 单极性 SPWM 控制原理

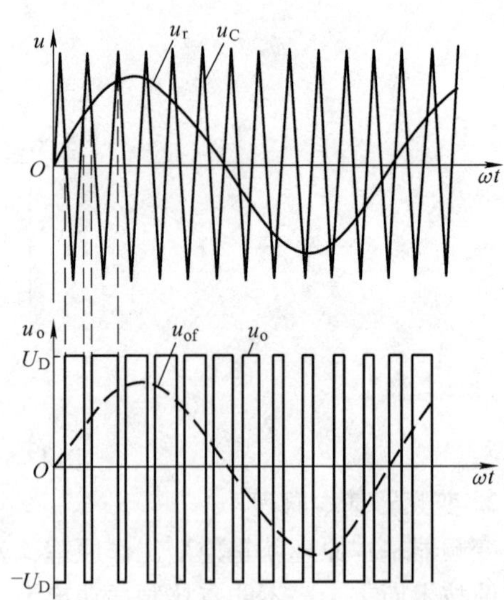

图 13-8 双极性 SPWM 控制原理

(3) 三相 SPWM 逆变电路　三相 SPWM 逆变电路如图 13-9 所示。三相逆变电路控制方式有两种：一种是异步调制；另一种为同步调制。不论哪种调制都可以产生不同频率的三相交流电，而且各有各的优缺点。

3. 三相异步电动机变频调速基本原理

由《电机学》可知，三相异步电动机的调速方法有变频调速和变极调速等。其中变极调速是有级调速，调速设备制造麻烦，且一般最多三级，不能满足生产的需要。而变频调速就不同了，它的调速范围宽，又能做到无级平滑调速，加之现代电子技术的发展使得控制更加容易和简单，因此得到广泛应用。

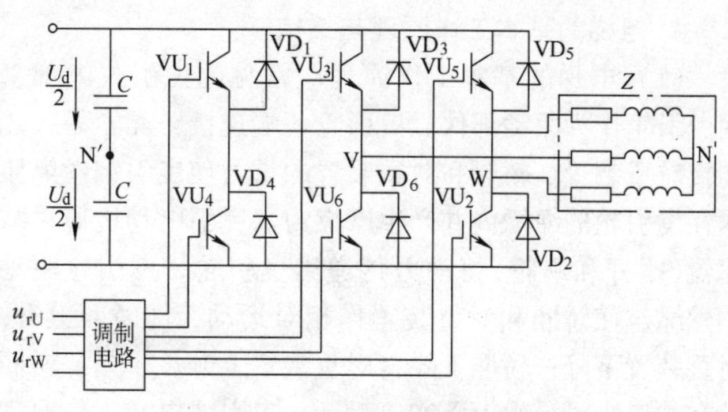

图 13-9 三相 SPWM 逆变电路

三相异步电动机定子绕组的反电动势是定子绕组切割旋转磁场磁力线产生的，称为定子绕组自感电动势。有效值为

$$E_1 = 4.44k_{r1}f_1N_1\Phi_m$$

式中 E_1——气隙磁通在定子绕组中产生的感应电动势有效值，单位为 V；

f_1——定子频率，单位为 Hz；

N_1——定子每相绕组串联匝数；

k_{r1}——与绕组结构有关的常数；

Φ_m——每极气隙磁通量最大值，单位为 Wb。

要实现变频调速，在不损坏电动机的条件下，可以充分利用电动机铁心，通常采用基频以下和基频以上两种调速方法。

（1）基频以下调速方法　基频以下调速要保持 Φ_m 不变，当频率 f_1 从额定值 f_{1N} 向下调节时，必须同时降低 E_1，使 E_1/f_1 = 常数，即电动势与频率之比恒定。因此调速时磁通恒定、转矩恒定，称为恒转矩调速。基频以下调速时的机械特性如图 13-10 所示。

（2）基频以上调速方法　基频以上调速时要保持 E_1 不变，调节频率升高，这将迫使磁通随着频率升高而降低，相当于弱磁升速。此时最大转矩减小，但转速却升高了，使得输出功率保持恒定。所以基频以上调速属于弱磁恒功率调速。基频以上调速时的机械特性如图 13-11 所示。

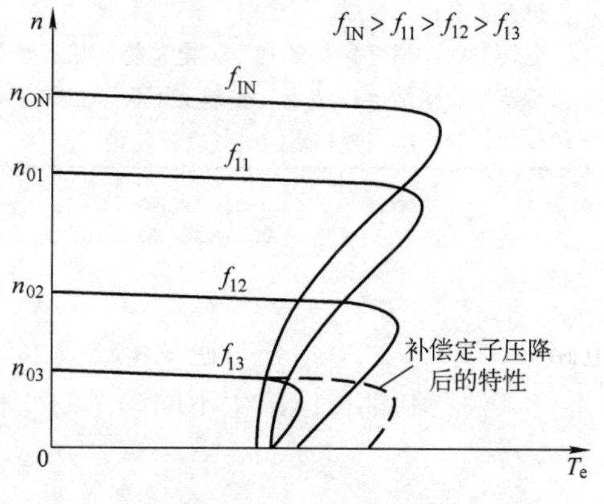

图 13-10 基频以下调速时的机械特性

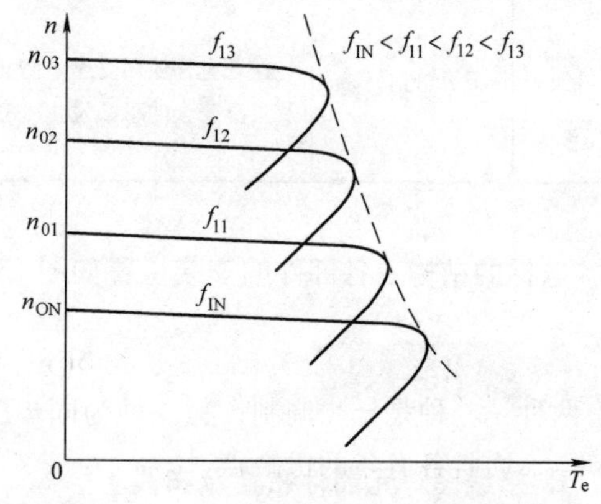

图 13-11 基频以上调速时的机械特性

4. 电梯的基本工作原理与结构

（1）电梯的基本工作原理　常见的曳引式电梯采用曳引轮作为驱动部件。曳引轮一端连接轿厢，另一端连接对重装置。轿厢和对重装置的重力使曳引钢丝绳压紧在曳引轮的绳槽内并产生摩擦力。曳引电动机通过减速器（蜗杆和蜗轮）将动力传递给曳引轮，曳引轮驱动钢丝绳，使轿厢和对重装置作相对运动，即轿厢上升，对重装置下降；轿厢下降，对重装置上升。于是，轿厢就在井道中沿导轨上下往复运行。曳引式电梯工作原理如图 13-12 所示。

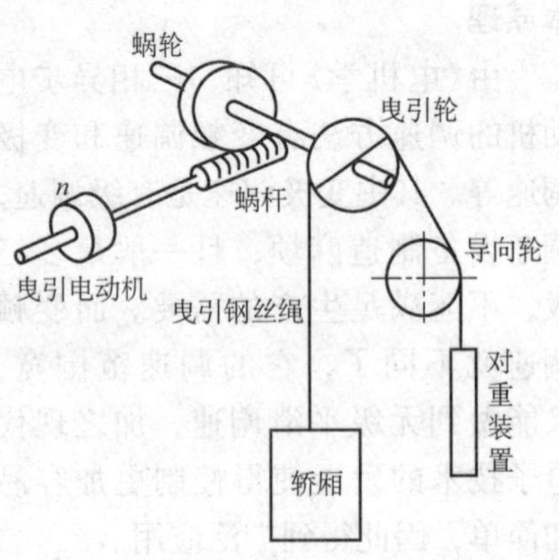

图 13-12　曳引式电梯工作原理图

（2）电梯的基本结构　电梯按空间布局可分为四部分：机房、井道、轿厢、层站。机房指安装曳引电动机和有关设备的房间；井道是指为轿厢和对重装置运行而设置的空间；轿厢指运载乘客或其他载荷的部件；层站指电梯在各楼层的停靠站，乘客出入电梯的地方。按电梯的整体功能又可分成八大系统，见表 13-4。

表 13-4　电梯的整体功能的八大系统

序　号	系 统 名 称	功　　能	组成的主要部件与装置
1	曳引电动机系统	输出与传递动力，驱动电梯运行	曳引电动机、曳引钢丝绳、导向轮、反绳轮
2	导向系统	限制轿厢和对重装置的活动自由度，使轿厢和对重装置沿着轨道上、下运动	轿厢导轨、对重装置导轨及其导轨架
3	、轿厢	用以运送乘客和货物的部件	轿厢体和轿厢架
4	门系统	乘客和货物的进出口	轿厢门、层门、开门机、联动机构、门锁等
5	重量平衡系统	相对平衡重量以补偿高层电梯中曳引绳长度的影响	对重和重量补偿装置
6	电力拖动系统	提供动力，对电梯实行速度控制	供电系统、曳引电动机、速度返馈装置、电动机调速装置
7	电气控制系统	对电动机的运行实行操纵和控制	操纵装置、位置显示装置、控制柜、平层装置、选层器
8	安全保护系统	保证电梯使用安全、防止一切危及人身安全的事故发生	机械方面：限速器、安全钳、缓冲器 电气方面：超速保护装置、供电系统断相和错相保护装置、端站保护装置、超越上下极限工作位置的保护装置、层门锁和轿门电气联锁装置

电梯的结构及各部件的安装位置如图 13-13 所示。

四、操作指导

1. 接线图　元器件布置及布线

（1）接线图　电梯控制系统接线图如图 13-14 所示。

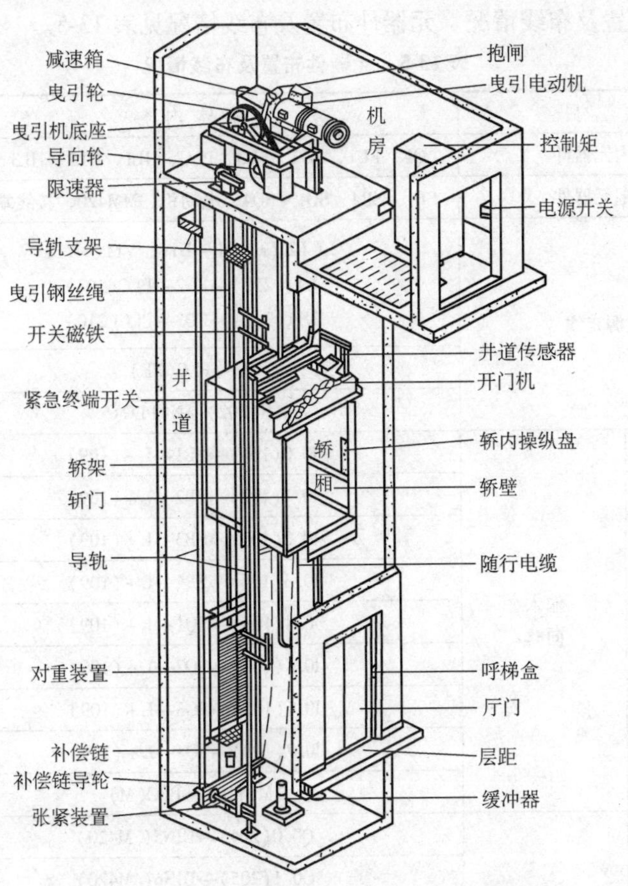

图 13-13 电梯的结构及各部件的安装位置

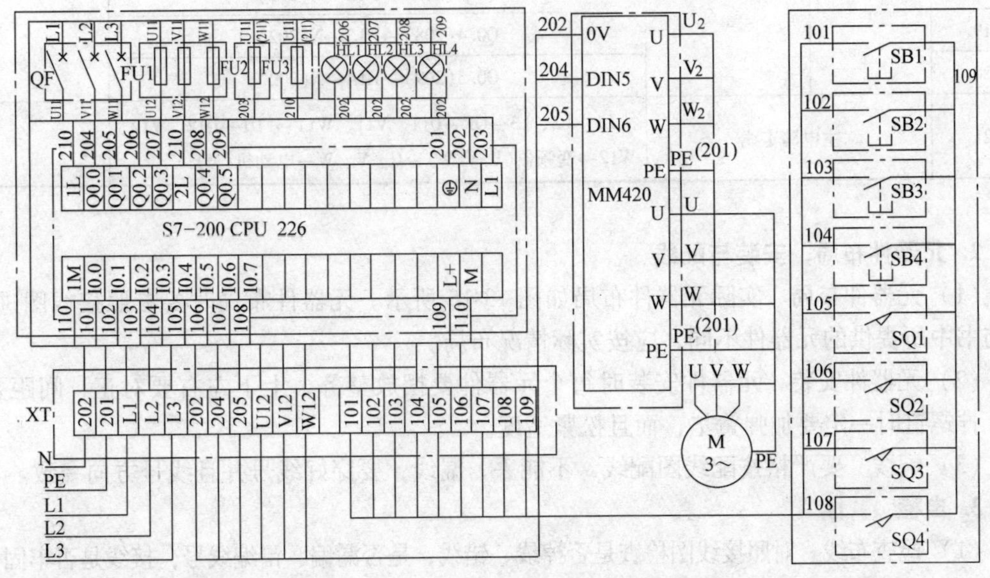

图 13-14 电梯控制系统接线图

（2）元器件布置及布线情况　元器件布置及布线情况见表 13-5。

表 13-5　元器件布置及布线情况

序号	项　目		具 体 内 容	备　注
1	板内元器件		QF、FU1、FU2、FU3、PLC、HL1、HL2、HL3、HL4	
2	外围元器件		SB1 ~ SB4、SQ1 ~ SQ4、电动机、MM420、接线端子 XT	
3	电源走线		L1 L2 L3→QF→U11、V11、W11 U11(211)→FU2→PLC(203) U11(211)→FU3→PLC(210)	
4			PE→PLC(PE)	
5			N(202)→N(PLC)	
6	PLC 控制电路走线	输入回路	I0.0(101)→SB1→L+(109)	
7			I0.1(102)→SB2→L+(109)	
8			I0.2(103)→SB3→L+(109)	
9			I0.3(104)→SB4→L+(109)	
10			I0.4(105)→SQ1→L+(109)	
11			I0.5(106)→SQ2→L+(109)	
12			I0.6(107)→SQ3→L+(109)	
13			I0.7(108)→SQ4→L+(109)	
14			1M(110)→PLC(M)	
15		输出回路	Q0.0(204)→DIN5(M420)	
16			Q0.1(205)→DIN6(M420)	
17			Q0.2(206)→HL1→N(202)	
18			Q0.3(207)→HL2→N(202)	
19			Q0.4(208)→HL3→N(202)	
20			Q0.5(209)→HL4→N(202)	
21	主电路走线		L1、L2、L3→QF→U11、V11、W11→FU1→U12、V12、W12→变频器(U、V、W)→U、V、W→电动机(M)	

2. 元器件布局、安装与配线

（1）元器件布局　实际元器件布局如图 13-15 所示。元器件布局时要参照接线图进行，若与书中所提供的元器件不同，应按实际情况布局。

（2）元器件安装　元器件安装时每个元器件要摆放整齐，上下左右要对正，间距要均匀。拧螺钉时一定要加弹簧垫，而且松紧适度。

（3）配线　要严格按配线图配线，不能丢、漏线，要穿好线号并且线号方向一致。

3. 自检

（1）检查布线　对照接线图检查是否掉线、错线，是否漏编、错编线号，接线是否牢固等。

（2）使用万用表检测　在电源插头未插接的情况下，使用万用表按表 13-6 的顺序检测电路，如果测量阻值与正确结果不符，应根据电路图检查是否有错线、掉线、错位、短路等。

见实物照片

图 13-15　实际元器件布局

表 13-6　万用表检查

检测任务	操作方法			正确结果	备　　注
检测电路导线连接是否良好	采用万用表电阻挡(R×1)			阻值/Ω	断电情况下测量电阻
	电源走线		L1 L2 L3→QF→U11、V11、W11	QF 接通时为0，断开时为∞	
			U11(211)→FU2→PLC(203)		
			U11(211)→FU3→PLC(210)		
			PE→PLC(⏚)	0	
			N(202)→PLC(N)	0	
	PLC控制电路走线	输入回路	I0.0(101)→SB1→L+(109)	0	
			I0.1(102)→SB2→L+(109)	0	
			I0.2(103)→SB3→L+(109)	0	
			I0.3(104)→SB4→L+(109)	0	
			I0.4(105)→SQ1→L+(109)	0	
			I0.5(106)→SQ2→L+(109)		
			I0.6(107)→SQ2→L+(109)	0	
			I0.7(108)→SQ3→L+(109)		
			1M(110)→M(PLC)	0	
		输出回路	Q0.0(204)→DIN5(MM420)	指示灯有阻值、导线电阻为0	
			Q0.1(205)→DIN6(MM420)		
			Q0.2(206)→HL1→N(202)		
			Q0.3(207)→HL2→N(202)		
			Q0.4(208)→HL3→N(202)		
			Q0.5(209)→HL4→N(202)		
	主电路走线		L1、L2、L3→QF→U11、V11、W11→FU1→U12、V12、W12→变频器(U、V、W)→U、V、W→电动机(M)	QF 闭合时，电阻为0	

4. 输入梯形图

（1）绘制梯形图　绘制出本项目的梯形图如图13-16所示。

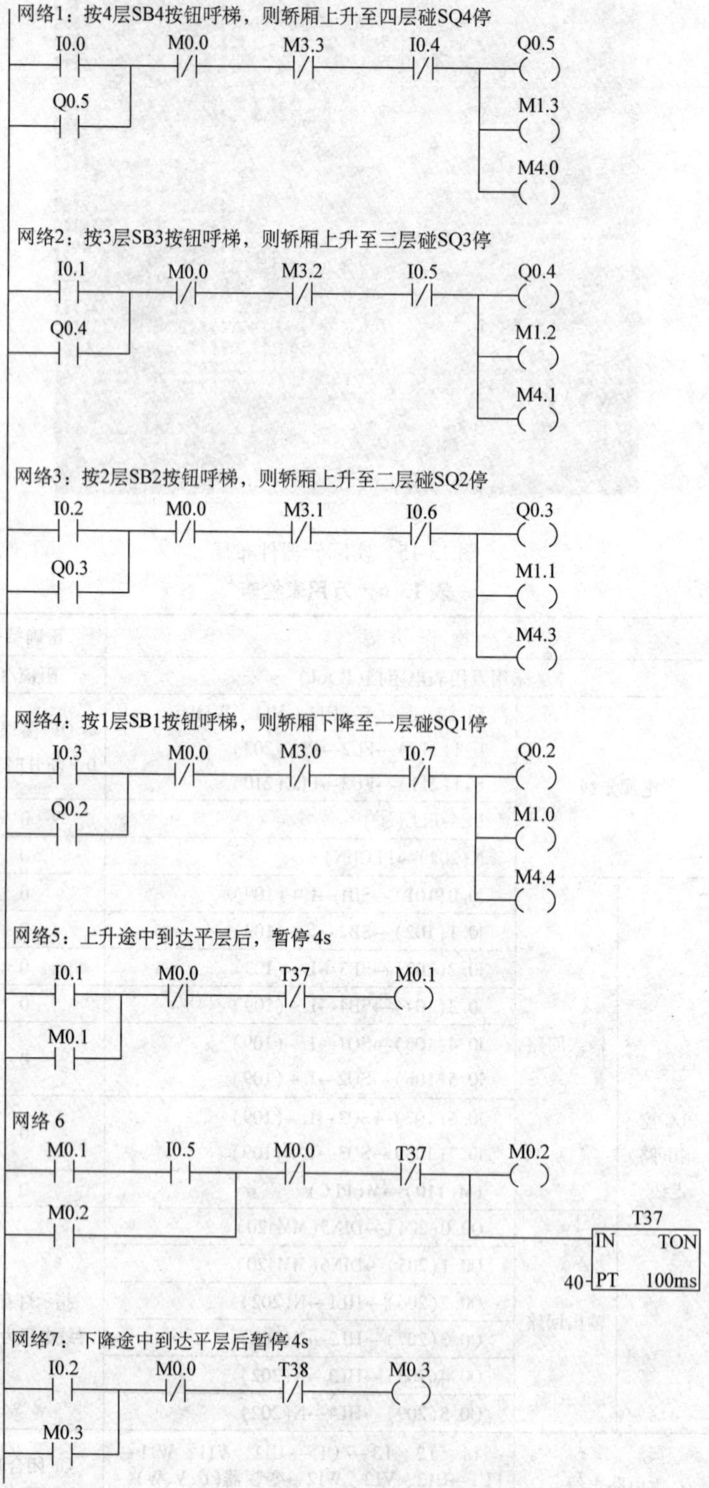

网络1：按4层SB4按钮呼梯，则轿厢上升至四层碰SQ4停

I0.0　M0.0　M3.3　I0.4　Q0.5
Q0.5　M1.3
M4.0

网络2：按3层SB3按钮呼梯，则轿厢上升至三层碰SQ3停

I0.1　M0.0　M3.2　I0.5　Q0.4
Q0.4　M1.2
M4.1

网络3：按2层SB2按钮呼梯，则轿厢上升至二层碰SQ2停

I0.2　M0.0　M3.1　I0.6　Q0.3
Q0.3　M1.1
M4.3

网络4：按1层SB1按钮呼梯，则轿厢下降至一层碰SQ1停

I0.3　M0.0　M3.0　I0.7　Q0.2
Q0.2　M1.0
M4.4

网络5：上升途中到达平层后，暂停4s

I0.1　M0.0　T37　M0.1
M0.1

网络6

M0.1　I0.5　M0.0　T37　M0.2
M0.2
T37
IN　TON
40-PT　100ms

网络7：下降途中到达平层后暂停4s

I0.2　M0.0　T38　M0.3
M0.3

图13-16　梯形图

网络 8

M0.3 I0.6 M0.0 T38 M0.4

M0.4

T38 IN TON 40-PT 100ms

网络9：满足要求电梯上行，且运行时间超过12s，电梯停止运行

Q0.4 I0.7 I0.6 Q0.0 T39 Q0.1

Q0.3 M0.2 I0.7

Q0.2 M0.2 M0.4

网络10：满足要求电梯下行，且运行时间超过12s，电梯停止运行

Q0.3 I0.4 I0.5 Q0.1 T39 Q0.0

Q0.4 M0.4 I0.4

Q0.5 M0.2 M0.4

网络 11

I0.4 I0.5 I0.6 M0.0

I0.7

网络12：下行过程中，当前层小于呼梯层的呼梯信号优先，且反向呼梯无效

Q0.0 MB1 >B 1 M2.0 S 1

MB1 >B 2 I0.6 M2.1 S 1

I0.5 Q0.5

MB1 >B 4 M2.2 S 1

网络13：上行过程中，当前层大于呼梯层的呼梯信号优先，且反向呼梯无效

Q0.1 MB4 >B 1 M2.3 S 1

MS4 >B 2 I0.5 M2.4 S 1

I0.6 Q0.2

MS4 >B 4 M2.5 S 1

图 13-16　梯形图(续)

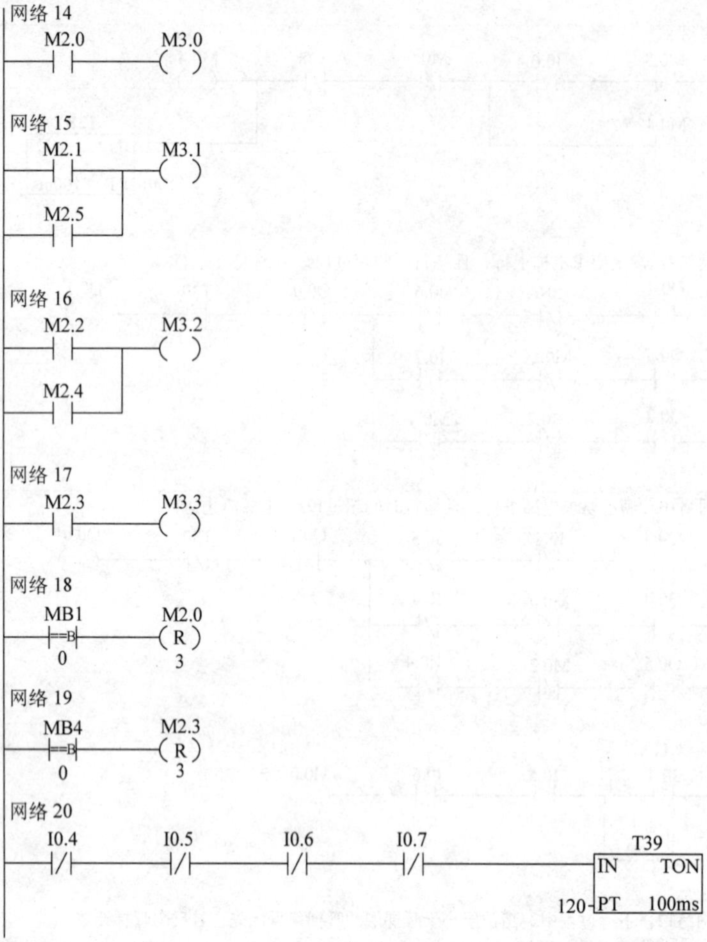

网络 14
M2.0 M3.0

网络 15
M2.1 M3.1
M2.5

网络 16
M2.2 M3.2
M2.4

网络 17
M2.3 M3.3

网络 18
MB1 ==B 0 M2.0 R 3

网络 19
MB4 ==B 0 M2.3 R 3

网络 20
I0.4 I0.5 I0.6 I0.7 T39 IN TON 120 PT 100ms

图 13-16 梯形图(续)

(2) 通电观察 PLC 的指示 LED 经自检，确认电路正确且无安全隐患后，在教师的监护下，通电观察 PLC 的指示 LED，并作好记录。

(3) 下载程序 将已编写好的梯形图程序下载至 PLC 中。

5. 操作注意事项

1) 安装元器件或接线时，必须按照十字形和一字形及相应大小选择合适的螺钉旋具进行拆装螺钉操作。

2) 用电工刀剥线时一定要按照安全操作规程要求操作。

3) 通电前必须经过教师检查，并经教师同意后方可试车。

6. 电路通电试车

经自检、教师检查确认电路正常且无安全隐患后，在教师的监护下通电试车。

1) 调整 PLC 为 RUN 工作状态进行操作。

2) 观察系统的运行情况并进行梯形图监控，在表 13-7 中作好记录。

3) 如出现故障，应立即切断电源、分析原因，检查电路或梯形图后重新调试，直至达到项目拟定的要求。

表 13-7　工作情况记录表

操作步骤	行进方向	平层信号	观察内容							
			1 楼呼叫	1 层指示灯	2 楼呼叫	2 层指示灯	3 楼呼叫	3 层指示灯	4 楼呼叫	4 层指示灯
1	上	SQ1	SB1		SB2		SB3		SB4	
2	下		SB1		SB2		SB3		SB4	
3	上	SQ2	SB1		SB2		SB3		SB4	
4	下		SB1		SB2		SB3		SB4	
5	上	SQ3	SB1		SB2		SB3		SB4	
6	下		SB1		SB2		SB3		SB4	
7	上	SQ4	SB1		SB2		SB3		SB4	
8	下		SB1		SB2		SB3		SB4	

五、考核评价

项目质量考核要求及评分标准见表 13-8。

表 13-8　项目质量考核要求及评分标准

考核项目	考 核 要 求	配分	评 分 标 准	扣分	得分	备注
系统安装	1. 能够正确选择元器件 2. 能够按照接线图布置元器件 3. 能够正确固定元器件 4. 能够按照要求编制线号	20	1. 不按接线图固定元器件扣 5 分 2. 元器件安装不牢固，每处扣 2 分 3. 元器件安装不整齐、不均匀、不合理，每处扣 3 分 4. 不按要求配线号，每处扣 1 分 5. 损坏元器件此项不得分			
编程练习	1. 能够建立程序新文件 2. 能够正确输入梯形图 3. 能够正确保存文件 4. 能够下载和上传程序	40	1. 不能建立程序新文件或建立错误扣 5 分 2. 梯形图符号错误，每处扣 3 分 3. 保存文件错误扣 5 分 4. 不会下载和上传程序扣 5 分			
运行操作	1. 正确操作运行系统，分析运行结果 2. 能够正确修改程序并监控程序 3. 能够编译程序并验证输入/输出和自保控制	40	1. 首次试车不成功扣 10 分 2. 运行结果有错误扣 5 分 3. 不会监控扣 10 分 4. 不能正确分析结果扣 5 分			

（续）

<table>
<tr><th>考核项目</th><th>考 核 要 求</th><th>配分</th><th colspan="3">评 分 标 准</th><th>扣分</th><th>得分</th><th>备注</th></tr>
<tr><td>安全生产</td><td>自觉遵守安全文明生产规程</td><td></td><td colspan="3">1. 漏接接地线，每处扣 10 分
2. 不按操作规程运作扣 10 分
3. 发生安全事故，按 0 分处理</td><td></td><td></td><td></td></tr>
<tr><td>定额时间</td><td>6h</td><td></td><td colspan="3">提前正确完成，每 30min 加 5 分；
超过定额时间，每 30min 扣 10 分</td><td></td><td></td><td></td></tr>
<tr><td rowspan="2">开始时间</td><td rowspan="2"></td><td rowspan="2">结束时间</td><td rowspan="2"></td><td rowspan="2">实际时间</td><td rowspan="2"></td><td>小计</td><td>小计</td><td>总分</td></tr>
<tr><td></td><td></td><td></td></tr>
</table>

六、知识拓展

1. 三相 SPWM 变频器专用集成电路介绍

变频器技术是目前发展最为迅速的技术之一，与电力电子器件制造技术、大规模集成电路、微型计算机应用技术的飞速发展密不可分。特别是目前已开发出专门用于产生 SPWM 控制信号的集成电路芯片，使得产生 SPWM 更加容易和可靠。目前市场常见的集成芯片有 Marconi 公司生产的 MA818、Mullard 公司生产的 HEF4752、Philips 公司生产的 MKⅡ、Siemens 公司生产的 SLE4520、Sanken 公司生产的 MB63H110 以及我国生产的 ZPS—101、THP—4752 等。目前应用较多的是 MA818、HEF4752 和 SLE4520。现介绍 MA818 的主要特点及功能。

MA818 为一种通用的可编程的计算机外围接口芯片，使用一组标准的 MOTEL 总线(与 Intel 系列和 Motorala 系列微机兼容)，这就使它与目前应用的绝大部分计算机接口连接变得极为方便。

MA818 为 40 脚双列直插封装，如图 13-17 所示。

(1) 全数字操作　MA818 由微处理器通过 MOTEL 总线接口进行控制。全程数字化脉冲输出有很高的精确性和温度稳定性。精确的控制脉冲，可使各种电力电子器件具有最优的工作效率。它从 PROM/EPROM 中直接读取调制波形，用户在使用各种特殊电动机时可定义最优的波形。

(2) 工作频率范围宽　如果使用的最高时钟频率是 12.5MHz，那么三角波载波频率最高可达 24MHz，输出调制频率可达 4kHz，输出频率的分辨率可精确到 12 位字长。

(3) 工作方便灵活　MA818 具有 6 个标准的 TTL 电平输出，可方便地驱动逆变器中的 6 个功率开关器件。其工作参数如载波频率、调制频率、调制波幅度、过调

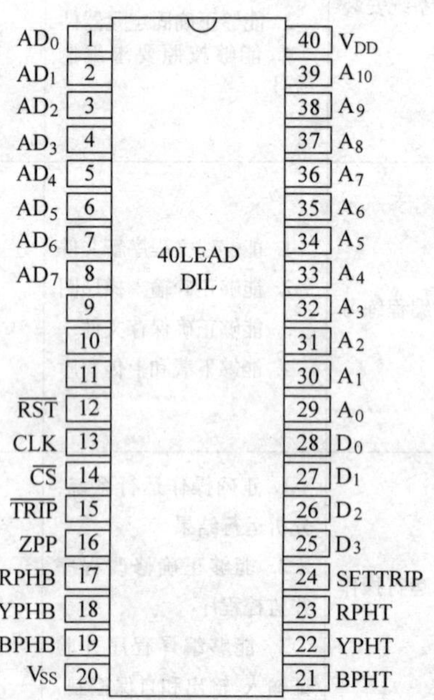

图 13-17　MA818 引脚符号

制选择、最小脉冲宽度等都可以由计算机通过向其写入控制字而方便地确定和修改。

2. 变频器与电动机的连接

变频器与电动机的连接如图 13-18 所示。

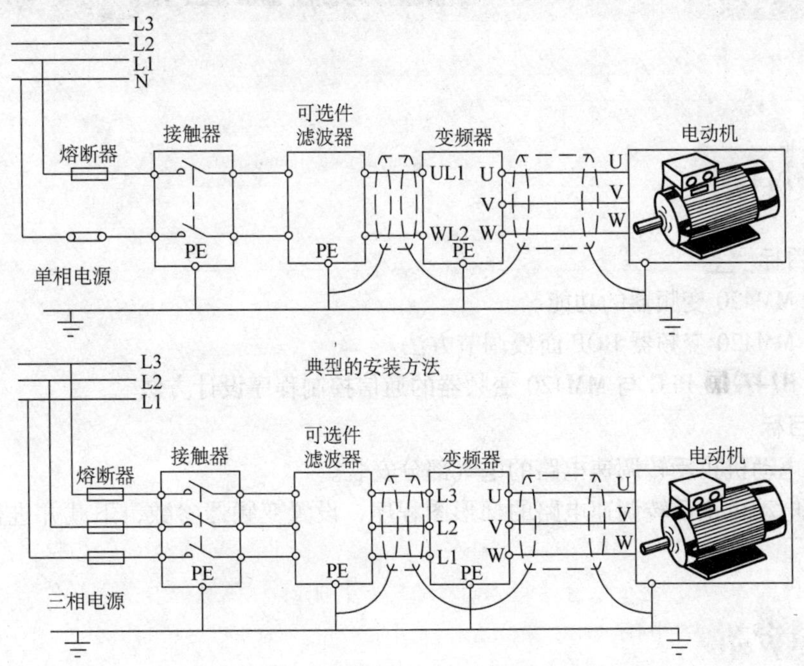

图 13-18　变频器与电动机的连接

七、习题

1. 变频器基本原理如何？何为逆变技术？
2. 单极性 SPWM 控制原理是什么？
3. 双极性 SPWM 控制原理是什么？
4. 三相 SPWM 逆变电路主电路为什么用 6 个开关器件？
5. 三相异步电动机变频调速的基本原理是什么？
6. 何为基频以下调速方法，为何称为恒转矩调速？
7. 何为基频以上调速方法？为何称为恒功率调速？
8. 电梯的基本工作原理是什么？
9. 电梯的基本结构是什么？是由哪几部分构成？按功能共分几个系统？
10. 电梯运行的基本原则是什么？

项目十四 S7—200与变频器的通信

一、学习目标

1. 知识目标

1）掌握MM420变频器的功能。

2）掌握MM420变频器BOP面板调节方法。

3）掌握S7—200 PLC与MM420变频器的通信控制程序设计方法。

2. 技能目标

1）进行电动机正反转调速电路的电气部分安装。

2）编写电动机正反转调速电路的梯形图程序，设置变频器参数，下载并进行调试、试运行。

二、项目分析

本项目任务是安装电动机正反转调速电路的硬件电路，设置变频器参数，并调试其PLC控制程序。

1. 项目要求

1）按下正转起动按钮SB1，变频器拖动电动机正转，操作人员可在电动机正转过程中采用高速(30Hz)、中速(20Hz)、低速(10Hz)进行随机控制。

2）按下反转起动按钮SB2，变频器拖动电动机反转，操作人员可在电动机反转过程中采用高速(30Hz)、中速(20Hz)、低速(10Hz)进行随机控制。

3）按下停止按钮，电动机停止工作。

2. 任务流程图

本项目的任务流程图如图14-1所示。

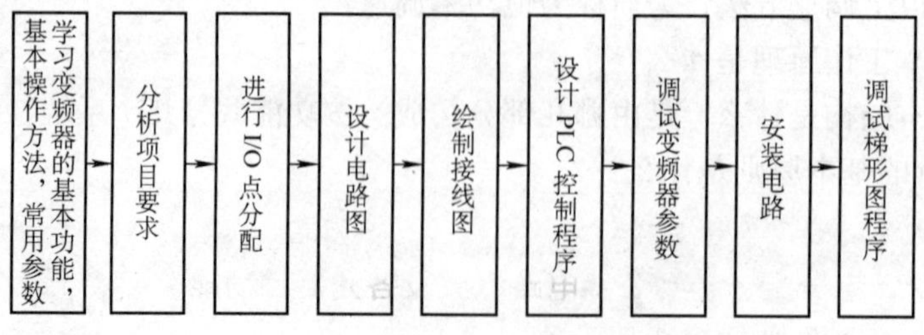

图14-1 任务流程图

3. 知识点链接

本项目相关的知识点链接如图 14-2 所示。

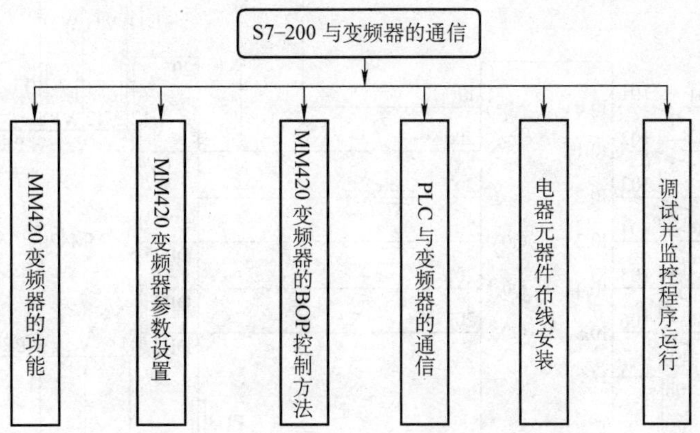

图 14-2 知识点链接

4. 环境设备

项目运行所需的工具、设备见表 14-1。

表 14-1 工具、设备清单

序号	分类	名称	型号规格	数量	单位	备注
1	工具	常用电工工具		1	套	
2		万用表	MF47 型	1	只	
3	设备	PLC	S7—200 CPU 226	1	台	
4		断路器	DZ47—63	1	只	
5		熔断器	RT18—32	3	只	
6		熔体	2A	2	只	
7		熔体	5A	3	只	
8		按钮	LA4—3H	6	只	
9		MM420 变频器	三相输入，三相输出	1	台	
10		三相异步电动机	380V	1	台	0.75kW 以下
11		端子板	TD—1520	1	只	
12		网孔板	600mm×700mm	1	块	
13		导轨	35mm	0.5	m	
14		走线槽	TC3025	若干	m	
15	消耗材料	铜导线	BVR 1.5mm^2 BVR 1.0mm^2	若干	m	双色

5. 电路图、I/O 点分配、参数表、电路组成及各元器件功能

（1）电路图 电路图如图 14-3 所示。

（2）I/O 点分配 I/O 点分配见表 14-2。

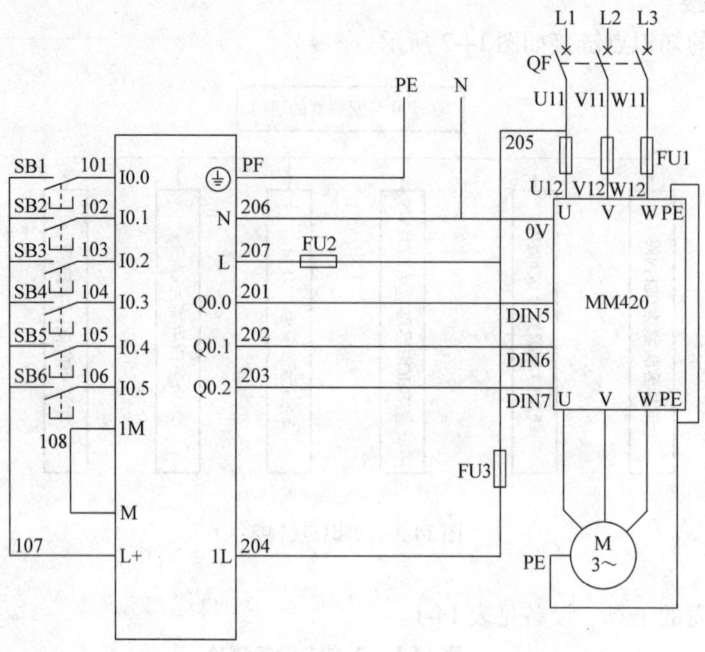

图 14-3 电路图

表 14-2 I/O 点分配

	I/O 点	功 能	元器件代号
输入	I0. 0	正转起动	SB1
	I0. 1	反转起动	SB2
	I0. 2	停止	SB3
	I0. 3	高速	SB4
	I0. 4	中速	SB5
	I0. 5	低速	SB6
输出	Q0. 0	固定频率设置	DIN5
	Q0. 1	固定频率设置	DIN6
	Q0. 2	固定频率设置	DIN7

(3) MM420 变频器参数表 MM420 变频器的参数表见表 14-3。

表 14-3 MM420 参数表

参数	设定值	参数	设定值	参数	设定值	参数	设定值
P0010	1	P1121	0	P0700	2	P1002	20Hz
P0304	380V	P0003	3	P1000	3	P1003	10Hz
P0305	0. 4A	P0701	17	P1080	0	P1004	-30Hz
P0307	0. 02kW	P0702	17	P1082	50Hz	P1005	-20Hz
P0310	50Hz	P0703	17	P1120	0	P1006	-10Hz
P0311	1400	P1001	30Hz				

(4) 电路组成及元器件功能 电路组成及元器件功能见表 14-4。

表 14-4　电路组成及元器件功能

序　号	电路名称		电路组成	元器件功能	备　注
1	电源电路		QF	电源开关	
2			FU1	主电路短路保护	
3			FU2	PLC 短路保护	
4			FU3	PLC 负载短路保护	
5	控制电路	PLC 输入电路	SB1	正转起动	
6			SB2	反转起动	
7			SB3	停止	
8			SB4	高速	
9			SB5	中速	
10			SB6	低速	
11		PLC 输出电路	DIN5	固定频率设置	
12.			DIN6	固定频率设置	
13			DIN7	固定频率设置	
14		PLC 主机	S7—200　CPU 226	主控	

三、必要知识讲解

变频器在工业控制领域中的应用非常广泛，它在控制系统中主要作为执行机构来使用。PLC 和变频器都是以计算机技术为基础的现代工业控制产品，将两者有机结合起来，用 PLC 来控制变频器，是工业控制的发展趋势。

图 14-4　操作面板（BOP）

1. 用基本操作板（BOP）进行调试

利用基本操作面板（BOP）如图 14-4 所示，可以改变变频器的各个参数。BOP 具有七段显示的五位数字，可以显示参数的序号和数值、报警和故障信息以及设定值和实际值。操作面板（BOP）上各按钮（符号）的作用及功能见表 14-5。

用操作面板（BOP）操作时的缺省设置值见表 14-6。

表 14-5　基本操作面板（BOP）上的按钮

显示/按钮	功　能	功能的说明
r0000	状态显示	LCD 显示变频器当前的设定值
	起动变频器	按此键起动变频器，缺省值运行时此键是被封锁的，为了使此键的操作有效，应设定 P0700 = 1

(续)

显示/按钮	功　能	功能的说明
0	停止变频器	OFF1：按此键，变频器将按选定的斜坡下降速率减速停车，缺省值运行时此键被封锁；为了允许此键操作，应设定 P0700 = 1 OFF2：按此键两次(或一次,但时间较长)电动机将在惯性作用下自由停车，此功能总是“使能”的
	改变电动机的转动方向	按此键可以改变电动机的转动方向：电动机的反向用负号(－)表示或用闪烁的小数点表示，缺省值运行时此键是被封锁的，为了使此键的操作有效，应设定 P0700 = 1
jog	电动机点动	在变频器无输出的情况下按此键，将使电动机起动，并按预设定的点动频率运行；释放此键时，变频器停车。如果变频器/电动机正在运行，按此键将不起作用
Fn	功能	此键用于浏览辅助信息。变频器运行过程中，在显示任何一个参数时按下此键并保持不动 2s，将显示参数值，连续多次按下此键，将轮流显示以上参数 在显示任何一个参数(r×××× 或 P××××)时短时间按下此键，将立即跳转到 r0000，如果需要的话，可以接着修改其他的参数。跳转到 r0000 后，按此键将返回原来的显示点
P	访问参数	按此键即可访问参数
	增加数值	按此键即可增大面板上显示的参数数值
	减少数值	按此键即可减小面板上显示的参数数值

表 14-6　用 BOP 操作时的缺省设置值

参　数	说　明	缺省值，欧洲(或北美)地区
P0100	运行方式，欧洲/北美 50Hz	kW(60Hz,hp)
P0307	功率(电动机额定值)	kW(hp)
P0310	电动机的额定频率	50Hz(60Hz)
P0311	电动机的额定转速	1395(1680)r/min[决定于变量]
P1082	最大电动机频率	50Hz(60Hz)

2. PLC 实现的变频器控制参数设置

用 PLC 实现的变频器控制参数设置见表 14-7。

表 14-7　变频器控制参数设置

Q0.0(DIN5)	Q0.1(DIN6)	Q0.2(DIN7)	频率/Hz	Q0.0(DIN5)	Q0.1(DIN6)	Q0.2(DIN7)	频率/Hz
1	0	0	30	0	0	1	-30
0	1	0	20	1	0	1	-20
1	1	0	10	0	1	1	-10

注：表中“0”为 OFF、“1”为 ON。

3. 快速调试流程

快速调试流程图如图 14-5 所示。

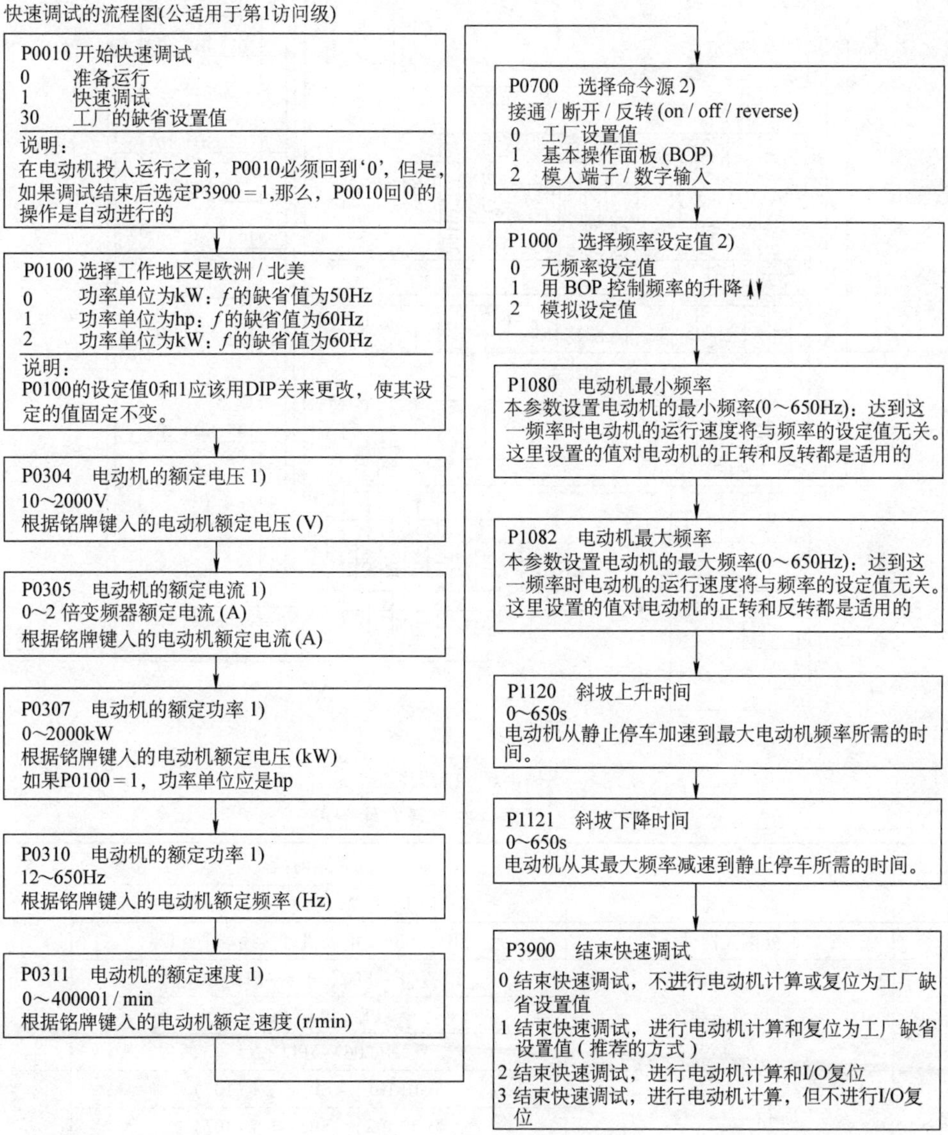

快速调试的流程图(公适用于第1访问级)

P0010 开始快速调试
0　准备运行
1　快速调试
30　工厂的缺省设置值
说明：
在电动机投入运行之前，P0010必须回到'0'，但是，如果调试结束后选定P3900＝1,那么，P0010回0的操作是自动进行的

↓

P0100 选择工作地区是欧洲 / 北美
0　功率单位为kW：*f*的缺省值为50Hz
1　功率单位为hp：*f*的缺省值为60Hz
2　功率单位为kW：*f*的缺省值为60Hz
说明：
P0100的设定值0和1应该用DIP关来更改，使其设定的值固定不变。

↓

P0304　电动机的额定电压 1)
10~2000V
根据铭牌键入的电动机额定电压 (V)

↓

P0305　电动机的额定电流 1)
0~2 倍变频器额定电流 (A)
根据铭牌键入的电动机额定电流 (A)

↓

P0307　电动机的额定功率 1)
0~2000kW
根据铭牌键入的电动机额定电压 (kW)
如果P0100＝1，功率单位应是hp

↓

P0310　电动机的额定功率 1)
12~650Hz
根据铭牌键入的电动机额定频率 (Hz)

↓

P0311　电动机的额定速度 1)
0～400001 / min
根据铭牌键入的电动机额定 速度 (r/min)

↓

P0700　选择命令源 2)
接通 / 断开 / 反转 (on / off / reverse)
0　工厂设置值
1　基本操作面板 (BOP)
2　模入端子 / 数字输入

↓

P1000　选择频率设定值 2)
0　无频率设定值
1　用 BOP 控制频率的升降 ▲▼
2　模拟设定值

↓

P1080　电动机最小频率
本参数设置电动机的最小频率(0～650Hz)：达到这一频率时电动机的运行速度将与频率的设定值无关。这里设置的值对电动机的正转和反转都是适用的

↓

P1082　电动机最大频率
本参数设置电动机的最大频率(0～650Hz)：达到这一频率时电动机的运行速度将与频率的设定值无关。这里设置的值对电动机的正转和反转都是适用的

↓

P1120　斜坡上升时间
0~650s
电动机从静止停车加速到最大电动机频率所需的时间。

↓

P1121　斜坡下降时间
0~650s
电动机从其最大频率减速到静止停车所需的时间。

↓

P3900　结束快速调试
0 结束快速调试，不进行电动机计算或复位为工厂缺省设置值
1 结束快速调试，进行电动机计算和复位为工厂缺省设置值 (推荐的方式)
2 结束快速调试，进行电动机计算和I/O复位
3 结束快速调试，进行电动机计算，但不进行I/O复位

图 14-5　快速调试流程图

四、操作指导

1. 接线图、元器件布置及布线

（1）接线图　本项目的如图 14-6 所示。

（2）元器件布置及布线情况　元器件布置及布线情况见表 14-8。

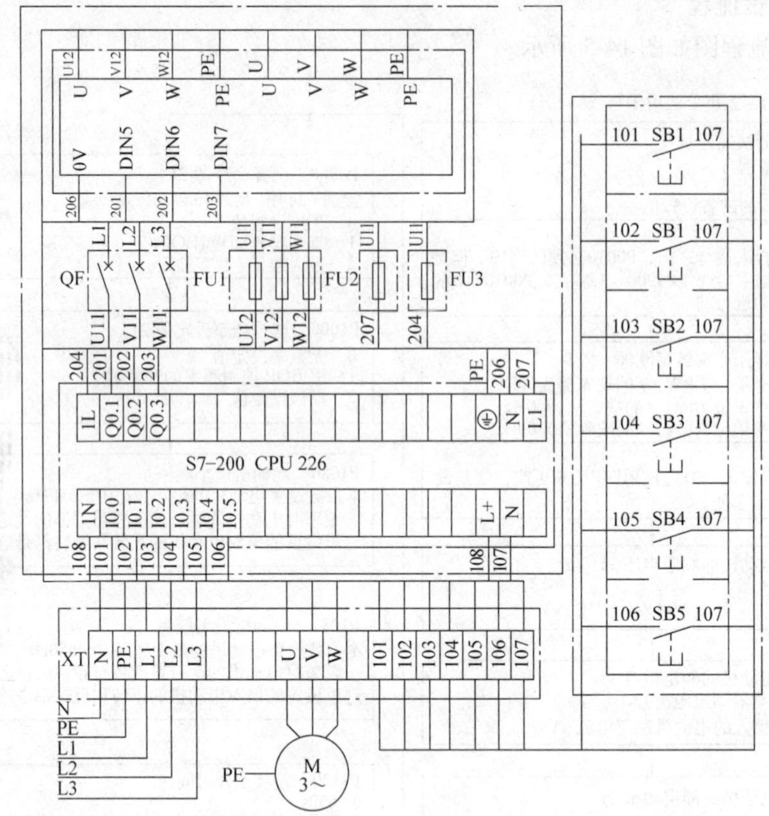

图 14-6 接线图

表 14-8 元器件布置及布线情况

序 号	项 目		具 体 内 容	备 注
1	板内元器件		QF、FU1、FU2、FU3、PLC、MM420	
2	外围元器件		SB1 ~ SB6、电动机、接线端子 XT	
3	电源走线		L1→QF→FU2(207)→FU3(204)	
4			PE→PLC(PE)	
5			N(206)→PLC(N)	
6	PLC 控制电路走线	输入回路	I0. 0(101)→SB1→L + (107)	
7			I0. 1(102)→SB2→L + (107)	
8			I0. 2(103)→SB3→L + (107)	
9			I0. 3(104)→SB4→L + (107)	
10			I0. 4(105)→SB5→L + (107)	
11			I0. 5(106)→SB6→L + (107)	
12			1M(108)→M(PLC)	
13		输出回路	Q0. 0(201)→DIN5	
14			Q0. 1(202)→DIN6	
15			Q0. 2(203)→DIN7	
16	主电路走线		L1、L2、L3→QF→U11、V11、W11→FU1→U12、V12、W12→变频器(U、V、W)→电动机(M)	

2. 元器件布局、安装与配线

（1）元器件布局　实际元器件布局如图 14-7 所示。元器件布局时要参照接线图进行布局，若有与书中所提供元器件不同，按实际情况布局。

（2）元器件安装　元器件安装时每个元器件要摆放整齐，上下左右要对正，间距要均匀。拧螺钉时一定要加弹簧垫，而且松紧适度。

（3）配线　配线要严格按配线图进行。不能丢、漏线，要穿好线号并且线号方向要一致。

3. 自检

（1）检查布线　对照接线图检查是否掉线、错线，线号是否漏编、错编，接线是否牢固等。

（2）用万用表检查电路　在电源插头未插接的情况下，使用万用表按表 14-9 检查安装的电路，如果测量阻值与正确结果不符，应根据电路图检查是否有错线、掉线、错位、短路等。

图 14-7　实际元器件布局

表 14-9　万用表检查

检测任务	操作方法			正确结果	备注
检测电路导线连接是否良好	采用万用表电阻挡（R×1）			阻值/Ω	断电情况下测量电阻
	电源走线		L1→QF→FU2（207） →FU3（204）	QF 接通时为 0 QF 断开时为∞	
			PE→PLC（⏚）	0	
			N（206）→PLC（N）	0	
	PLC 控制电路走线	输入回路	I0.0（101）→SB1→L+（107）	0	
			I0.1（102）→SB2→L+（107）	0	
			I0.2（103）→SB3→L+（107）	0	
			I0.3（104）→SB4→L+（107）	0	
			I0.4（105）→SB5→L+（107）	0	
			I0.5（106）→SB6→L+（107）	0	
			1M（108）→PLC（M）	0	
		输出回路	Q0.0（201）→DIN5	0	
			Q0.1（202）→DIN6		
			Q0.2（203）→DIN7		
	主电路走线		L1、L2、L3→QF→U11、V11、W11→FU1→U12、V12、W12→变频器（U、V、W）→电动机（M）	QF 闭合时，电阻为 0	

4. 输入梯形图

(1) 绘制梯形图　绘制出的梯形图如图 14-8。

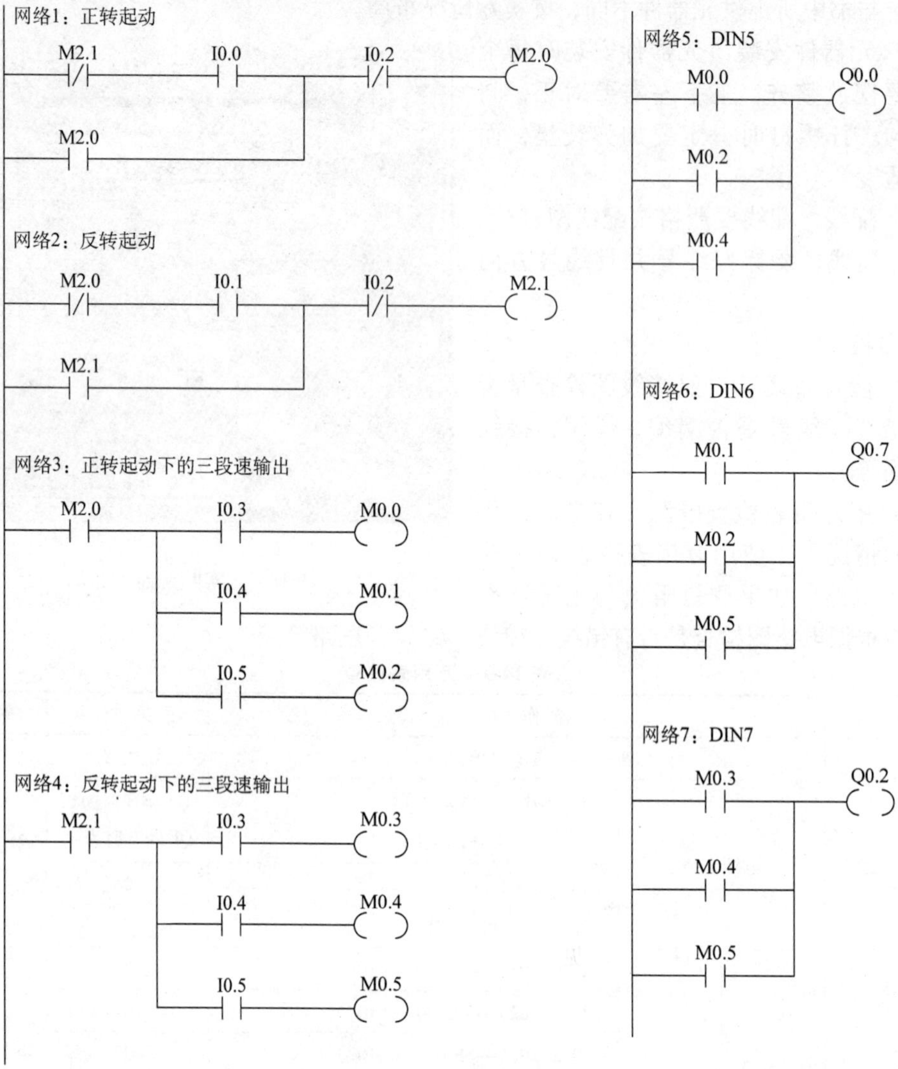

网络1：正转起动
M2.1　I0.0　I0.2　M2.0
M2.0

网络2：反转起动
M2.0　I0.1　I0.2　M2.1
M2.1

网络3：正转起动下的三段速输出
M2.0　I0.3　M0.0
I0.4　M0.1
I0.5　M0.2

网络4：反转起动下的三段速输出
M2.1　I0.3　M0.3
I0.4　M0.4
I0.5　M0.5

网络5：DIN5
M0.0　Q0.0
M0.2
M0.4

网络6：DIN6
M0.1　Q0.7
M0.2
M0.5

网络7：DIN7
M0.3　Q0.2
M0.4
M0.5

图 14-8　梯形图

(2) 通电观察 PLC 的指示 LED　经自检，确认电路正确且无安全隐患后，在教师的监护下，通电观察 PLC 的指示 LED，并作好记录。

(3) 下载程序　将已编写好的梯形图程序下载至 PLC 中。

5. 操作注意事项

1) 安装元器件或接线时，必须按照十字形和一字形及相应大小选择合适的螺钉旋具进行拆装螺钉操作。

2) 用电工刀剥线时一定要按照安全操作规程要求操作。

3) 通电前必须经过教师检查，并经教师同意后方可试车。

6. 电路通电试车

经自检、教师检查确认电路正常且无安全隐患后，经老师同意，并在老师的监护下，通电试车。

1）调整 PLC 为 RUN 工作状态进行操作。

2）观察系统的运行情况并进行梯形图监控，在表 14-10 中作好记录。

3）如出现故障，应立即切断电源、分析原因、检查电路或梯形图后重新调试，直至达到项目拟定的要求。

表 14-10　工作情况记录表

操作步骤	操作内容	观察内容				备注
		指示灯 LED		输出设备		
		正确结果	观察结果	正确结果	观察结果	
1	按下 SB1、SB4	Q0.0 点亮		30Hz 正转		
2	按下 SB1、SB5	Q0.1 点亮		20Hz 正转		
3	按下 SB1、SB6	Q0.0、Q0.1 点亮		10Hz 正转		
4	按下 SB2、SB4	Q0.3 点亮		30Hz 反转		
5	按下 SB2、SB5	Q0.0、Q0.3 点亮		20Hz 反转		
6	按下 SB2、SB6	Q0.1、Q0.3 点亮		10Hz 反转		
7	任意时刻按下 SB3	无点亮		电动机停止		

五、考核评价

项目质量考核要求及评分标准见表 14-11。

表 14-11　项目质量考核要求及评分标准

考核项目	考核要求	配分	评分标准	扣分	得分	备注
元器件安装	1. 能够按元器件表选择和检测 2. 能够按照接线图布置元器件 3. 会正确固定元器件	10	1. 不按接线图固定元器件扣 5 分 2. 元器件安装不牢固，每处扣 3 分 3. 元器件安装不整齐、不均匀、不合理，每处扣 3 分 4. 损坏元器件此项不得分			
线路安装	1. 能够按接线图配线 2. 布线合理，接线美观 3. 布线规范，长短适当，线槽内分布均匀 4. 安装规范，无线头松动、反圈、压皮、露铜过长及损伤绝缘层	50	1. 不按接线图接线扣 20 分 2. 布线不合理、不美观，每根扣 3 分 3. 走线不横平竖直，每根扣 3 分 4. 线头松动、反圈、压皮和露铜过长，每处扣 3 分 5. 损伤导线绝缘层或线芯，每根扣 5 分			

(续)

<table>
<tr><th>考核项目</th><th>考 核 要 求</th><th>配分</th><th colspan="3">评 分 标 准</th><th>扣分</th><th>得分</th><th>备注</th></tr>
<tr><td>通电试车</td><td>按照要求和步骤正确检查、调试电路</td><td>40</td><td colspan="3">1. 主、控制电路配错熔体，每处扣10分
2. 一次试车不成功扣10分
3. 二次试车不成功扣15分
4. 三次试车不成功扣20分</td><td></td><td></td><td></td></tr>
<tr><td>安全生产</td><td>自觉遵守安全文明生产规程</td><td></td><td colspan="3">1. 漏接接地线，每处扣10分
2. 发生安全事故，按0分处理</td><td></td><td></td><td></td></tr>
<tr><td>定额时间</td><td>6h</td><td></td><td colspan="3">提前正确完成，每5min加5分；超过定额时间，每5min扣2分</td><td></td><td></td><td></td></tr>
<tr><td rowspan="2">开始时间</td><td rowspan="2"></td><td rowspan="2">结束时间</td><td rowspan="2"></td><td rowspan="2">实际时间</td><td rowspan="2"></td><td>小计</td><td>小计</td><td>总分</td></tr>
<tr><td></td><td></td><td></td></tr>
</table>

六、知识拓展

MM420 可以实现多段自动调速设置 P1001 = 1(固定频率 1 最小值：-650.00)时，有三种选择固定频率的方法：

1. 直接选择(P0701 - P0703 = 15)

在这种操作方式下，一个数字输入选择一个固定频率。如果有几个固定频率输入同时被激活，选定的频率是它们的总和。

例如：DIN1 对应频率 FF1，DIN2 对应频率 FF2，DIN3 对应频率 FF3，同时激活 DIN1、DIN2、DIN3 的时候，运行频率为 FF1 + FF2 + FF3。

2. 直接选择 + ON 命令(P0701 - P0703 = 16)

在这种操作方式下，选择固定频率时，既有选定的固定频率，又带有 ON 命令。一个数字输入选择一个固定频率。如果有几个固定频率输入同时被激活，选定的频率是它们的总和，这一点与直接选择类似。

3. 二进制编码的十进制数(BCD 码)选择 + ON 命令(P0701 - P0703 = 17)

使用这种方法最多可以选择 7 个固定频率。各个固定频率可根据表 14-12 选择：

表 14-12 各固定频率的选择

		DIN3	DIN2	DIN1
	OFF	不激活	不激活	不激活
P1001	FF1	不激活	不激活	激活
P1002	FF2	不激活	激活	不激活
P1003	FF3	不激活	激活	激活
P1004	FF4	激活	不激活	不激活
P1005	FF5	激活	不激活	激活
P1006	FF6	激活	激活	不激活
P1007	FF7	激活	激活	激活

注意：

1）为了使用固定频率功能，需要用 P1000 选择固定频率的操作方式。

2）在“直接选择”的操作方式(P0701 - P0703 = 15)下，还需要一个 ON 命令才能使变频器投入运行。

七、习题

1. 如何恢复 MM420 的出厂设置？

2. 快速调试主要完成哪些工作？

3. 试用 BOP 面板控制变频器实现电动机 15Hz 的正反转运行。

4. 按下电动机运行按钮，电动机起动运行在 5Hz 频率所对应的转速上；延时 10s 后，电动机升速运行在 10Hz 频率对应的转速上；再延时 10s 后，电动机继续升速运行在 20Hz 频率对应的转速上，以后每隔 10s 则按照 -20Hz、 -10Hz、0Hz 的频率变化，任意时间按下停止按钮，电动机停止转动。(电动机由 20Hz 到 -20Hz 变化时,需要改变电动机的转向,要注意设置斜坡时间为 1s)

项目十五 气动系统的 PLC 自动控制

一、学习目标

1. 知识目标

1）认识常用气动元件。

2）掌握基本气动回路的知识。

3）掌握 PLC 控制的基本气动回路动作原理。

2. 技能目标

1）进行机械手控制回路的电气、气动回路安装。

2）编写机械手控制回路的梯形图程序，下载并进行调试、试运行。

二、项目分析

本项目的任务是进行安装机械手控制电路的电气、气动回路安装，编写机械手控制回路的梯形图程序，下载并进行调试、试运行。

项目要求：

1）起动前，机械手的原点位置在左侧，处于悬臂缩回、手臂上升、手爪松开的状态。

2）按下起动按钮 SB1 机械手按照悬臂伸出→手臂下降→手爪夹紧，0.5s 后手臂上升→悬臂缩回→手臂右转→悬臂伸出→手臂下降→手爪松开，0.5s 后手臂上升→悬臂缩回→手臂左转回原位后静止的顺序进行动作。

3）无论何时，只要按下停止按钮，系统在完成当前工作周期后回原点静止。

1. 任务流程图

本项目的任务流程图如图 15-1 所示。

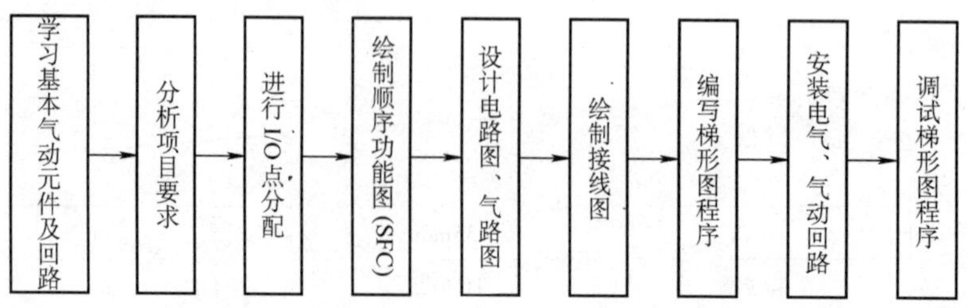

图 15-1　任务流程图

2. 知识点链接

本项目相关的知识点链接如图15-2所示。

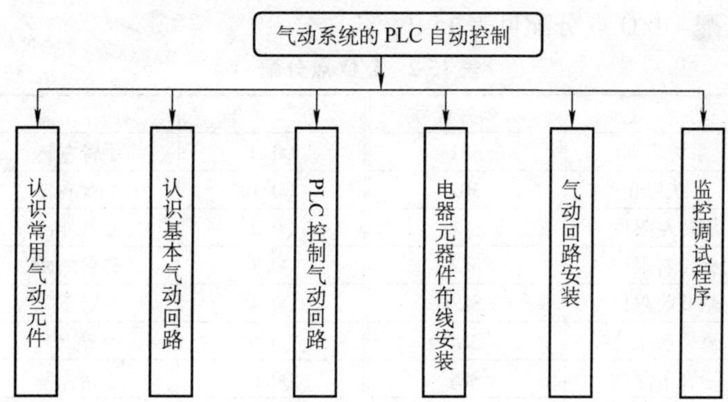

图15-2 知识点链接

3. 环境设备

项目运行所需的工具、设备见表15-1。

表15-1 工具、设备清单

序号	分类	名 称	型号规格	数量	单位	备 注
1	工具	常用电工工具		1	套	
2		万用表	MF47型	1	只	
3	设备	PLC	S7—200CPU226	1	台	
4		断路器	DZ47—63	1	只	
5		熔断器	RT18—32	1	只	
6		熔体	5A	1	只	
7		按钮	LA4—3H	2	只	
8		接近开关	NSN4—12M60—E0	2	只	电感式
9		接近开关	D—Z73	2	只	磁性开关
10		接近开关	D—C73	2	只	磁性开关
11		接近开关	D—Y59B	1	只	磁性开关
12		电磁阀	双电控	4	只	一个单电控，一个双电控
13		气缸	MHZ2—10D1E	1	只	
14		气缸	CXSM15—100	1	只	
15		气缸	CDJ2KB16—75—B	1	只	
16		气缸	CDRB2BW20—180S	1	只	
17		端子板	TD—1520	1	只	
18		网孔板	600mm×700mm	1	块	
19		导轨	35mm	0.5	m	
20		走线槽	TC3025	若干	m	
21	消耗材料	铜导线	BVR 1.5mm^2	若干	m	双色
22			BVR 1.0mm^2			

4. 电路图、I/O 点分配、顺序功能图、电路组成及各元器件功能

(1) 电路图 电路图如图 15-3 所示。

(2) I/O 点分配 I/O 点分配见表 15-2。

表 15-2 I/O 点分配

输 入	功 能	元器件代号	输 出	功 能	元器件代号
I0.0	系统启动	SB1	Q0.0	手臂左转	KM1
I0.1	系统停止	SB2	Q0.1	手臂右转	KM2
I0.2	旋转左限位	SL1	Q0.2	悬臂伸出	KM3
I0.3	旋转右限位	SL2	Q0.3	悬臂缩回	KM4
I0.4	悬臂前限位	SL3	Q0.4	手臂下降	KM5
I0.5	悬臂后限位	SL4	Q0.5	手臂上升	KM6
I0.6	手臂上限位	SL5	Q0.6	手指夹紧	KM7
I0.7	手臂下限位	SL6			
I1.0	手爪夹紧限位	SL7			

(3) 顺序功能图 顺序功能图如图 15-4 所示。

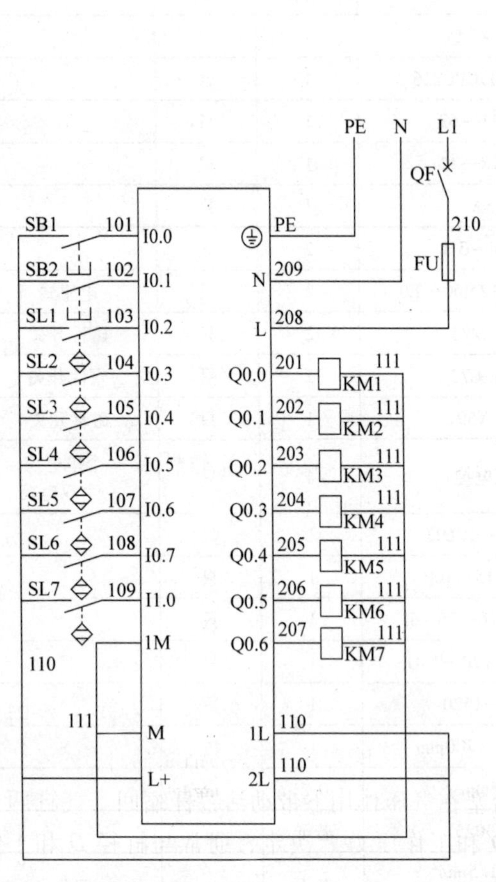

图 15-3 电路图

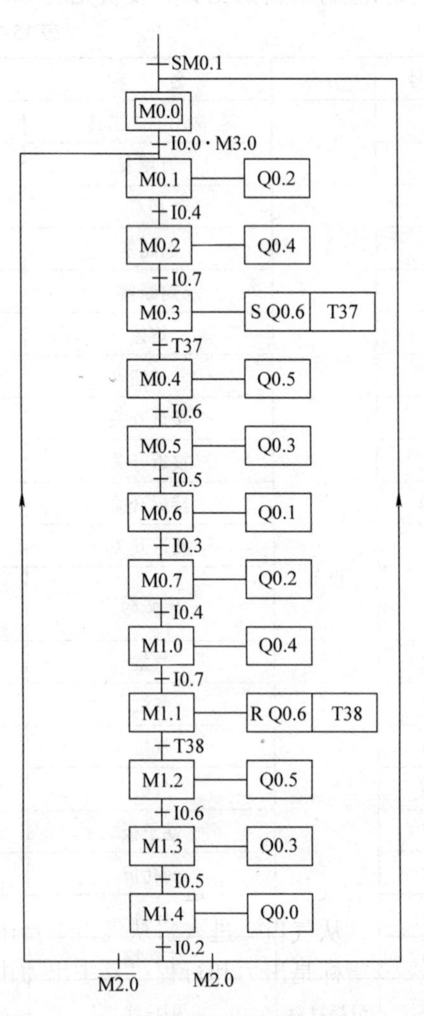

图 15-4 顺序功能图

（4）电路组成及元器件功能　电路组成及元器件功能见表 15-3。

表 15-3　电路组成及元器件功能

序号	电路名称		电路组成	元器件功能	备　注
1	电源电路		QF	电源开关	
2			FU1	PLC 电路短路保护	
3	控制电路	PLC 输入电路	SB1	起动	
4			SB2	停止	
5			SL1	旋转左限位	
6			SL2	旋转右限位	
7			SL3	悬臂前限位	
8			SL4	悬臂后限位	
9			SL5	手臂上限位	
10			SL6	手臂下限位	
11			SL7	手爪夹紧限位	
12		PLC 输出电路	KM1	手臂左转	
13			KM2	手臂右转	
14			KM3	悬臂伸出	
15			KM4	悬臂缩回	
16			KM5	手臂下降	
17			KM6	手臂上升	
18			KM7	手指夹紧	
19		PLC 主机	S7—200 CPU226	主控	

三、必要知识讲解

1. 气动控制技术的特点

（1）经济　气动元器件价格较低且使用寿命长，投入和维修费用都较低。

（2）可靠　气动元器件不易损坏，所以气动系统有很高的可靠性。

（3）清洁环保　压缩空气无论是产生、使用和释放都不会污染环境。

（4）安全　在危险场所不会引起火灾，因气动系统过载只会停车或打滑，而不会引起发热。

2. 常用气动元器件

（1）双作用气缸　双作用气缸如图 15-5 所示。所谓“双作用”是指它有两个作用气口。压缩空气从气口 1 进入、从气口 2 排出时，活塞在气压作用下带动活塞杆伸出；反之，当压缩空气从气口 2 进入、从气口 1 排出时，活塞在气压作用下带动活塞杆缩回。气缸两个最主要的指标是出力和行程，其中出力由缸径 D 和工作压力 P 决定，通常与缸径 D 和工作压力 P 成正比。

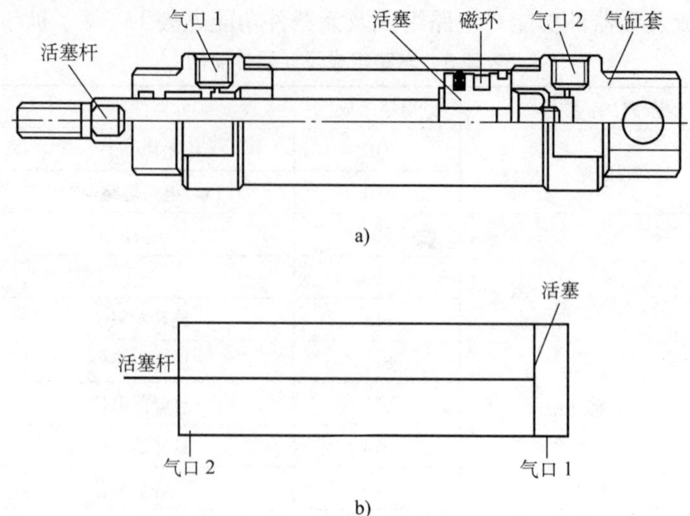

图15-5 双作用气缸
a) 结构 b) 示意图

(2) 电磁阀 电磁阀是用电压信号来控制流体流动的阀门装置。

图15-6所示是一装有三个两位五通双控电磁阀和一个两位五通单控电磁阀总成的示意图；图15-7所示是两位五通双控电磁阀的元件符号。

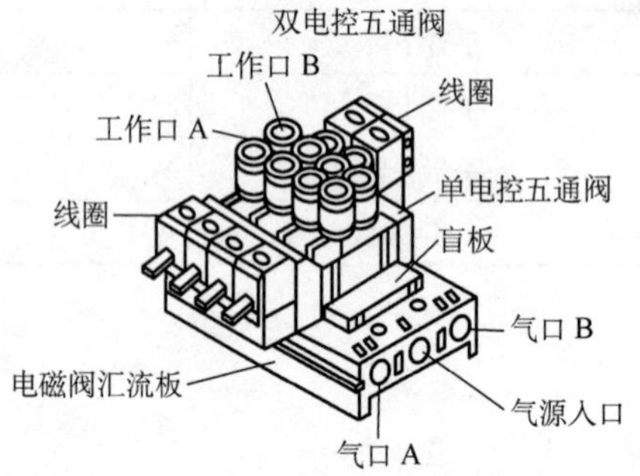

图15-6 三个两位五通双控电磁阀和一个两位五通单控电磁阀总成的示意图

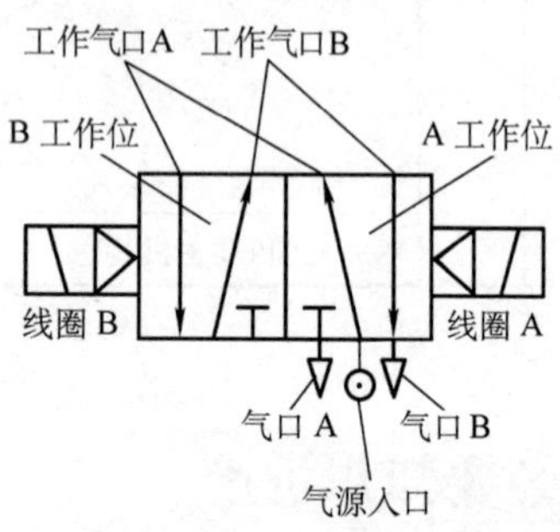

图15-7 两位五通双控电磁阀的元件符号

两位是指它有两个基本工作位置。五通是指它有五个气口：工作气口A、工作气口B(该两个工作气口通过气管与双动气缸的两个气孔相连接)、一个气源入口(接入压缩空气)、气口A和气口B(与外界大气相通)。双控是指其两个工作位置的切换是由两个电磁线圈控制的。当线圈A通电而线圈B断电时，电磁阀切换到A工作位，此时压缩空气由工作气口A送出，工作气口B则与气口B连通。当线圈B通电而线圈A断电时，电磁阀切换到B工作位。此时压缩空气由工作气口B送出，工作气口A则与气口A连通。当线圈A和线圈B都断电或都同时通电时，电磁阀保持原工作位不变。即一般情况是不允许两个线圈同时通电的，使用时要引起注意。

将两位五通双控电磁阀与双作用气缸通过气管相连接，就构成了一个基本气路，如图15-8所示。

当线圈A通电而线圈B断电时，电磁阀切换到A工作位，压缩空气从工作气口A出来，送至气缸，气缸排出的空气由工作气口B排至外界大气，使得气缸活塞被压回，即使线圈A断电，气缸也仍然保持为缩回的状态。当线圈B通电而线圈A断电时，电磁阀切换到B工作位。压缩空气从工作气口B出来，送至气缸，气缸排出的空气由工作气口A排出，使得气缸活塞被压伸出，即使线圈B断电，气缸也仍然保持为伸出的状态。由此可看出，双控电磁阀具有自保持功能，属于双稳态元件。

两位五通单控电磁阀仅有一个电磁线圈，与双控电磁阀不同的是，它用了一个弹簧来代替另一个线圈，其气动回路如图15-9所示。由于弹簧的作用，该电磁阀只有线圈通电时才能切换到工作位B，一旦断电，就自动切换回工作位A。即气缸只有当线圈B通电时才能伸出，一旦断电立刻缩回。由此可知单控电磁阀没有自保持功能，属于单稳态元件。

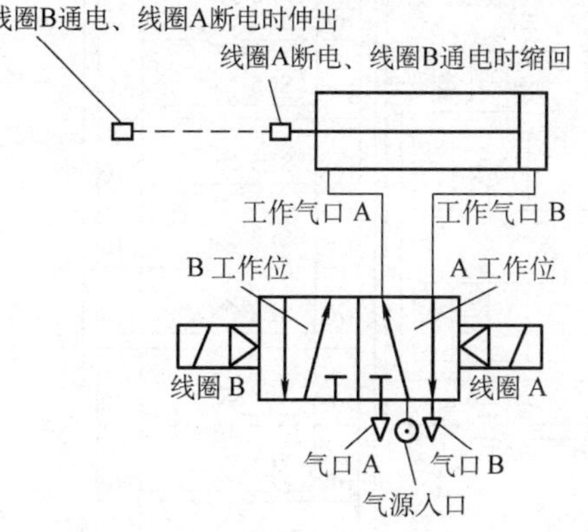

图15-8　基本气路图

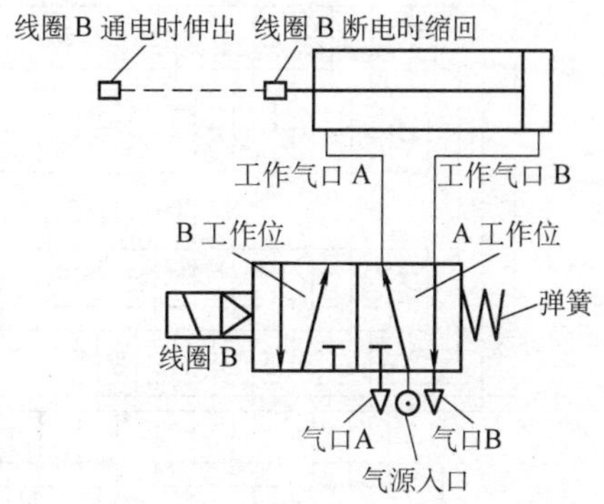

图15-9　两位五通单控电磁阀的气动回路

（3）气缸节流阀　气缸节流阀的作用是调节气缸的动作速度，如图15-10所示，一般有限出型和限入型两种，用得最多的是限出型节流阀。限出型节流阀安装在气缸的排气口上。如图15-11所示，调节节流阀A可调整气缸的伸出速度，而调节节流阀B则可调整气缸的缩回速度。许多节流阀上都带有气管的快速接头，只要将合适外径的气管往快速接头上一插就可将气管连接好了，使用起来非常方便。

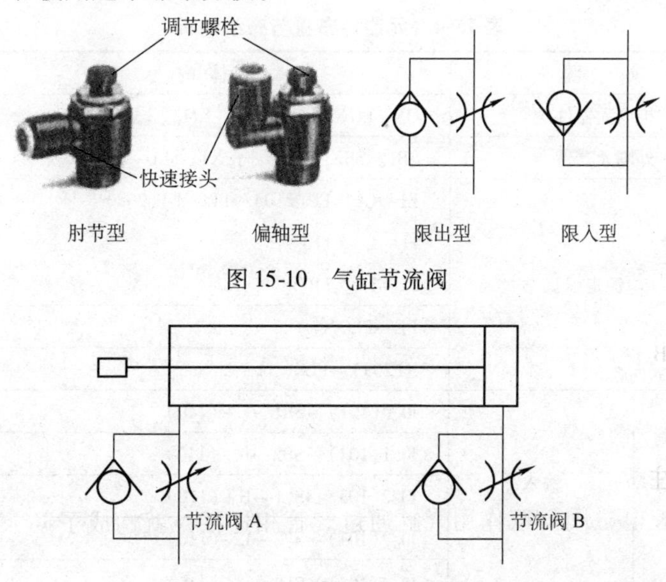

图15-10　气缸节流阀

图15-11　节流阀的安装

四、操作指导

1. 接线图、元器件布置与布线情况及气动系统图

(1) 接线图　接线图如图 15-12 所示。

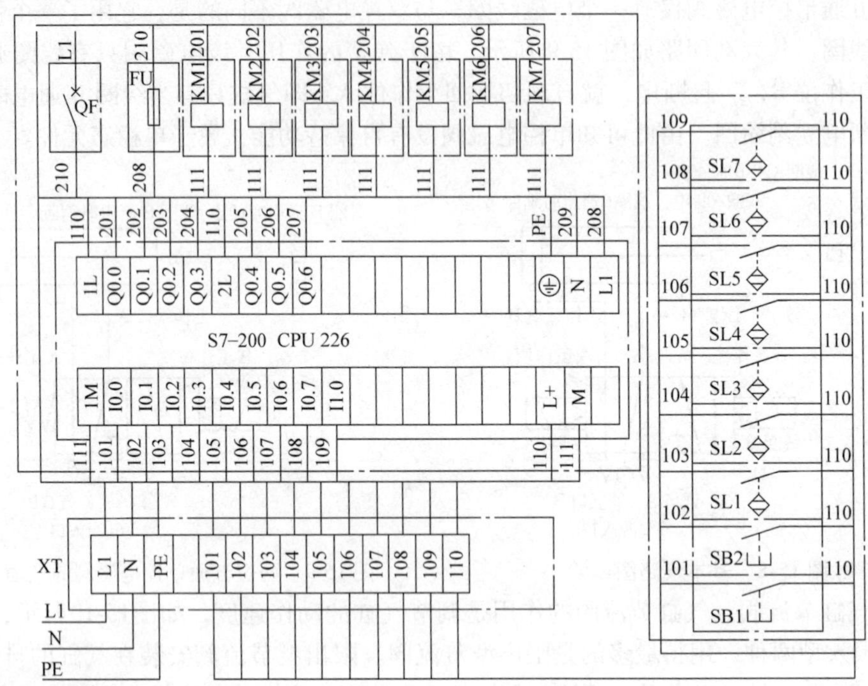

图 15-12　接线图

(2) 元器件布置与布线情况　元器件布置与布线情况见表 15-4。

表 15-4　元器件布置与布线情况

序　号	项　目		具体内容	备　注
1	板内元器件		QF、FU、PLC、KM1、KM2	
2	外围元器件		SB1、SB2、接线端子 XT、SL1 ~ SL7	
3	电源走线		L1→QF→FU(210)→PLC(L)(208) 1L→L+(110) 2L→L+(110)	
4			PE→PLC(⏚)	
5			N(209)→PLC(N)	
6	PLC 控制电路走线	输入回路	I0.0(101)→SB1→L+(110)	
7			I0.1(102)→SB2→L+(110)	
8			I0.2(103)→SL1→L+(110)	
9			I0.3(104)→SL2→L+(110)	
10			I0.4(105)→SL3→L+(110)	

（续）

序 号	项 目		具 体 内 容	备 注
11	PLC 控制电路走线	输入回路	I0.5(106)→SL4→L+(110)	
12			I0.6(107)→SL5→L+(110)	
13			I0.7(108)→SL6→L+(110)	
14			I1.0(109)→SL7→L+(110)	
15			1M(111)→PLC(M)	
16		输出回路	Q0.0(201)→KM1→N(111)	
17			Q0.1(202)→KM2→N(111)	
18			Q0.2(203)→KM3→N(111)	
19			Q0.3(204)→KM4→N(111)	
20			Q0.4(205)→KM5→N(111)	
21			Q0.5(206)→KM6→N(111)	
22			Q0.6(207)→KM7→N(111)	

2. 元器件布局、安装与配线

（1）检查元器件　根据表15-1，检查元器件的规格是否符合要求及质量是否完好。

（2）固定元器件　按照绘制的接线图固定元器件。

（3）配线安装　据配线原则及工艺要求，对照绘制的接线图进行板上元器件、外围设备的配线安装。实际元器件布局如图15-13。

3. 自检

（1）检查布线　对照接线图检查是否掉线、错线，线号是否漏编、错编，接线是否牢固等。

图15-13　实际元器件布局

（2）使用万用表检测电路　对照电路图、接线图，按照表15-5，使用万用表检测电路。如果测量阻值与正确结果不符，应根据电路图检查是否有错线、掉线、错位、短路等。

表15-5　万用表检查

<table>
<tr><th>检测任务</th><th colspan="3">操作方法</th><th>正确结果</th><th>备注</th></tr>
<tr><td rowspan="21">检测电路导线连接是否良好</td><td colspan="3">采用万用表电阻挡(R×1)</td><td>阻值/Ω</td><td rowspan="21">断电情况下测量电阻</td></tr>
<tr><td colspan="2" rowspan="3">电源走线</td><td>L1→QF→FU(210)→PLC(L)(208)
1L→L+(110)
2L→L+(110)</td><td>QF接通时为0,
QF断开时为∞</td></tr>
<tr><td>PE→PLC(⏚)</td><td>0</td></tr>
<tr><td>N(209)→PLC(N)</td><td>0</td></tr>
<tr><td rowspan="17">PLC控制电路走线</td><td rowspan="10">输入回路</td><td>I0.0(101)→SB1→L+(110)</td><td>0</td></tr>
<tr><td>I0.1(102)→SB2→L+(110)</td><td>0</td></tr>
<tr><td>I0.2(103)→SL1→L+(110)</td><td>0</td></tr>
<tr><td>I0.3(104)→SL2→L+(110)</td><td>0</td></tr>
<tr><td>I0.4(105)→SL3→L+(110)</td><td>0</td></tr>
<tr><td>I0.5(106)→SL4→L+(110)</td><td>0</td></tr>
<tr><td>I0.6(107)→SL5→L+(110)</td><td>0</td></tr>
<tr><td>I0.7(108)→SL6→L+(110)</td><td>0</td></tr>
<tr><td>I1.0(109)→SL7→L+(110)</td><td>0</td></tr>
<tr><td>1M(111)→PLC(M)</td><td>0</td></tr>
<tr><td rowspan="7">输出回路</td><td>Q0.0(201)→KM1→N(111)</td><td rowspan="7">线圈有阻值,
导线电阻为0</td></tr>
<tr><td>Q0.1(202)→KM2→N(111)</td></tr>
<tr><td>Q0.2(203)→KM3→N(111)</td></tr>
<tr><td>Q0.3(204)→KM4→N(111)</td></tr>
<tr><td>Q0.4(205)→KM5→N(111)</td></tr>
<tr><td>Q0.5(206)→KM6→N(111)</td></tr>
<tr><td>Q0.6(207)→KM7→N(111)</td></tr>
</table>

4. 输入梯形图

（1）绘制梯形图　绘制梯形图如图15-14所示。

（2）绘制气动系统图　绘制气动系统图如图15-15所示。

（3）通电观察PLC的指示LED　经自检，确认电路正确且无安全隐患后，在教师的监护下通电观察PLC的指示LED，并作好记录。

（4）下载程序　将已编写好的梯形图程序下载至PLC中。

5. 操作注意事项

1）安装元器件或接线时，必须按照十字形和一字形及相应大小选择合适的螺钉旋具进行拆装螺钉操作。

2）用电工刀剥线时一定要按照安全操作规程要求操作。

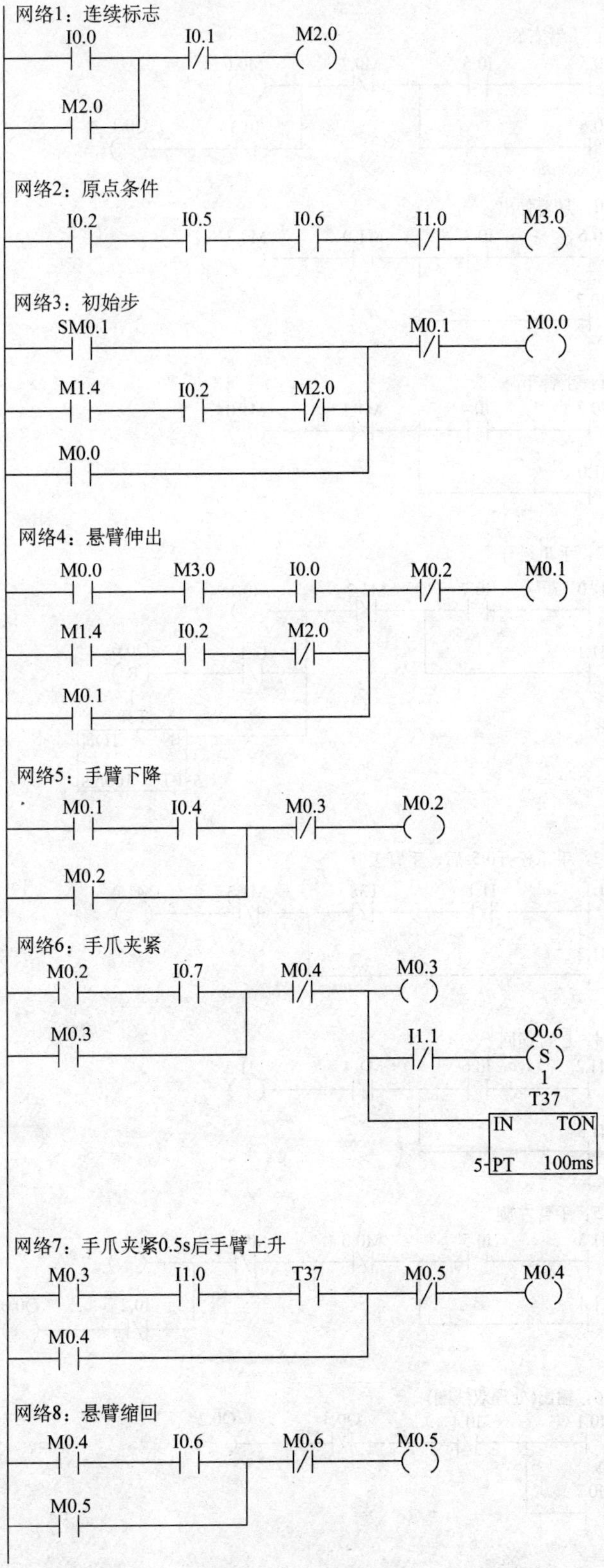

网络1：连续标志
I0.0　I0.1　M2.0
M2.0

网络2：原点条件
I0.2　I0.5　I0.6　I1.0　M3.0

网络3：初始步
SM0.1　M0.1　M0.0
M1.4　I0.2　M2.0
M0.0

网络4：悬臂伸出
M0.0　M3.0　I0.0　M0.2　M0.1
M1.4　I0.2　M2.0
M0.1

网络5：手臂下降
M0.1　I0.4　M0.3　M0.2
M0.2

网络6：手爪夹紧
M0.2　I0.7　M0.4　M0.3
M0.3　I1.1　Q0.6
S
1
T37
IN　TON
5-PT　100ms

网络7：手爪夹紧0.5s后手臂上升
M0.3　I1.0　T37　M0.5　M0.4
M0.4

网络8：悬臂缩回
M0.4　I0.6　M0.6　M0.5
M0.5

图 15-14　梯形图

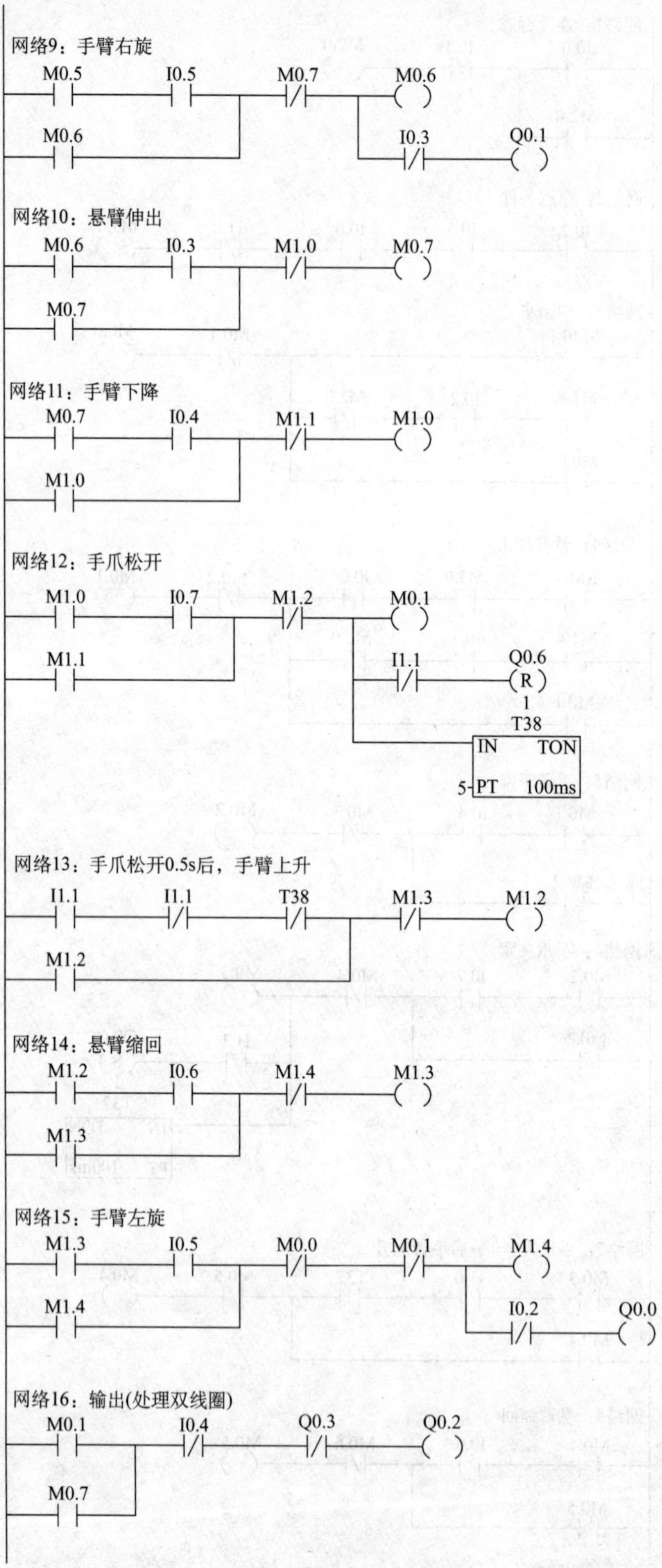

网络9：手臂右旋
M0.5
I0.5
M0.7
M0.6
M0.6
I0.3
Q0.1
网络10：悬臂伸出
M0.6
I0.3
M1.0
M0.7
M0.7
网络11：手臂下降
M0.7
I0.4
M1.1
M1.0
M1.0
网络12：手爪松开
M1.0
I0.7
M1.2
M0.1
M1.1
I1.1
Q0.6
R
1
T38
IN
TON
5-PT
100ms
网络13：手爪松开0.5s后，手臂上升
I1.1
I1.1
T38
M1.3
M1.2
M1.2
网络14：悬臂缩回
M1.2
I0.6
M1.4
M1.3
M1.3
网络15：手臂左旋
M1.3
I0.5
M0.0
M0.1
M1.4
M1.4
I0.2
Q0.0
网络16：输出(处理双线圈)
M0.1
I0.4
Q0.3
Q0.2
M0.7

图15-14 梯形图(续)

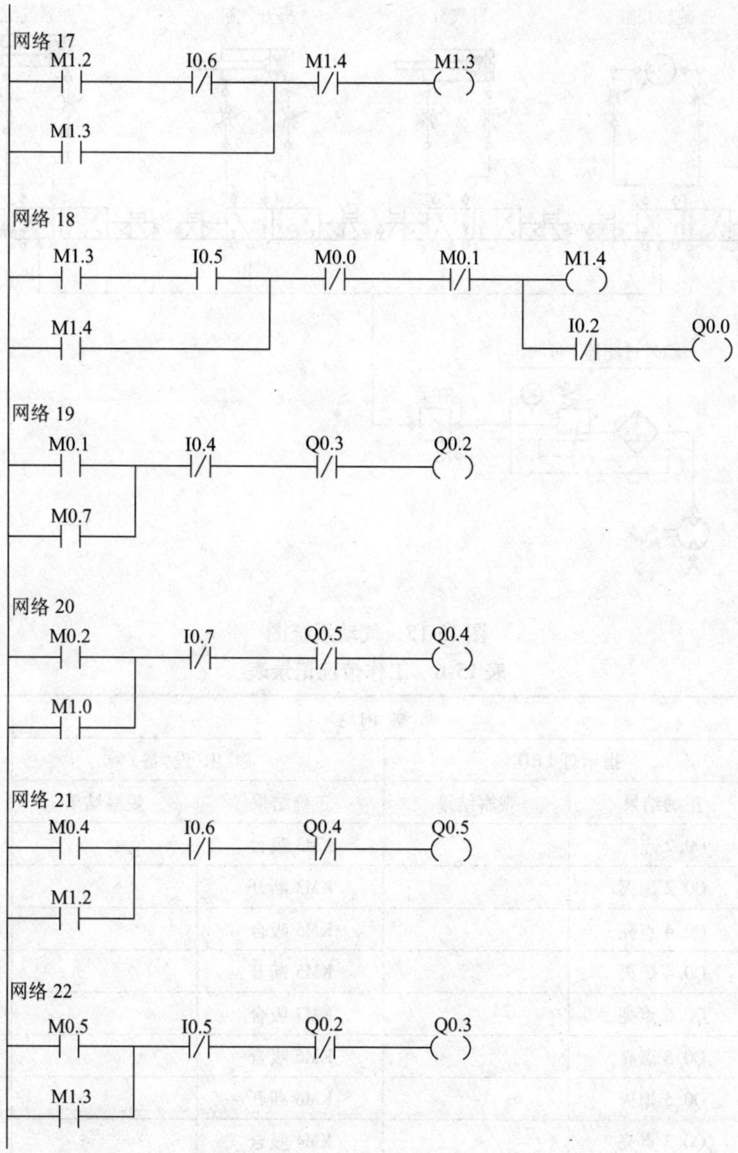

网络 17

M1.2　I0.6　M1.4　M1.3

M1.3

网络 18

M1.3　I0.5　M0.0　M0.1　M1.4

M1.4　I0.2　Q0.0

网络 19

M0.1　I0.4　Q0.3　Q0.2

M0.7

网络 20

M0.2　I0.7　Q0.5　Q0.4

M1.0

网络 21

M0.4　I0.6　Q0.4　Q0.5

M1.2

网络 22

M0.5　I0.5　Q0.2　Q0.3

M1.3

图 15-14　梯形图(续)

3）通电前必须经过教师检查，并经教师同意后方可试车。

6. 电路通电试车

经自检、教师检查确认电路正常且无安全隐患后，在教师的监护下通电试车。

1）调整 PLC 为 RUN 工作状态进行操作。

2）观察系统的运行情况并进行梯形图监控，在表 15-6 中作好记录。

3）如出现故障，应立即切断电源、分析原因，检查电路或梯形图后重新调试，直至达到项目拟定的要求。

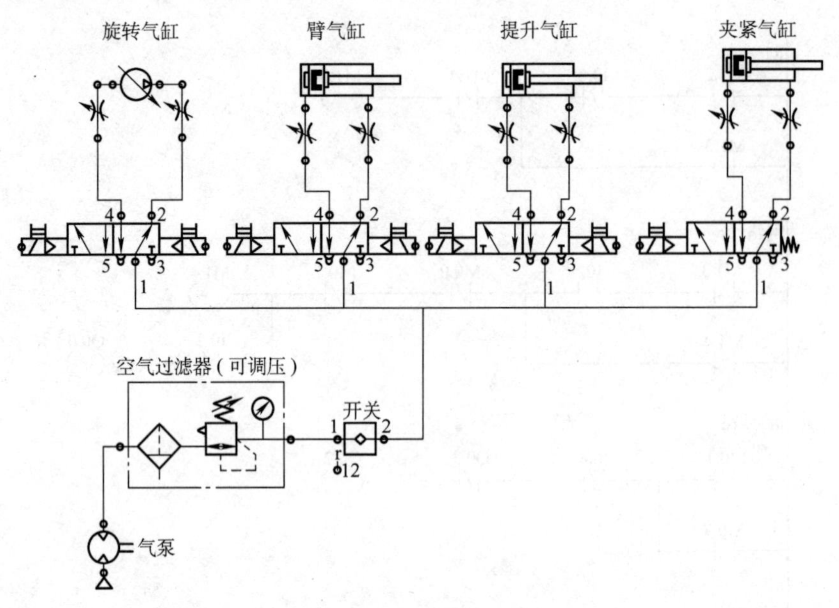

图 15-15　气动系统图

表 15-6　工作情况记录表

操作步骤	操作内容	观察内容				备　注
		指示灯 LED		输出设备		
		正确结果	观察结果	正确结果	观察结果	
1	按下 SB1	Q0.2 点亮		KM3 吸合		悬臂伸出
2	伸出后	Q0.2 熄灭		KM3 断开		手臂下降
		Q0.4 点亮		KM5 吸合		
3	下降后	Q0.4 熄灭		KM5 断开		手爪夹紧
		Q0.6 点亮		KM7 吸合		
4	0.5S 后	Q0.5 点亮		KM6 吸合		手臂上升
5	上升后	Q0.5 熄灭		KM6 断开		悬臂缩回
		Q0.3 点亮		KM4 吸合		
6	缩回后	Q0.3 熄灭		KM4 断开		手臂右转
		Q0.1 点亮		KM2 吸合		
7	右转后	Q0.1 熄灭		KM2 断开		悬臂伸出
		Q0.2 点亮		KM3 吸合		
8	伸出后	Q0.2 熄灭		KM3 断开		手臂下降
		Q0.4 点亮		KM5 吸合		
9	下降后	Q0.4 熄灭		KM5 断开		手爪松开
		Q0.6 熄灭		KM7 断开		

（续）

操作步骤	操作内容	观察内容				备　注
		指示灯 LED		输 出 设 备		
		正确结果	观察结果	正确结果	观察结果	
10	0.5S 后	Q0.5 点亮		KM6 吸合		手臂上升
11	上升后	Q0.5 熄灭		KM6 断开		悬臂缩回
		Q0.3 点亮		KM4 吸合		
12	缩回后	Q0.3 熄灭		KM4 断开		悬臂左转
		Q0.0 点亮		KM1 吸合		
13	左转后	Q0.0 熄灭		KM1 断开		回原位
14		循环工作				
15	按下 SB2	回原位后停止				

五、考核评价

项目质量考核要求及评分标准见表 15-7。

表 15-7　项目质量考核要求及评分标准

考核项目	考 核 要 求	配分	评 分 标 准	扣分	得分	备注
元器件安装	1. 能够按元器件表选择和检测元器件 2. 能够按照接线图布置元器件 3. 会正确固定元器件	10	1. 不按接线图固定元器件扣 5 分 2. 元器件安装不牢固，每处扣 3 分 3. 元器件安装不整齐、不均匀、不合理，每处扣 3 分 4. 损坏元器件此项不得分			
线路安装	1. 能够按接线图配线 2. 布线合理，接线美观，不漏气 3. 布线规范，长短适当，线槽内分布均匀 4. 安装规范，无线头松动、反圈、压皮、露铜过长及损伤绝缘层	50	1. 不按接线图接线，扣 20 分 2. 布线不合理、不美观、漏气，每根扣 3 分 3. 走线不横平竖直，每根扣 3 分 4. 线头松动、反圈、压皮和露铜过长，每处扣 3 分 5. 损伤导线绝缘层或线芯，每根扣 5 分			
通电试车	能够按照要求和步骤正确检查、调试电路	40	1. 主、控制电路配错熔体，每处扣 10 分 2. 一次试车不成功扣 10 分 3. 二次试车不成功扣 15 分 4. 三次试车不成功扣 20 分			
安全生产	自觉遵守安全文明生产规程		1. 漏接接地线一处，扣 10 分 2. 发生安全事故，0 分处理			

(续)

考核项目	考核要求	配分	评分标准			扣分	得分	备注
定额时间	6h		提前正确完成，每 30min 加 5 分；超过定额时间，每 5min 扣 2 分					
开始时间		结束时间		实际时间		小计	小计	总分

六、知识拓展

在工业自动化控制系统中，位置、速度、颜色、压力、温度等非电量都是通过电子传感器将上述变量转变成电信号后再进行检测的。下面介绍接近开关的一般组成和输出形式。

接近开关一般是由感应部分、放大器和输出部分组成，其中感应部分因用于检测对象不同而不同，输出部分常用的形式有有极性两线型、无极性两线型、三线的 PNP 集电极开路型和 NPN 集电极开路型，还有可通过不同接线来改变输出类型的可编程型四线型等。

对于输出部分为两线型的接近开关，如图 15-16 所示，与电源和负载直接相串联就行了，如是有极性的则一定要注意电源的极性。

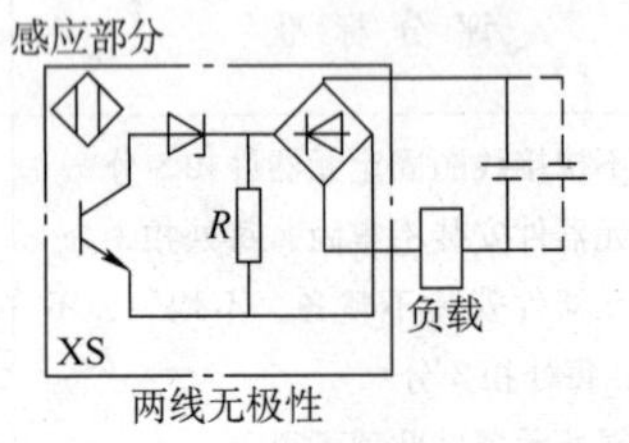

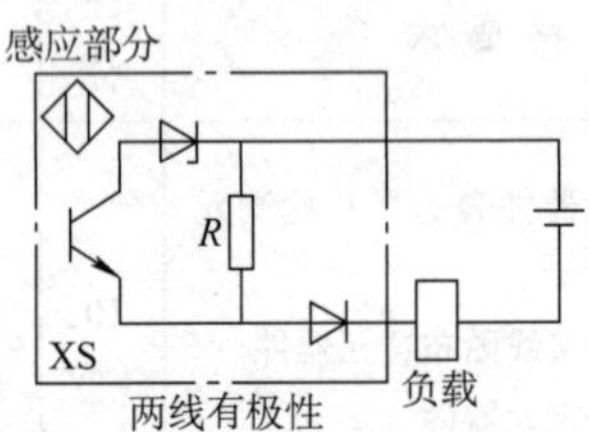

图 15-16　两线型接近开关的接线

如图 15-17 所示，三线型接近开关的工作电源与输出负载的电源是同一个电源，在接线时一定要注意接近开关输出晶体管的管型及输出形式：

对于 PNP 集电极开路型输出的接近开关，负载一定要接在电源负极和输出线上，即接近开关与负载是共电源负极。

对于 NPN 集电极开路型输出的接近开关，负载一定要接在电源正极和输出线上，即接近开关与负载是共电源正极。

也就是说，三线型接近开关与负载是共电源正极连接，还是共电源负极连接，是由接近开关的输出是 PNP 集电极开路型还是 NPN 集电极开路型决定的，我们在应用中一定要特别注意。

如图 15-18 所示，三线型接近开关的引出线有三条，其中输出只有常开(NO)或常闭(NC)，括号外所标引线的颜色是国内标准，括号内的所标引线的颜色及线的标号是国际标准(进口或外资厂生产)。现在许多国产产品也采用国际标准。

如引出的是棕、兰、黑三种颜色线，则此开关符合国际标准。其中棕色线接电源正极，

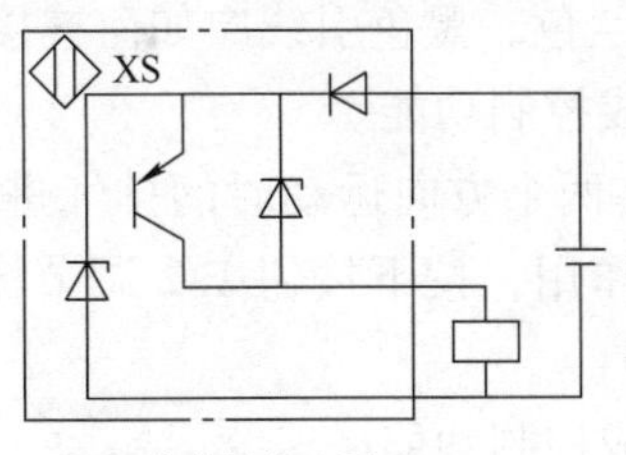

PNP 集电极输出型

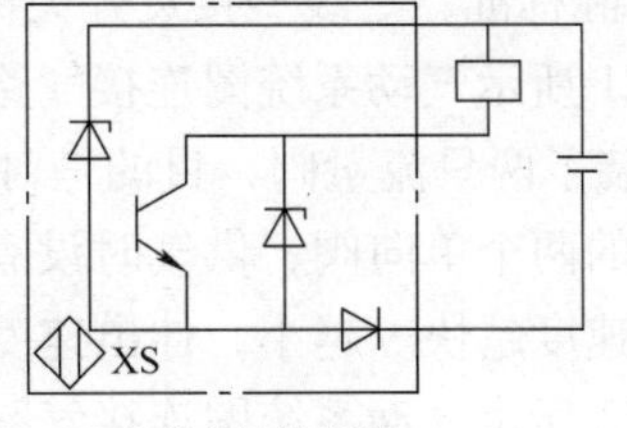

NPN 集电极输出型

图 15-17　三线型接近开关的接线

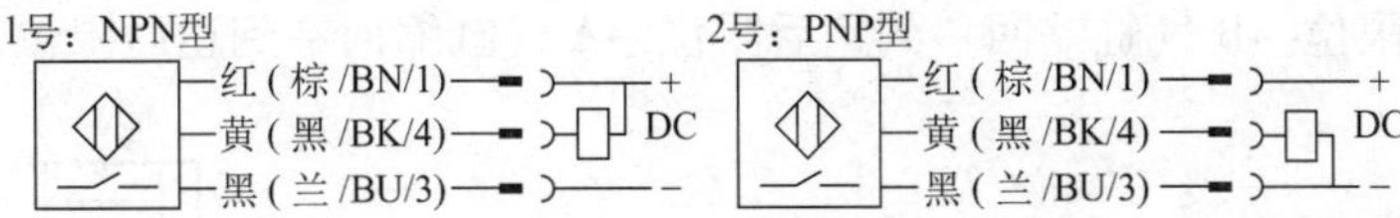

图 15-18　三线型接近开关接线

兰色接电源负极，黑色线接负载(继电器或 PLC 的输入端)。

接近开关的工作电压一般都为 DC 10～30V(工业标准电压为 24V)。

(1) 电容式接近开关　电容式接近开关的外形如图 15-19 所示。电容式接近开关最主要的部分是一个振荡器，电容位于传感界面。当一个导体或绝缘体(其介电常数大于 1)接近电容式接近开关的传感界面时，耦合电容值发生改变，从而引起振荡，使得输出晶体管动作。

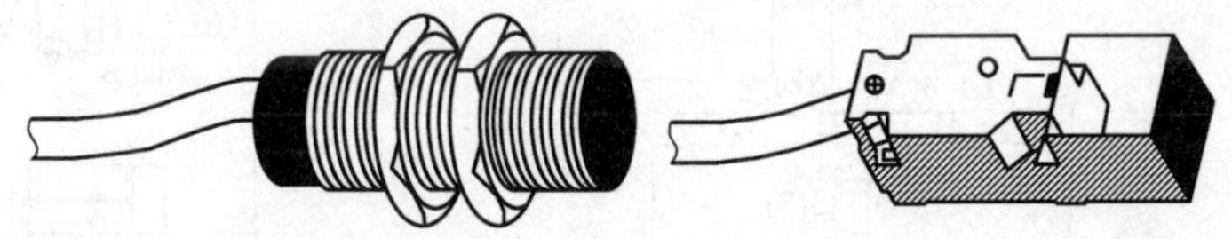

图 15-19　电容式接近开关的外形

电容式接近开关可以用来检测金属物体、介电常数大于 1 的非金属固体或液体。一般的电容式接近开关都设有检测灵敏度调节功能。

(2) 电感式接近开关　电感式接近开关的外形如图 15-20 所示，其主要部分也是一个振荡器。它的线圈位于传感界面，当一个导体接近电感式接近开关的传感界面时，振荡器由于涡流损耗而停振，使得输出晶体管动作。电感式接近开关只能用来检测金属物体，且一般不设灵敏度调节功能。

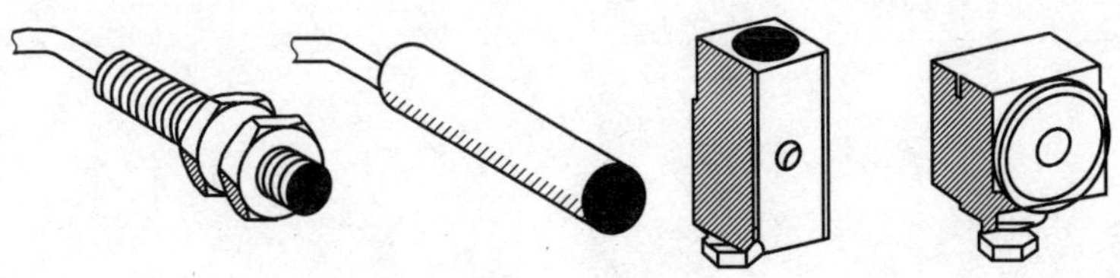

图 15-20　电感式接近开关的外形

七、习题

1. 两位五通双控电磁阀与两位五通单控电磁阀在使用上有哪些区别?

2. 对应于国际标准，三线型接近开关棕色、兰色、黑色引线应如何连接?

3. 按图 15-21 所示气动系统图连接气路，完成控制功能。

图 15-21 中装了两只流量阀，目的是对活塞在两个方向运动时的排气进行节流，而供气是通过流量阀旁的两个单向阀，供气时没有节流作用，按下按钮 1. 2 调节流量阀 1. 02 的大小：越大，伸出速度越快。越小，伸出速度越慢。

4. 按图 15-22 所示气动系统图连接气路，完成控制功能。

按下起动按钮 SB1，气动系统按如下顺序进行工作：

A 气缸伸出→到达前限位→B 气缸伸出→到达前限位→C 气缸伸出→到达前限位→C 气缸缩回→到达后限位→B 气缸缩回→到达后限位→A 气缸缩回→到达后限位。

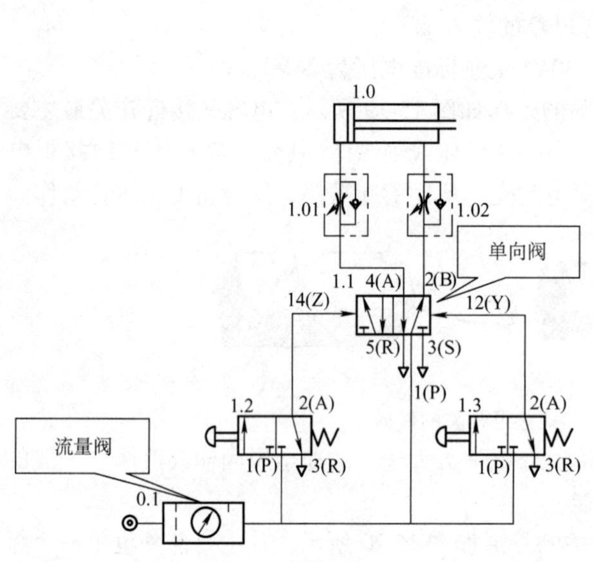

图 15-21　3 题图

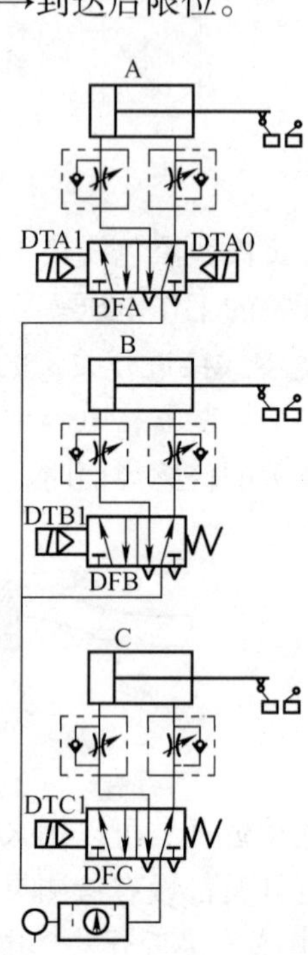

图 15-22　4 题图

附　　录

附录 A　S7—200 SIMATIC 指令速查表

类　型		指令名称	指令描述
布尔指令	装载	LD　N	装载（电路开始的常开触点）
		LDI　N	立即装载
		LDN　N	取反后装载（电路开始的常闭触点）
		LDNI　N	取反后立即装载
	与	A	与（串联的常开触点）
		AI	立即与
		AN	取反后与（串联的常闭触点）
		ANI	取反后立即与
	或	O	或（并联的常开触点）
		OI	立即或
		ON	取反后或（并联的常闭触点）
		ONI	取反后立即或
	比较	LDBx　N1，N2	装载字节的比较结果，N1（x：<，<=，=，>，<>）N2
		ABx　N1，N2	与字节比较的结果，N1（x：<，<=，=，>，<>）N2
		OBx　N1，N2	或字节比较的结果，N1（x：<，<=，=，>，<>）N2
		LDWx　N1，N2	装载字比较的结果，N1（x：<，<=，=，>，<>）N2
		AWx　N1，N2	与字比较的结果，N1（x：<，<=，=，>，<>）N2
		OWx　N1，N2	或字比较的结果，N1（x：<，<=，=，>，<>）N2
		LDDx　N1，N2	装载双字的比较结果，N1（x：<，<=，=，>，<>）N2
		ADx　N1，N2	与双字的比较结果，N1（x：<，<=，=，>，<>）N2
		ODx　N1，N2	或双字的比较结果，N1（x：<，<=，=，>，<>）N2
		LDRx　N1，N2	装载实数的比较结果，N1（x：<，<=，=，>，<>）N2
		ARx　N1，N2	与实数的比较结果，N1（x：<，<=，=，>，<>）N2

(续)

类型		指令名称		指令描述
布尔指令	比较	ORx	N1，N2	或实数的比较结果，N1(x：<，<=，=，>，< >)N2
取反	NOT	栈顶值取反		
布尔指令	检测	EU		上升沿检测
		ED		下降沿检测
	赋值	=	Bit	赋值(线圈)
		=I	Bit	立即赋值
	位置	S	Bit，N	置位一个区域
		S	IBit，N	立即置位一个区域
	复位	R	Bit，N	复位一个区域
		RI	Bit，N	立即复位一个区域
	字符比较	LDSx	IN1，IN2	装载字符串比较结果，IN1(x：=，< >)IN2
		ASx	IN1，IN2	与字符串比较结果，IN1(x：=，< >)IN2
		OSx	IN1，IN2	或字符串比较结果，IN1(x：=，< >)IN2
	电路块	ALD		与装载(电路块串联)
		OLD		或装载(电路块并联)
	栈	LPS		逻辑入栈
		LRD		逻辑读栈
		LPP		逻辑出栈
		LDS	N	装载堆栈
		AENO		对 ENO 进行与操作
数学四则运算指令	加法	+I	IN，OUT	整数加法，IN + OUT = OUT
		+D	IN，OUT	双整数加法，IN + OUT = OUT
		+R	IN，OUT	实数加法，IN + OUT = OUT
	减法	-I	IN，OUT	整数减法，OUT - IN = OUT
		-D	IN，OUT	双数减法，OUT - IN = OUT
		-R	IN，OUT	实数减法，OUT - IN = OUT
	乘法	MUL	IN，OUT	整数乘整数得双整数
		*I	IN，OUT	整数乘法 IN * OUT = OUT
		*D	IN，OUT	双整数乘法 IN * OUT = OUT
		*R	IN，OUT	实数乘法 IN * OUT = OUT
	除法	DIV	IN，OUT	整数除整数得双整数
		/I	IN，OUT	整数除法，OUT/IN = OUT
		/D	IN，OUT	双整数除法，OUT/IN = OUT
		/R	IN，OUT	实数除法，OUT/IN = OUT

（续）

类	型	指令名称		指令描述
数学、增减1函数	平方根	SQRT	IN，OUT	平方根
	自然对数	LN	IN，OUT	自然对数
	自然指数	EXP	IN，OUT	自然指数
	正弦数	SIN	IN，OUT	正弦数
	余弦数	COS	IN，OUT	余弦数
	正切数	TAN	IN，OUT	正切数
	加1	INCB	OUT	字节加1
		INCW	OUT	字加1
		INCD	OUT	双字加1
	减1	DECB	OUT	字节减1
		DECW	OUT	字节加1
		DECD	OUT	双字减1
	PID回路	PID	Tabie，Loop	PID回路
定时器和计数器	定时器	TON	Txxx，PT	接通延时定时器
		TOF	Txxx，PT	断开延时定时器
		TONR	Txxx，PT	保持型接通延时定时器
		BITIM	OUT	启动间隔定时器
		CITIM	IN，OUT	计算间隔定时器
	计数器	CTU	Cxxx，PV	加计数器
		CTD	Cxxx，PV	减计数器
		CTUD	Cxxx，PV	加/减计数器
实时时钟	读/写时钟	TODR	T	读实时时钟
		TODW	T	写实时时钟
	扩展读/写时钟	TODRX	T	扩展读实时时钟
		TODWX	T	扩展写实时时钟
程序控制	程序结束	END		程序的条件结束
	切换STOP	STOP		切换到STOP模式
	看门狗	WDR		看门狗复位300ms
	跳转	JMP	N	跳到指定的标号
		LBL	N	定义一个跳转标号
	调用	CALL	N(N1…)	调用子程序，有16个可选参数
		CRET		从子程序条件返回
	循环	FOR FINALNEXT	INDX，INIT，	FOR-NEXT循环

（续）

类　型		指令名称		指令描述
程序控制	顺控继电器	LSCR	N	顺控继电器段的启动
		SCRT	N	顺控继电器段的转换
		CSCRE		顺控继电器段的条件结束
		SCRE		顺控继电器段的结束
	诊断 LED	DLED	IN	实时时钟
传送、移位、循环、填充	传送	MOVB	IN，OUT	字节传送
		MOVW	IN，OUT	字传送
		MOVD	IN，OUT	双字传送
		MOVR	IN，OUT	实数传送
	立即读/写	BIR	IN，OUT	立即读物理出入字节
		BIW	IN，OUT	立即写物理输出字节
	块传送	BMB	IN，OUT	字节块传送
		BMW	IN，OUT	字块传送
		BMD	IN，OUT，N	双字块传送
	交换	SWAP	IN	交换字节
	移位	SHRB	DATA，S _ BIT，N	移位寄存器
	移位	SRB	OUT，N	字节右移 N 位
		SRW	OUT，N	字右移 N 位
		SRD	OUT，N	双字右移 N 位
		SLB	OUT，N	字节左移 N 位
		SLW	OUT，N	字左移 N 位
		SLD	OUT，N	双子左移 N 位
		RRB	OUT，N	字节循环右移 N 位
		RRW	OUT，N	字循环右移 N 位
		RRD	OUT，N	双字循环右移 N 位
		RLB	OUT，N	字节循环左移 N 位
		RLW	OUT，N	字循环左移 N 位
		RLD	OUT，N	双字循环左移 N 位
	填充	FILL	IN，OUT，N	用指定元素填充储存器空间
逻辑操作	逻辑与	ANDB	IN，OUT，N	字节逻辑与
		ANDW	IN，OUT	字逻辑与
		ANDD	IN，OUT	双字逻辑与
	逻辑或	ORB	IN，OUT	字节逻辑或
		ORW	IN，OUT	字逻辑或
		ORD	IN，OUT	双字逻辑或

（续）

类型		指令名称	指令描述
逻辑操作	逻辑异或	XORB IN，OUT	字节逻辑异或
		XORW IN，OUT	字逻辑异或
		XORD IN，OUT	双字逻辑异或
	反取	INVBB IN，OUT	字节取反(1的不码)
		INVW IN，OUT	字取反
		INVD IN，OUT	双字取反
字符串指令	字符串长度	SLEN IN，OUT	求字符串长度
	连接字符串	SCAT IN，OUT	连接字符串
	复制字符串	SCPY IN，OUT	复制字符串
		SSCPY IN，INDX，N，OUT	复制子字符串
	查找字符串	CFED IN1，IN2，OUT	在字符串查找一个字符串
		SFND IN1，IN2，OUT	在字符串查找一个子字符串
表查找转换指令	表取数	AFF TBLE， DATA	把数据加到表中
		LIFO TBLE， DATA	从表中取数据，后入先出
		FIFO TBLE， DATA	从表中取数据，后入后出
	表查找	FN = TBL，PATRN，INDX	从表 TBL 中查找等于比较条件 PATRN 的数据
		FND < >TBL，PATRN，INDX	从表 TBL 中查找不等于比较条件 PATRN 的数据
		FND < TBL，PATRN，INDX	从表 TBL 中查找小于比较条件 PATRN 的数据
		FND > TBL，PATRN，INDX	从表 TBL 中查找大于比较条件 PATRN 的数据
	BCD 码和整数转换	BCDI OUT	BCD 码转换成整数
		IBCD OUT	整数转换成 BCD 码
	字节和整数转换	BTI IN， OUT	字节转换成整数
		ITB IN， OUT	整数转换成字节
	整数和双修整数转换	ITD IN， OUT	整数转换成双整数
		DTI IN， OUT	双整数转换成整数
	实数转换	DTR IN， OUT	双整数转换成实数
		ROUND IN， OUT	实数四舍五入为双整数
		TRUNC IN， OUT	实数截位取整为双整数
	ASCII 码转换	ATH IN， OUT， LEN	ASCII 码转换成十六进制数
		HTA IN， OUT， LEN	十六进制数转换成 ASCII 码
		ITA IN， OUT， LEN	整数转换成 ASCII 码
		DTA IN， OUT， LEN	双整数转换成 ASCII 码
		RTA IN， OUT， LEN	实数转换成 ASCII 码
	编译/译码	DECO IN， OUT	译码
		ENCO IN， OUT	编码
		CEG IN， OUT	7 段译码

(续)

类型		指令名称	指令描述
表查找转换指令	字符串转换	ITS IN, FMT, OUT	整数转换为字符串
		DTS IN, FMT, OUT	双整数转换为字符串
		STR IN, FMT, OUT	实数转换为字符串
	子字符串转换	STI IN, FMT, OUT	子字符串转换为整数
		STD IN, FMT, OUT	子字符串转换为双整数
		STR IN, FMT, OUT	子字符串转换为实数
中断	中断返回	CRETI	从中断程序有条件返回
	允许/禁止中断	ENI	允许中断
		DISI	禁止中断
	分配/解除中断	ATCH INT, EVENT	给中断事件分配中断程序
		DTCH EVENT	解除中断事件
网络	发送/接收	XMT TABLE, PORT	自由端口发送
		RCV TABLE, PORT	自由端口接收
	读/写	ENTR TABLE, PORT	网络读
		ENTW TABLE, PORT	网络写
	获取/设置	GPA ADDR PORT	获取端口地址
		SPA ADDR PORT	设置端口地址
高速计数器	定义模式	HDEFHSC, MODE	定义高速计数器模式
	激活计数器	HSC N	激活高速计数器
	脉冲输出	PLS X	脉冲输出

附录 B 特殊存储器(SM)标志位

特殊存储器标志位提供大量的状态和控制功能，并能起到在 CPU 和用户程序之间交换信息的作用。特殊存储器标志位能以位、字节、字或双字使用，说明如下：

SMB0：状态位

SMB1：状态位

SMB2：自由口接收字符

SMB3：自由口奇偶校验错误

SMB4：队列溢出

SMB5：I/O 状态

SMB6：CPU 识别(ID)寄存器

SMB7：保留

SMB8 到 SMB12：I/O 模块识别和错误寄存器

SMW22 到 SMW26：扫描时间

SMB28 和 SMB29：模拟电位器

SMB30 和 SMB130：自由口控制寄存器

SMB31 和 SMB32：永久存储器(EEPROM)写控制

SMB34 和 SMB35：定时中断时间间隔寄存器

1. SMB0

SMB0 有 8 个状态位，见表 B-1。在每个扫描周期的末尾，由 S7—200CPU 更新这些位。

表 B-1 特殊存储器字节 SMB0(SM0.0 ~ SM0.7)

SM 位	描述(只读)
SM0.0	该位始终为 1
SM0.1	该位在首次扫描时为 1，用途之一是调用初始化子程序
SM0.2	若保持数据丢失，则该位在一个扫描周期中为 1。该位可用作错误存储器位或用来调用特殊启动顺序功能
SM0.3	开机后进入 RUN 工作方式，该位将 ON 一个扫描周期，可用作在启动操作之前给设备提供一个预热时间
SM0.4	该位提供了一个时钟脉冲，30s 为 1，30s 为 0，周期为 1min，它提供了一个简单易用的延时 1min 的时钟脉冲
SM0.5	该位提供了一个时钟脉冲，0.5s 为 1，0.5s 为 0，周期为 1s。它提供了一个简单易用的延时 1s 的时钟脉冲
SM0.6	该位为扫描时钟，本次扫描时置 1，下次扫描时置 0，可用作扫描计数器的输入
SM0.7	该位指示 CPU 工作方式开关的位置(0 为 TERM 位置,1 为 RUN 位置)。当开关在 RUN 位置时，用该位可使自由端口通信方式有效，那么当切换至 TERM 位置时，同编程设备的正常通信也会有效

2. SMB1

SMB1 也为状态位，见表 B-2。SMB1 包含了各种潜在的错误提示。这些位可由指令在执行时进行置位或复位。

表 B-2 特殊存储器字节 SMB1(SM1.0 ~ SM1.7)

SM 位	描述(只读)
SM1.0	当执行某些指令，其结果为 0 时，将该位置 1
SM1.1	当执行某些指令，其结果溢出或查出非法数值时，将该位置 1
SM1.2	当执行数学运算，其结果为负数时，将该位置 1
SM1.3	试图除以零时，将该位置 1
SM1.4	当执行 ATT(AddtoTable)指令时，试图超出表范围时，将该位置 1
SM1.5	当执行 LITO 或 FIFO 指令，试图从空表中读数时，将该位置 1
SM1.6	当试图把一个非 BCD 数转换为二进制数时，将该位置 1
SM1.7	当 ASCII 码不能转换为有效的十六进制数时，将该位置 1

3. SMB2

SMB2为自由端口接收字符缓冲区，见表B-3。在自由端口通信方式下，接收到的每个字符都放在这里，便于梯形图程序存取。

提示：SMB2和SMB3为0口和1口共用。当0口接收到字符并使得与该事件(中断事件8)相连的中断程序执行时，SMB2包含0口接收到的字符，而SMB3包含该字符的校验状态。当1口接收到字符并使得与该事件(中断事件25)相连的中断程序执行时，SMB2包含1口接收到的字符，而SMB3包含该字符的校验状态。

表B-3 特殊存储器字节SMB2

SM位	描述(只读)
SMB2	在自由端口通信方式下，该字符存储从0口或1口接收到的每一个字符

4. SMB3

SMB3可用来存储自由端口奇偶校验错误，用于自由端口方式，当接收到的字符发现有奇偶校验错时，将SM3.0置1，见表B-4。当检测到校验错误时，SM3.0接通。根据该位来废弃错误消息。

表B-4 特殊存储器字节SMB3(SM3.0~SM3.7)

SM位	描述(只读)	SM位	描述(只读)
SM3.0	0口或1口的奇偶校验错(0=无错,1=有错)	SM3.1~SM3.7	保留

5. SMB4

SMB4表示队列溢出状态，见表B-5，SMB4包含中断队列溢出位，中断是否允许标志位及发送空闲位。队列溢出表明要么是中断发生的频率高于CPU，要么是中断已经被全局中断禁止指令所禁止。

表B-5 特殊存储器字节SMB4(SM4.0~SM4.7)

SM位	描述(只读)
SM4.0	当通信中断队列溢出时，将该位置1
SM4.1	当输入中断队列溢出时，将该位置1
SM4.2	当定时中断队列溢出时，将该位置1
SM4.3	在运行时刻，发现编程问题时，将该位置1
SM4.4	该位指示全局中断允许位，当允许中断时，将该位置1
SM4.5	当(0口)发送空闲时，将该位置1
SM4.6	当(1口)发送空闲时，将该位置1
SM4.7	当发生强置时，将该位置1

只有在中断程序里，才使用状态位SM4.0、SM4.1和SM4.2。当队列为空时，将这些状态位复位(置0)，并返回主程序。

6. SMB5

SMB5 表 I/O 状态。见表 B-6，SMB5 包含 I/O 系统里发现的错误状态位。这些位提供了所发现的 I/O 错误的概况。

表 B-6　特殊存储器字节 SMB5(SM5.0～SM5.7)

SM 位	描述(只读)
SM5.0	当有 I/O 错误时，将该位置 1
SM5.1	当 I/O 总线上连接了过多的数字量 I/O 点时，将该位置 1
SM5.2	当 I/O 总线上连接了过多的模拟量 I/O 点时，将该位置 1
SM5.3	当 I/O 总线上连接了过多的智能 I/O 模块时，将该位置 1
SM5.4～SM5.7	保留

7. SMB6

SMB6 为 CPU 识别(ID)寄存器，见表 B-7。

SM6.4 到 SM6.7 识别 CPU 的类型，SM6.0 到 SM6.3 保留，以备将来使用。

表 B-7　特殊存储器字节 SMB6

SM 位	描述(只读)
格式	MSB　LSB 7　0CPU ID 寄存器
SM6.0～SM6.3	保留
SM6.4～SM6.7	××××=0000=CPU222 0010=CPU224 0110=CPU221 1001=CPU226/CPU226XM

8. SMB7

SMB7 为将来使用而保留。

9. SMB8 到 SMB21

SMB8～SMB21 为 I/O 模块识别和错误寄存器，按照字节对形式(相邻两个字节)为扩展模块 0 到 6 而准备的，见表 B-8 所示。每对字节的偶数位字节为模块识别寄存器，奇数位字节为模块错误寄存器。前者标记着模块类型、I/O 类型、输入和输出点数；后者为对相应模块所测得的 I/O 错误提示。

表 B-8　特殊存储器字节 SMB8～SMB21

SM 位	描述(只读)	
格式	偶数字节：模块识别寄存器 MSB　LSB 7　0	奇数字节：模块错误寄存器 MSB　LSB 7　0

(续)

SM 位	描述(只读)
	m：模块存在　0 = 有模块 1 = 无模块 tt：00 非智能 I/O 模块 01 智能模块 10 保留 11 保留 a：I/O 类型　0 = 开关量 1 = 模拟量 ii：00 无输入 012Al 或 8DI 104Al 或 16DI 118Al 或 16DI qq：00 无输出 012AQ 或 8DQ 104AQ 或 16DQ 118AQ 或 32DQ c：配置错误　0 = 无错误 b：总线错误或校验错误　1 = 有错误 r：超范围错误 p：无用户电源错误 f：熔断器错误 t：端子块松错误
SMB8	模块 0 识别(ID)寄存器
SMB9	模块 0 错误寄存器
SMB10	模块 1 识别(ID)寄存器
SMB11	模块 1 错误寄存器
SMB12	模块 2 识别(ID)寄存器
SMB13	模块 2 错误寄存器
SMB14	模块 3 识别(ID)寄存器
SMB15	模块 3 错误寄存器
SMB16	模块 4 识别(ID)寄存器
SMB17	模块 4 错误寄存器
SMB18	模块 5 识别(ID)寄存器
SMB19	模块 5 错误寄存器
SMB20	模块 6 识别(ID)寄存器
SMB21	模块 6 错误寄存器

10. SMW22 到 SMW26

见表 B-9，SMW22、SMW24 和 SMW26 提供扫描时间信息：以毫秒计的最短扫描时间、最长扫描时间及上次扫描时间。

表 B-9　特殊存储器 SMW22 到 SMW26

SM 字	描述(只读)
SMW22	上次扫描时间
SMW24	进入 RUN 方式后，所记录的最短扫描时间
SMW26	进入 RUN 方式后，所记录的最长扫描时间

11. SMB28 和 SMB29

见表 B-10，SMB28 包含代表模拟调节器 0 位置的数字值。SMB29 包含代表模拟调节器 1 位置的数字值。

表 B-10 特殊存储器字节 SMB28 和 SMB29

SM 字节	描述(只读)
SMB28	存储模拟调节器 0 的输入值。在 STOP/RUN 方式下，每次扫描时更新该值
SMB29	存储模拟调节器 1 的输入值。在 STOP/RUN 方式下，每次扫描时更新该值

12. SMB30 和 SMB130

SMB30 控制自由端口 0 的通信方式，SMB130 控制自由端口 1 的通信方式。可以对 SMB30 和 SMB130 进行写和读，见表 B-11。这些字节设置自由端口通信的操作方式，并提供自由端口或者系统所支持的协议之间的选择。

表 B-11 特殊存储器字节 SMB30、SMB130

□1	□1	描 述
SMB30 的格式	SMB130 的格式	MSB LSB 7 0 自由端口模式控制字节
SM30.0 和 SM30.1	SM130.0 和 SM130.1	mm：协议选择 00 = 点到点接口协议(PPI/从站模式) 01 = 自由口协议 10 = PPI/主站模式 11 = 保留(缺省是 PPI/从站模式) 注意当选择 mm = 10(PPI 主站)，PLC 将成为网络的一个主站，可以执行 NETR 和 NETW 指令。在 PPI 模式下忽略 2 到 7 位
SM30.2 和 SM30.4	SM130.2 和 SM130.4	bbb：自由口波特率 000 = 38，400 波特 001 = 19，200 波特 010 = 9，600 波特 011 = 4，800 波特 101 = 1，200 波特 110 = 115，200 波特 111 = 57，600 波特
SM30.5	SM130.5	d：每个字符的数据位 0 = 8 位/字符 1 = 7 位/字符
SM30.6 和 SM30.7	SM130.6 和 SM130.7	pp：校验选择 00 = 不校验 01 = 偶校验 10 = 不校验 11 = 奇校验

13. SMB31 和 SMW32

在用户程序的控制下，可以把 V 存储器中的数据存入永久存储器(EEPROM,亦称非易失存储器)。先把被存数据的地址存入 SMW32 中，然后把存入命令存入 SMB31 中。一旦发出存储命令，在 CPU 完成存储操作、SM31.7 被置 0 之前，不可以改变 V 存储器的值。

在每次扫描周期末尾，CPU 检查是否有向永久存储器区中存数据的命令。如果有，则将该数据存入永久存储器中。

SMB31 定义了存入永久存储器的数据大小，且提供了初始化存储操作的命令；SMW32 提供了被存数据在 V 存储器中的起始地址，见表 B-12。

表 B-12　特殊存储器字节 SMB31 和特殊存储器字 SMW32

SM 字节	描　述
格式	SMB31：　MSB　LSB 软件命令　7　0 SMW32： V 存储器地址　MSB　LSB 15　0
SM31.0 和 SM31.1	ss：被存数据类型 00 = 字节 01 = 字节 10 = 字 11 = 双字
SM31.7	c：存入永久存储器(EEPROM) 0 = 无执行存储操作的请求 1 = 用户程序申请向永久存储器存储数据 每次存储操作完成后，S7-200 复位该位
SMW32	SMW32 中是所存数据的 V 存储器地址，该值是相对于 V0 的偏移量。当执行存储命令时，把该数据存到永久存储器(EEPROM)中相应的位置

14. SMB34 和 SMB35

SMB34 和 SMB35 为定时中断的时间间隔寄存器其中

SMB34、SMB35 分别定义了定时中断 0 和 1 的时间间隔，可以在 5 ~ 255ms 之间，以 1ms 为增量进行设定，见表 B-13。若定时中断事件被中断程序所采用，当 CPU 响应中断时，就会获取该时间间隔值。若要改变该时间间隔，你必须把定时中断事件再分配给同一或另一中断程序，也可通过撤消该事件来终止定时中断事件。

表 B-13　特殊存储器字节 SMB34 和 SMB35

SM 字节	描　述
SMB34	定义定时中断 0 的时间间隔(从 1 ~ 255ms,以 1ms 为增量)
SMB35	定义定时中断 1 的时间间隔(从 1 ~ 255ms,以 1ms 为增量)

参考文献

[1]　周建清. PLC 应用技术[M]. 北京：机械工业出版社，2007.
[2]　廖常初. S7—200 PLC[M]. 北京：机械工业出版社，2006.
[3]　李晓宁. 例说西门子 PLC S7—200[M]. 北京：人民邮电出版社，2008.
[4]　陈忠平，等. 西门子 S7—200 系列 PLC 自学手册[M]. 北京：人民邮电出版社，2008.
[5]　曾毅，等. 调速控制系统的设计与维护[M]. 济南：山东科学技术出版社，2004.
[6]　黄家善. 电力电子技术[M]. 北京：机械工业出版社，2007.
[7]　常国兰. 电梯自动控制技术[M]. 北京：机械工业出版社，2008.
[8]　贾德胜. PLC 应用开发实用子程序[M]. 北京：人民邮电出版社，2006.
[9]　廖常初. PLC 应用技术问答[M]. 北京：机械工业出版社，2006.
[10]　李辉. S7—200PLC 编程原理与工程实训[M]. 北京：北京航空航天大学出版社，2008.
[11]　孙平. 可编程控制器原理及应用[M]. 北京：高等教育出版社，2003.

参考文献

[illegible]